协作机器人技术及应用

陶 永 魏洪兴 赵 罡 编著

机 械 工 业 出 版 社

本书共分10章，系统介绍了协作机器人的相关核心技术及其应用。本书将理论与实际相结合，在介绍协作机器人基础理论知识的同时，给出实际的应用示例，并结合产业态势，对协作机器人领域进行了较为全面的剖析。

本书内容丰富，涵盖协作机器人领域的理论技术与应用现状，可作为高等院校相关专业的教材或参考书，也可供相关技术研发人员、机器人领域的从业人员及机器人爱好者参考。

图书在版编目（CIP）数据

协作机器人技术及应用／陶永，魏洪兴，赵罡编著．—北京：机械工业出版社，2022．12

ISBN 978-7-111-72100-0

Ⅰ．①协…　Ⅱ．①陶…　②魏…　③赵…　Ⅲ．①智能机器人　Ⅳ．①TP242．6

中国版本图书馆CIP数据核字（2022）第220189号

机械工业出版社（北京市百万庄大街22号　邮政编码100037）
策划编辑：刘本明　　责任编辑：刘本明　李含杨
责任校对：潘　蕊　张　薇　封面设计：马若濛
责任印制：常天培
北京机工印刷厂有限公司印刷
2023年3月第1版第1次印刷
169mm×239mm・17．25印张・306千字
标准书号：ISBN 978-7-111-72100-0
定价：89．00元

电话服务
客服电话：010-88361066
010-88379833
010-68326294

网络服务
机　工　官　网：www．cmpbook．com
机　工　官　博：weibo．com/cmp1952
金　书　网：www．golden-book．com
机工教育服务网：www．cmpedu．com

前　言

协作机器人融合了新型材料、仿生技术、传感器技术、机械电子技术、自动控制技术、计算机技术、人工智能与互联网等多个领域和多个学科，它突破了传统工业机器人应用的局限性，在人机协作和共融的环境中具有广阔的市场前景，是机器人厂商争相布局的战略产品之一，是我国智能制造、社会发展与民生服务等领域具有战略意义的前沿技术和装备。

协作机器人作为机器人大家庭的新成员，在保留机器人作为智能机器具备的感知、决策、交互与执行的功能与特性的同时，拓展了机器人功能内涵中“人”的属性，使机器人具备一定的自主行为和协作能力，使机器人真正成为人的合作伙伴。随着我国从“制造大国”向“制造强国”不断迈进，机器人在国民经济各个领域的推广应用成为必然趋势。传统工业机器人部署成本高、应用复杂、安全性差，无法完全满足当前智能制造发展的需求。协作机器人具有轻量化、成本低和安全性高等优点，可在自动化生产线上快速部署、编程和重构，其“人机协作”的应用模式更加符合未来智能制造的数字化、智能化、绿色化和柔性化属性和特征。

协作机器人是智能机器人发展的新的热点和主流方向之一，也是我国机器人企业在世界机器人舞台能否占据一席之地的关键。目前，国内外协作机器人的研发及应用推广发展很快，但也存在安全预测能力有限、示教缺乏智能化、人机协作工艺不够完善、人机协作模式单一等问题，难以适应复杂多变的作业环境，对协作机器人的大规模产业化推广应用提出了挑战。

本书是一本关于协作机器人技术基础入门与相关应用的书籍，旨在引领读者踏进协作机器人学习的大门，培养读者对协作机器人的兴趣，使其了解协作机器人技术的基础知识，推动协作机器人应用的开发，进而促进协作机器人产业和技术更好的发展。

本书内容主要由三部分组成。

第一部分介绍了协作机器人的定义与内涵，包括协作机器人的发展历程、兴起原因和关键技术、优点和局限性，以及主要应用领域和未来前景。

第二部分主要介绍协作机器人的主要科学问题和核心关键技术，包含第

2、9章，包括协作机器人的核心零部件、运动学建模、微分运动与动力学分析、拖动示教与编程、控制系统和控制方法、机器视觉技术的融合应用、若干关键核心技术以及系统集成与应用案例。

其中，第2章对协作机器人的产业链、电动机、驱动器、减速器、一体化关节和感知系统等进行了介绍。读者通过学习可掌握协作机器人产业和零部件等基本知识，形成对协作机器人的基本认识。

第3章首先介绍了协作机器人位姿表示与齐次坐标表示，然后介绍了RPY角与欧拉角的位姿表示方法，在齐次坐标表示的基础上，介绍了改进DH法建立机器人正、逆运动学模型的过程，最后结合遨博i5机器人进行机器人建模的实例分析，并介绍URDF（unified robot description format，统一机器人描述格式）文件对协作机器人进行描述的方法。

第4章首先介绍了协作机器人微分运动的基本概念，以及如何采用雅可比矩阵建立协作机器人微分运动方程，然后对协作机器人动力学建模和仿真方法进行了讲解。

第5章从协作机器人拖动示教技术的基本概念展开，探究了协作机器人轨迹实时生成的原理，介绍了拖动示教技术的具体实现过程，最后对于优化示教结果涉及的离线编程技术进行了介绍，构建了对于协作机器人拖动示教与编程的基本知识框架。

第6章重点阐述基于阻抗控制的协作机器人柔顺运动控制方法，主要对阻抗控制器的设计方法，以及协作机器人建模、外界交互环境建模、力感知等关键问题进行介绍。

第7章主要介绍协作机器人与机器视觉的融合和集成应用情况。对与协作机器人相关的机器视觉概念、基本应用原理、应用案例进行介绍。

第8章围绕协作机器人的若干核心关键技术展开，对协作机器人本体设计优化、感知控制、人机协作、自学习、操作系统以及数字孪生等核心技术进行介绍。

第9章介绍了协作机器人集成应用平台的设计、发展与应用，结合集成应用平台的构成模块、功能实现、迭代趋势，帮助读者在对协作机器人有了基本了解后，建立对于协作机器人集成应用的初步认识。

第三部分展望了协作机器人的发展趋势，对应的是第10章，聚焦协作机器人的技术前沿，从协作机器人与AI技术、云计算、大数据、虚拟现实等新技术的融合发展，以及协作机器人的核心要素、技术创新趋势和市场发展态势等方面对协作机器人的前沿技术和未来发展趋势进行展望。

本书由陶永、魏洪兴、赵罡编写和统稿。课题组刘海涛博士、高赫博士，硕士研究生温宇方、韩栋明、万嘉昊、段练、兰江波等协助进行了资料的搜集和整理工作，在此对他们表示衷心的感谢。

在本书编写过程中，参考了国内外出版的大量的书籍和论文，编者对相关国内外协作机器人专著、教材和有关论文的作者深表感谢。

协作机器人是一门复杂的交叉综合性学科，涉及的专业知识范围广，由于编者水平有限，书中难免存在不足之处，恳请大家批评指正。

编　者

目　录

第1章　概述

国际标准化组织（International Standards Organization，ISO）标准 ISO 10218-2:2011 描述了对工业机器人和机器人系统集成的安全要求，其中包括对协作机器人系统的安全要求。协作机器人系统的操作特点与传统机器人系统和其他机器设备的操作特点有很大不同。在协作机器人系统的操作中，操作人员可以靠近协作机器人操作，可以在协作机器人系统附近工作，也可以使用机器人的执行器。操作人员和机器人系统之间的物理接触可以在协作工作空间内发生。

任何协作机器人系统的设计都要求在协作机器人操作过程中始终采取保护措施，以确保操作人员的安全；且有必要进行风险评估，以识别与协作机器人系统应用相关的危害和风险，从而选择适当的措施来降低风险。

协作机器人系统和相关单元布局设计的一个关键过程是消除危险和减少风险。环境的设计应考虑以下因素：

1）协作工作空间的既定限制（三维）。

2）协作工作的空间、通道和间隙。

3）人机工程学和人与设备的接口。

4）使用限制。

5）转场（时间限制）。

随着协作机器人的快速发展，协作机器人已走出实验室。自 2008 年以来，协作机器人行业从萌芽期进入快速发展期，截至 2019 年 7 月，全球协作机器人厂商数量已超过 100 家，其中进入中国市场的协作机器人厂商数量超过 70 家，“协作机器人”已经从概念到深入人心，并逐渐成为各机器人厂商争相布局的战略产品；得益于其拥有较高的柔性、安全性和易操作性，协作机器人相较于传统工业机器人具有更广的应用延展性，不仅可以在工业领域应用，还可以在商业服务领域应用，具备足够高的天花板并有足够大的需求前景，这正是协作机器人取得高速发展的原因所在。

根据高工产研机器人研究所的数据，自 2015 年以来，全球协作机器人销量年均增速保持在 30%以上；我国协作机器人市场进入发展快车道，销售规模年均增速在 50%以上。2018 年下半年，虽然工业机器人市场整体“遇冷”，但我国协作机器人市场全年销量依然取得近50%的增速，远远高于我国工业机器人市场的整体增速。2019年，协作机器人全球销量约2万台，营收约4亿美元，同样远高于传统工业机器人行业的增速。国外协作机器人企业主要有丹麦UR、德国KUKA和瑞士ABB等，其中UR机器人2019年产销约1.2万台，营收约2.48亿美元；我国的协作机器人企业主要有新松、遨博、珞石、艾利特和节卡等。

目前，协作机器人的应用模式正逐步由执行层面向交互性服务转变。协作机器人从部分企业切入，进行试点应用，然后逐渐推广到中小企业及服务领域应用，最后普及到具体细分场景领域应用。

在工业生产和制造领域，基于高精度传感、机器视觉和安全控制的应用，协作机器人能实现真正的柔性生产与人机交互，进而代替人工；在服务领域，随着机器学习的不断深入，协作机器人的智能化程度不断提高，不仅可以代替体力劳动，也可以代替部分脑力劳动，真正实现了智能化，并应用于教育、医疗、物流、餐饮等服务业，辅助人类的生活。

协作机器人在应用于工业生产领域的基础上，由于其准确性、灵活性及安全性能够满足一些细致工作的需求，其应用领域也不断向医疗、物流、教育等其他领域扩展。

1.1 定义与内涵

协作机器人（Collaborative Robot），简称Cobot或Co-robot，是一种被设计成能和人类在共同工作空间中有近距离互动的机器人。截至2010年，大部分的工业机器人是设计自动作业或在有限的导引下作业，因此不用考虑和人类近距离互动，其动作也不用考虑对于周围人类的安全保护。与传统工业机器人不同，协作机器人拓展了机器人功能内涵中“人”的属性，使机器人具备一定的自主行为和协作能力，可在非结构的环境下与人配合完成复杂的动作和任务，使机器人真正成为人的合作伙伴；结合人的智力、灵巧性和机器的体力、力量和准确性，人机协作可以完成诸如精密装配等工作，解决传统工业机器人应用的局限性。协作机器人能和人类进行近距离接触，在生产生活中充当不同的角色，既可以充当服务机器人，和人进行互动，也可以在工厂里充当工业机器人，无需防护罩，为企业节省了很大空间，并便于进行快速部署。

根据机器人与人的协作程度，协作等级从工人与机器人共享工作区域但没有直接接触或同步任务，最高到机器人会实时调整其运动以配合工人的动作。

目前，最常见的协作机器人应用场景是机器人和工人共享工作区域，彼此并肩工作，按顺序完成任务。

协作机器人与传统工业机器人基于不同的设计理念、产品定位，拥有各自的目标市场、制造模式与应用领域。对能够提供兼容性高、切换迅速的解决方案的协作机器人而言，有以下优点：

1）适应空间狭小和行程多变的不同工作平台。

2）适应柔性化生产，产线切换时可短时间内快速作业。

3）保证生产的安全性。

2016 年，国际标准化组织针对协作机器人发布了新的工业标准 ISO/TS 15066:2016 *Robots and robotic devices—Collaborative robots*，所有协作机器人必须通过此标准认证才能在市场上发售，由此协作机器人在标准化生产的道路上步入正轨。

1.2　协作机器人的发展历程

协作机器人概念的首次提出在 20 世纪 90 年代。1996 年，美国西北大学的两位教授 J. Edward Colagte 和 Michael Peshkin 首次提出了协作机器人的概念并申请了专利。经过 20 多年的发展，全球已经有很多家机器人公司研制出了各自的协作机器人。国内关于协作机器人的研究起步相对较晚，但近几年协作机器人市场火热，很多企业也推出了一些优秀的产品。

1.2.1　国外协作机器人的发展

1. Universal Robots

2005 年，致力于通过机器人技术增强中小企业（Small to Medium Enterprise，SME）劳动水平的 SME Project 项目开展，协作机器人的发展迎来契机。同年，协作机器人企业 Universal Robots 在南丹麦大学创立。2008 年，Universal Robots 公司推出了全球首款协作机器人 UR5（图 1-1），其本体拥有 6 个关节，自重为 18kg，有效负载为 5kg，臂展为 800mm，重复定位精度为±0. 1mm，具有安装迅速、部署灵活、安全可靠、编程简单等特点。

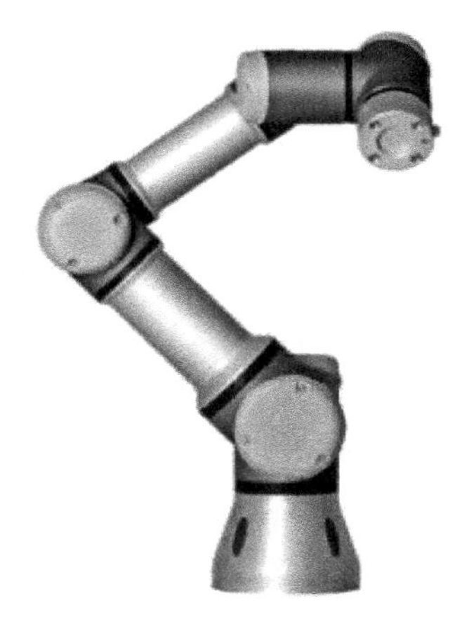

图 1-1　协作机器人 UR5

随着 UR 系列机器人的异军突起，协作机器人市场的大门被打开，以“四大家族”为首的传统工业机器人企业纷纷将目光投向这一新的领域。同时，许多初创科技企业，如 Rethink Robotics、Kinova Robotics 等也先后推出自己的优秀产品。

2. Rethink Robotics

Rethink Robotics 公司（以下简称 Rethink）推出了双臂机器人 Baxter 及 7 轴（自由度）单臂协作机器人 Sawyer，如图 1-2 所示。Sawyer 机器人臂展为 1260mm，有效负载为 4kg，可以在狭小的空间内工作。其手臂上集成了视觉系统，使其能胜任高精度贴片和装配任务。同时，Sawyer 结合多种新型传感器，保证了操作人员的安全。但是，2018 年 10 月，Rethink 宣布破产，其产品及技术由 HAHN Group 公司收购。

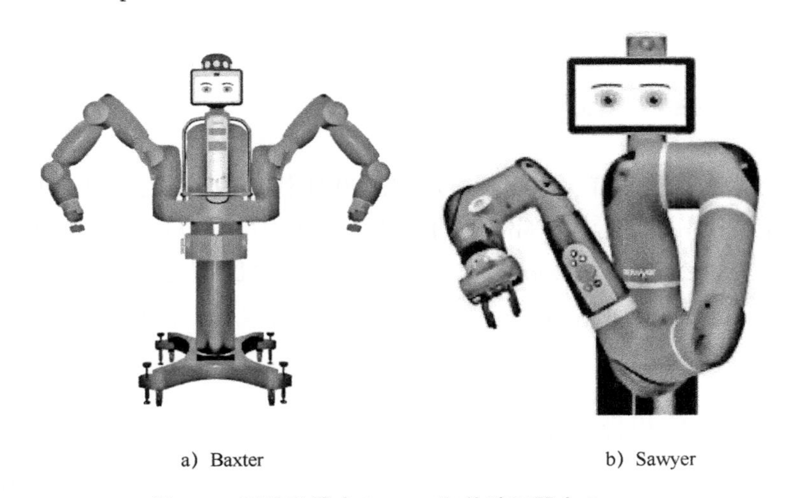

a）Baxter　　b）Sawyer

图 1-2　双臂机器人 Baxter 和单臂机器人 Sawyer

3. KUKA

2014 年 11 月，KUKA 公司在中国首次发布其第一款 7 轴轻型灵敏机器人 LBR iiwa，如图 1-3 所示。LBR iiwa 机器人有两个版本，负载可分别达到 7kg 和 14kg，超薄的设计与轻铝机身令其运转迅速、灵活性强，不必设置安全屏障。LBR iiwa 轻型机器人具有 7 个关节，每个轴都配有专用的关节力矩传感器，使得它对周围环境非常敏感。KUKA 的 LBR iiwa 首次实现了机器人和人类之间直接近距离的合作，并开启了 KUKA“人机协作”的新篇章。

4. ABB

ABB 公司在 2015 年德国汉诺威工业博览会上将双臂协作机器人 YuMi 正式推向市场，如图 1-4 所示。YuMi 机器人双臂灵巧，且以柔性材料包覆，同时配备创新的力传感技术，实现了与人类的近距离协作；单臂 7 轴冗余设计，双臂 14 轴，由于机身小巧、重量轻、非常灵活，在协作机器人中的运动速度很快；YuMi 机器人提供 ContactL 的接触力控制函数，可实现以通过关节力矩估算的环境接触力为触发信号的动作。

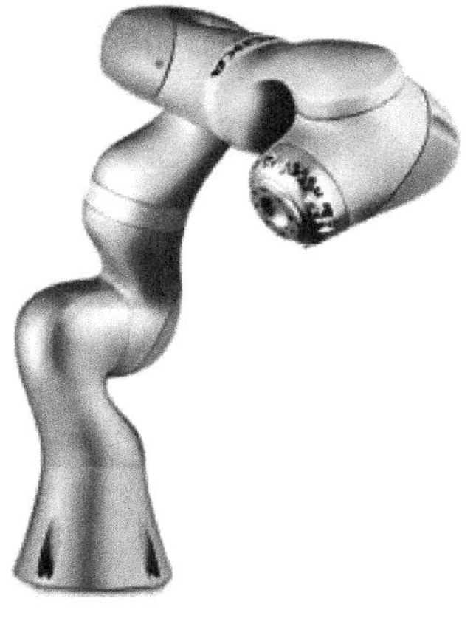

图 1-3　KUKA 7 轴协作机器人 LBR iiwa

5. FANUC

2016 年，FANUC 公司推出了 CR 系列机器人 CR-35iA、4iA、7iA 和 7iAL。CR 系列机器人的肢体采用软性材料，将力矩传感器集成在机器人底座上，符合协作机器人的安全标准，并配有运动捕捉功能，机器人手腕部的最大负载达到 35kg，可在没有安全围栏隔离的情况下与人一起工作。FANUC CR 协作机器人改动了机器人的外观颜色，采用环保型的绿色。

图 1-4　ABB 双臂协作机器人 YuMi

FANUC Robot CRX-10iA 和 10iA/L，是有着友好流线型外观的轻型协同作业机器人；这两种机型的区别在于可达半径的不同，前者为 1249mm，后者为 1418mm，负载都是 10kg；人的轻微碰触就会使机器人安全地自动停止。FANUC 协作机器人如图 1-5 所示。

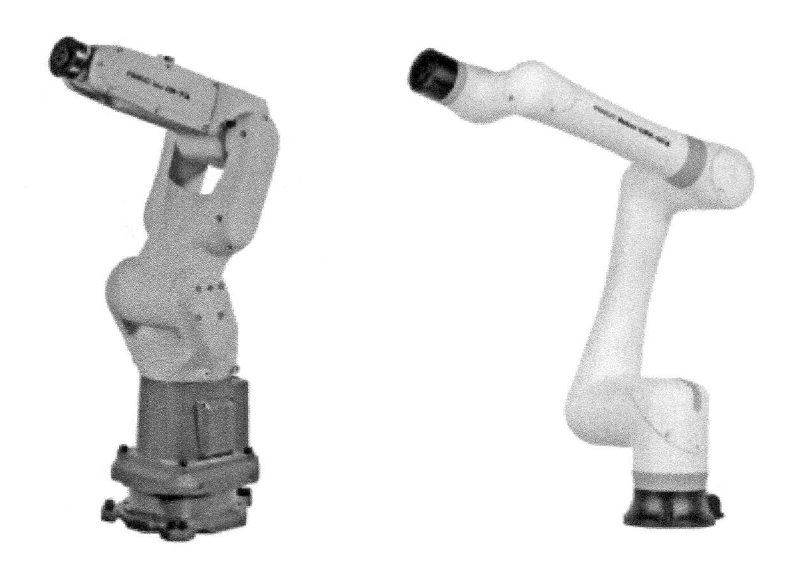

图 1-5　FANUC 协作机器人

6. Kinova Robotics

加拿大 Kinova Robotics 公司所推出的 Gen2 robots 是第二代轻量级机械臂，如图 1-6 所示。3 个自由度的手指型夹指是 Gen2 robots 区别于其他机械臂的显著特征；Gen2 robots 既有 6 自由度产品也有 7 自由度产品。Gen2 robots 协作机器人的结构非常紧凑，内置全关节力矩传感器，使其拥有良好的安全性和人机交互性。

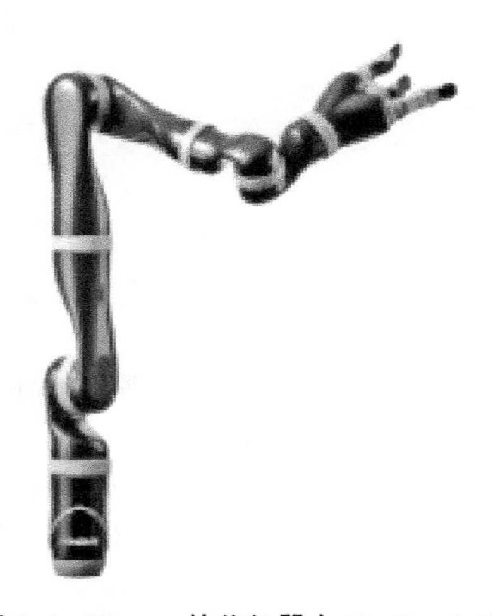

图 1-6　Kinova 协作机器人 Gen2 robots

7. Franka Emika

2018 年，Franka Emika 公司（以下简称 Franka）带来了柔顺机器人 Panda，如图 1-7 所示。Panda 机器人是柔性、灵敏、智能的轻量级 7 轴机器人，其力矩传感器具有 13 位分辨率，可实现精准的力控制，Franka 的力控技术继承自 DLR（Deutsches Zentrum für Luft-und Raumfahrt），并且在 3kg 的轻量级机械臂上发扬光大。创始人 Sami 对碰撞检测有很深的研究。

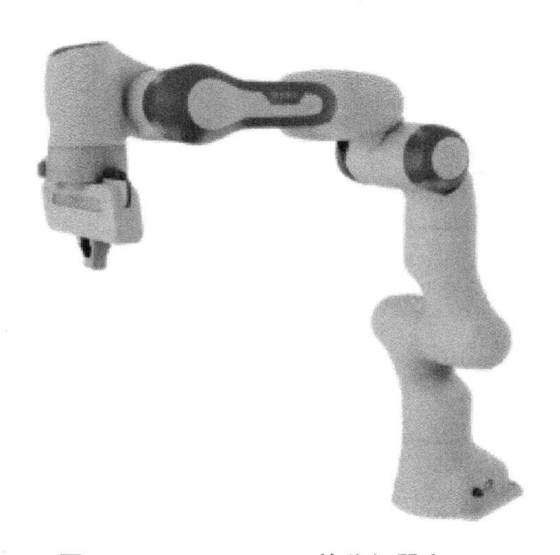

图 1-7　Franka Emika 协作机器人 Panda

1.2.2　国内协作机器人的发展

在国外协作机器人研究开展得如火如荼的同时，国内协作机器人的研究同样成果显著，除了传统的工业机器人知名厂家纷纷推出自己的协作机器人，也催生了众多专注于协作机器人开发的新型机器人公司。

1. 新松

作为国内工业机器人领军企业，新松机器人公司（以下简称“新松”）于 2015 年 11 月在上海举办的中国工业博览（简称工博会）会上率先推出了国内首款高端 7 轴 SCR 系列协作机器人。这款柔性多关节机器人具有快速配置、牵引示教、视觉引导、碰撞检测等功能，具备高负载及低成本的有力优势，能够满足用户对于投资回报周期短和机器人产品安全性、灵活性及人机协作性的需求。除了 SCR 系列 7 轴协作机器人，新松还有 6 轴 GCR 系列协作机器人，GCR 系列是高性价比的通用型协作机器人，具有轻量级、快速部署、操作简单、安全、节能等显著特点；SCR（左）和 GCR（右）机器人如图 1-8 所示。新松 7 轴机器人目前主要的客户群以研究机构和高校为主。

图 1-8 新松 SCR（左）和 GCR（右）系列协作机器人

2. 遨博

北京遨博智能科技有限公司（以下简称“遨博”）先后发布了 3 款具有自主知识产权的工业协作机器人。遨博 i5 采用 CAN 总线通信接口，自重为 5kg，重复定位精度达±0.05mm；并采用开放式控制系统，提供软件二次开发的 API 接口。在结构上采用模块化设计，使其组装维护得以简化，同时能有效降低成本。

遨博后来又陆续推出 C 系列和 E 系列协作机器人。遨博 C 系列是基于服务、新零售等行业应用特点而开发的协作机器人，产品具有 3~5kg 不同的负载能力，可满足服务、新零售等领域需求，具有极高的投资回报率；遨博 E 系列协作机器人是专门面向教育行业教学实训、科研创新的产品。遨博各系列协作机器人如图 1-9 所示。

3. 达明机器人

达明机器人公司推出了 TM5 系列 6 轴协作机器人，如图 1-10 所示。其内建视觉系统，整合视觉软硬件，具备多彩多姿的机器视觉功能，能够检测、辨识物体的形状和颜色，并能读取条码等编码信息。

通过 TM5 手动示教及视觉的整合，即使不具备机器人使用经验的使用者也能轻松应用，在 5min 内即可完成视觉取放任务的示教。同时，TM5 适合部署不同的任务，可达到弹性自动化的目标，大幅降低自动化的时间及成本。

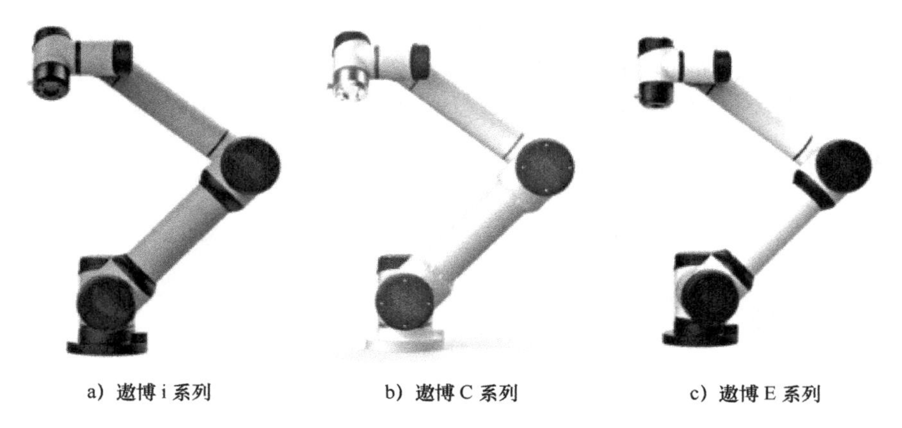
a）遨博 i 系列　　b）遨博 C 系列　　c）遨博 E 系列

图 1-9　遨博各系列协作机器人

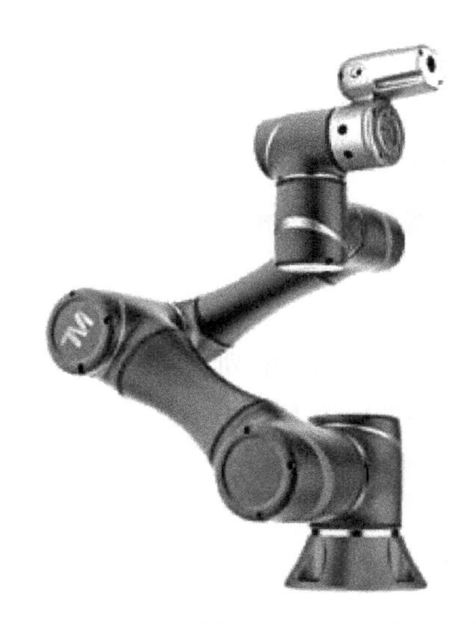

图 1-10　达明机器人 TM5 系列协作机器人

4. 大族机器人

深圳市大族机器人有限公司（以下简称“大族”）是由上市公司大族激光科技产业集团股份有限公司投资组建的控股子公司。在 2016 年的上海工博会上，大族电机推出了最新的 6 轴协作机器人 Elfin。机械臂采用模块化安装，装配快捷，控制简单，维修方便，成本较低。其自重为 21kg，额定负载为 5kg，重复定位精度可达±0. 1mm，能够满足生产需求。作为协作机器人，Elfin 可配合工人工作，也可用于集成自动化产品线、焊接、打磨、装配、搬运、拾取、喷漆等工作场合，应用灵活且广泛。

Elfin-P 系列是轻量型的 6 轴协作机器人，可应用于自动化集成生产线、装配、抓取、焊接、研磨、喷漆、点胶、检测等，更高的精度和更强的防护等级保障了其在复杂工作环境中的应用自如。Elfin 系列和 Elfin-P 系列机器人如图 1-11 所示。

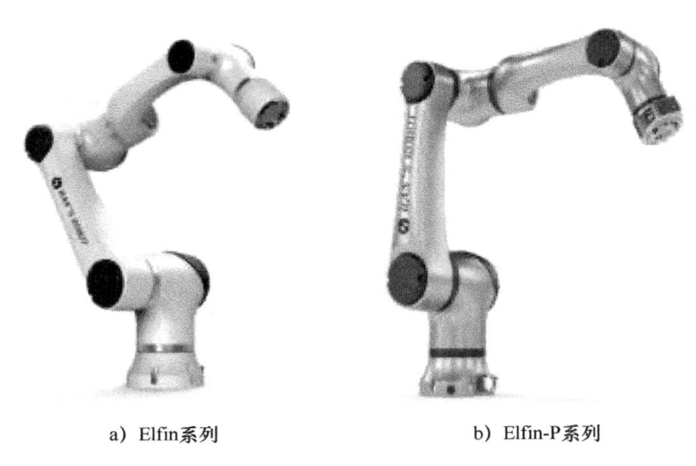

a）Elfin系列　　b）Elfin-P系列

图 1-11　大族 Elfin 系列和 Elfin-P 系列协作机器人

5. 珞石

珞石科技有限公司推出的 xMate 系列协作机器人如图 1-12 所示。其中，xMate 3、xMate7 的 6 自由度柔性机器人和 xMate 3 Pro、xMate 7 Pro 的 7 自由度柔

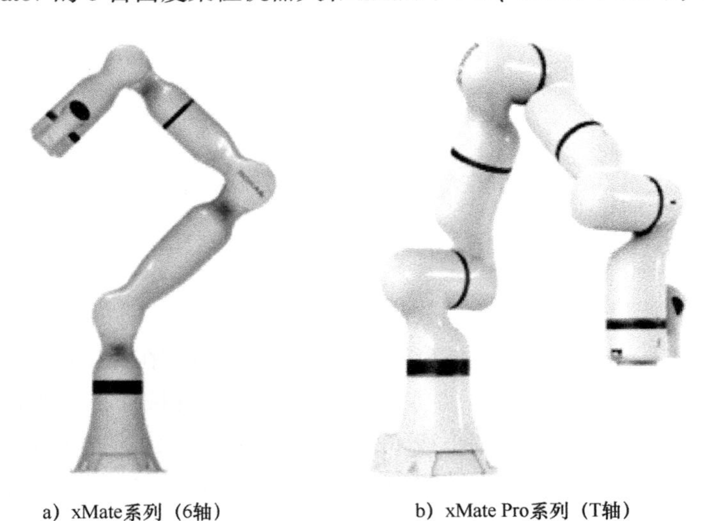

a）xMate系列（6轴）　　b）xMate Pro系列（T轴）

图 1-12　珞石 xMate 和 xMate Pro 系列协作机器人

性机器人的重复定位精度可达±0.03mm，力测量分辨率分别为 0.1N 和 0.02N · m，笛卡儿刚度可调范围分别为 0～3000N/m 和 0～500N/rad。集成化设计、跨平台的机器人操作软件，可满足教育科研、自动化工艺研发等用户需求。

6. 泰科

深圳市泰科智能机器人有限公司（以下简称“泰科”）始创于 2008 年，积累了十多年的电动机、伺服驱动器核心技术开发和应用经验，具有伺服驱动器核心技术的自主知识产权。泰科自 2016 年开始研发协作机器人关节模组。2019 年，开发了一系列机器人用电动机、伺服驱动器、抱闸、增量/绝对值编码器和 RJS/RJSII/RJSIIZ/RJU/SHD 系列机器人关节模组。

基于以上基础，泰科研发并生产了 TA6 系列和 TB6 系列 6 自由度协作机器人，以及 TB7 系列 7 轴协作机器人，如图 1-13 所示。它们应用于工厂自动化、汽车、3C 电子、医疗、电力、航天、科研、教育等领域。

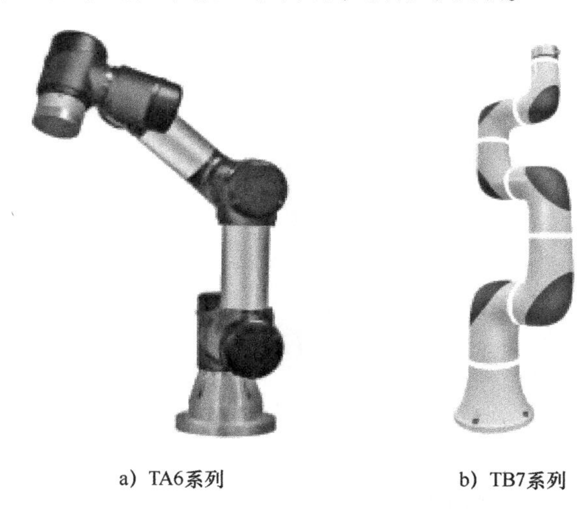

a）TA6系列　　b）TB7系列

图 1-13　TA6 系列和 TB7 系列协作机器人

7. 非夕

2019 年，非夕公司发布了自适应机器人拂晓 Rizon 4，如图 1-14 所示。它基于力控机器人领域内的先进技术，可以使机器人安全地与人和环境交互、操作、高效生产。

8. 思灵

Agile Robots（思灵机器人）孵化于德国宇航中心机器人研究所，如图 1-15 所示。Agile Robots 综合利用力控机器人技术、机器视觉、运动规划、自适应抓取、人机协作、模仿学习与增强学习等核心技术，研发了一套机器人操作系统，其创始人陈兆芃将这套系统比作“机器人大脑”。

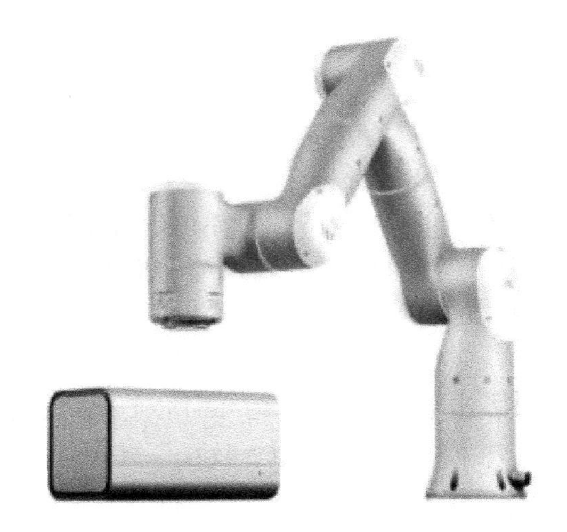

图 1-14　非夕协作机器人 Rizon 4

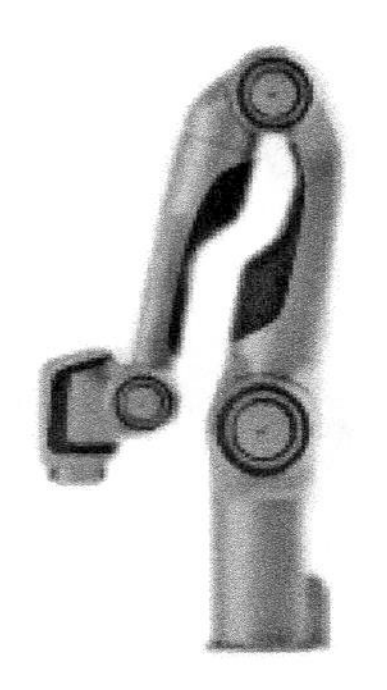
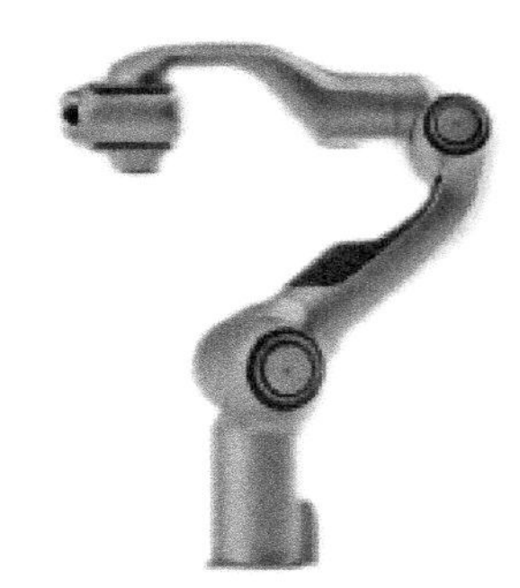

图 1-15　Agile Robots 协作机器人

9. 节卡

节卡机器人于 2014 年由工程师与机器人学者联合创立（图 1-16），目前已与遍布全球的 300 余家、来自各行各业的自动化方案公司紧密合作，在全球部署了逾万台机器人，灵活高效地服务于汽车、电子、半导体等产品生产线。

10. 艾利特

艾利特机器人是一家由北京航空航天大学、清华大学、美国哥伦比亚大学的博士及博士后发起成立的创新型企业，专注协作机器人赛道。艾利特机器人有 EC6 系列和 CS6 系列，分别有 3kg、6kg 和 12kg 的负载支持，如图 1-17 所示。

以欧洲为例，规模化的工业生产转移之后，欧洲无法转移的中小企业非常多。中小企业是世界各经济体的重要组成部分。各经济体对中小企业的界定标准不尽相同，且随着经济的发展而动态变化，但中小企业在经济体中扮演的关键角色却不容置疑。在欧洲，95%以上的商业活动由中小企业完成，60%以上的雇员服务于中小企业。在美国，中小企业数量已占全部企业总数的 99.9%，除了务农人员约有 1.2 亿工人，其中 50%在中小企业工作。例如，食品行业在欧洲就是一个广泛存在的行业，它供应欧洲居民每天食用的奶酪、面包、蔬菜等，由于供应量和保质期的原因，其生产不可能转移到其他国家，必须要保留在本地。

机器人技术的发展日益成熟，智能系统的技术不断提升，为协作机器人的推广应用打下了基础。

任何一种新产品和新技术的推出，都是在当前产品的基础上迭代更新，推出更为完善的产品，机器人行业也是如此。随着新型传动和驱动机构及智能与软物质材料的出现，可以预计机器人将逐步向柔性化、软性化、可变化、微型化和控制智能化方向发展，使开发新型功能机器人成为可能。

2. 对机器人灵活可靠的需求

全国范围内企业依赖于劳动密集型的成本劳动红利逐渐消失，企业亟须用机器人替代人工。此外，产品模块化、定制化生产需要机器人供应商提供更灵活、周期更短、量产更快的生产设计方案。虽然传统机器人发展了 60 年，但越来越突出的瓶颈就是交互性不够，体现在易用性、灵活性和安全性这三个方面。

要增强机器人和人的互动性，还需要把机器人当成工具使用，这就要求机器人的使用更加灵活。机器人本体重量必须要轻，在需要的场合，工人可以任意将其搬动和简单安装，使机器人可以尽快投入使用。

3. 对机器人拖动示教的需求

协作机器人的拖动示教一般有两种策略：一种是基于零力控制的拖动示教，另外一种是基于力矩传感器的拖动示教。

基于零力控制的拖动示教分为基于位置控制的零力控制拖动示教和基于力矩控制的零力控制拖动示教。基于位置控制的零力控制系统是一个位置控制系统，无法通过直接操作进行示教，必须借助力传感器感受示教力；而基于力矩控制的零力控制系统是一个力矩控制系统，其关节位置、转速不进行控制，便于示教操作，但系统稳定性不如前者。

基于力矩传感器的拖动示教需要利用协作机器人的动力学模型，总体的算法是阻抗/导纳控制；六维力传感器安装在机器人末端，由传感器测量出6个力/力矩，结合雅可比矩阵，控制器可以实时算出机器人被拖动时所需要的力矩，然后把该力矩提供给电动机，使机器人能够很好地辅助操作人员进行拖动。但实际应用中也有难点，主要是较好的力传感器价格昂贵，所以工业中更倾向于用电流环进行拖动示教。

拖动示教功能可以使开发者快速利用机器人完成任务需要，并且拖动示教也是实现操作者和其他人员互动的方式，在各个领域都得到了广泛应用，不受地点和空间的限制，完全可以满足教学、科研和工作等需要。

4. 机器人碰撞检测的需求

机器人和人交互，必须要保证人的安全，碰撞检测是协作机器人务必要实现的功能。其实现的方式包括借助力感知皮肤、关节力矩传感器、电流估算力反馈模型等。在实现的方式上，务必要体现碰撞力的设置，以满足不同环境下力的灵活设置。

协作机器人相比于传统机器人，安全是其显著特征。协作机器人都会提供碰撞检测等安全防护功能，还可以根据实际情况进行防护等级的调整，充分满足不同操作人员、不同任务场景对其不同的应用要求。协作机器人和人交互作业如图1-19所示。

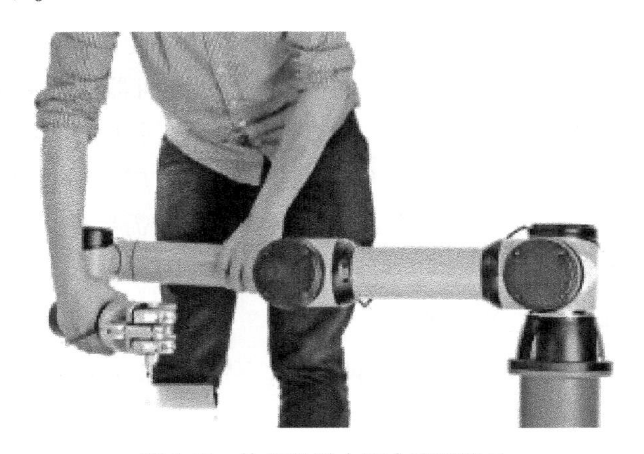

图1-19　协作机器人和人交互作业

1.3.3　协作机器人的关键技术

1. 核心零部件

协作机器人本体部分一般由关节模组构成，每个关节模组一般包括减速器、电动机、编码器、抱闸、驱动器和控制器等；常见的协作机器人关节模组如图 1-20 所示。

图 1-20　协作机器人关节模组

在协作机器人关节中，谐波减速器是最常用的减速器，也是最具有技术含量的关键核心零部件；常用的电动机是无框力矩电动机；编码器分为绝对式编码器和相对式编码器，绝对式编码器常用于采集关节角度，放置在关节输出端，相对式编码器常用于采集关节速度，放置在电动机末端；抱闸是关节模组的“刹车”部件，可实现紧急制动；协作机器人的关节模组一般采用驱控一体的驱动器来实现驱动和控制功能，结构紧凑。此外，还有一些其他机械零部件，如螺钉、轴承、机械加工件等。

谐波减速器作为协作机器人关节模组的核心零部件，具有承载能力高、传动比大、体积小、传动效率高、无冲击和运动精度高等诸多优势。谐波减速器曾长期被国外垄断，近些年国内才有所突破。国外谐波减速器制造商比较出名的有日本哈默纳科（Harmonic Drive）、日本电产新宝（Nidec-Shimpo）、美国科尔摩根（KOLLMORGEN）等；国内有苏州绿的谐波、深圳大族精密传动和浙江来福谐波传动等。下面对国内这几家公司及产品进行简要介绍：

（1）苏州绿的谐波　绿的谐波是一家专业从事精密传动装置的企业，其谐波减速器有 LCD 系列、LCS 系列、LCSG 系列、LHD 系列、LHS 系列和 LHSG 系列；在国内率先实现了谐波减速器的工业化生产和规模化应用，打破了国际品牌在国内机器人谐波减速器领域的垄断。

（2）深圳大族精密传动　深圳大族精密传动和 1.2 节中提到的大族机器人都是大族激光科技产业集团股份有限公司的子公司。

大族精密传动专注于精密减速器及装置、机器人系统、机电一体化设备的研发生产。其产品应用于机器人、航空航天、通信设备、半导加工设备、医疗设备、检测分析设备等领域。

（3）浙江来福谐波传动　浙江来福谐波传动是一家从事高精密谐波减速器和行星减速器研发的企业。来福谐波减速器具有低温升、低起动转矩、高可靠性、高精度、高扭矩、高寿命、大速比、小体积等特性。其产品批量应用于工业机器人、服务机器人、医疗器械、高精密自动化设备等领域。

浙江来福谐波传动的谐波减速器产品主要有 LSS 系列、LSD 系列、LFS/LFS 一体机系列、LHT 系列和 LHS 系列。

2. 力感知关节

相比于传统机器人，协作机器人在安全方面有着更高的防护等级。一般基于电流环对机器人进行安全防护设置，但力感知的柔性关节更具有优越性，可以直接测量力矩，避免了电流转换环节，响应更快。

近年来，一些机器人厂家推出了带有关节力矩传感器的协作机器人，主要列举如下：

1）KUKA iiwa：每个轴都配有专用的关节力矩传感器，它对周围环境非常敏感。

2）Kinova Gen2 robots：内置全关节力矩传感器，使其拥有良好的安全性及人机交互性。

3）Franka Emika 机器人 Panda：Franka Emika 的力控技术继承自 DLR，Franka Emika 力矩传感器具有 13 位分辨率，可实现精准的力控制。

4）Flexiv Rizon 4：Rizon 是力控机器人领域内拥有先进技术的协作机器人，能使机器人安全地与人和环境交互、操作、高效生产。

5）Agile Robots：综合利用力控机器人技术、机器视觉、运动规划、自适应抓取、人机协作、模仿学习与增强学习等核心技术。

3. 高精度定位

机器人精度的两个指标是重复定位精度和绝对定位精度。

绝对定位精度是指机器人停止时实际到达的位置和期望到达的位置之间的误差，如期望一个轴运动 100 mm，但实际上运动了 100. 01mm，那么 0. 01mm 就是绝对定位精度。重复定位精度是指机器人到达同一个位置所产生的误差，如期望一个轴运动 100 mm，结果第一次实际上运动了 100. 01mm；重复一次同样的动作，实际上运动了 99. 99mm，这之间的误差 0. 02mm 就是重复定位精度。

通常情况下，重复定位精度比绝对定位精度要高得多。重复定位精度取决于机器人关节减速器及传动装置的精度；绝对精度取决于机器人算法。

目前，绝大多数协作机器人的重复定位精度都能达到 0. 02mm。但要继续提升协作机器人的重复定位精度，需要从机器人的本体结构出发，提升关节模组中电动机、减速器和编码器等的精度。

4. 行为决策与控制

协作机器人发展的趋势是人工智能，深度学习是智能机器人的前沿技术，也是机器学习领域的新课题。深度学习技术被广泛运用于农业、工业、军事、航空等领域，与机器人的有机结合能设计出具有高工作效率、高实时性、高精确度的智能机器人。

将深度学习、强化学习等机器学习方法与智能机器人相结合，不仅使协作机器人在自然信号处理方面的潜力得到了提高，而且使机器人拥有了自主学习的能力，每个机器人都在工作中学习，数量庞大的机器人并行工作，然后分享它们所学到的信息，相互促进学习，如此将带来极高的学习效率，极快地提升机器人的工作准确度，并且还省略了烦琐的编程；从而提高了协作机器人在工作中的行为决策能力，提升了机器人的智能控制水平。

5. 友好的人机交互

人机交互（Human Robot Interaction，HRI）是人和协作机器人系统之间进行互动和交流的桥梁。并且这早已不再仅仅局限于工业中的传统机器，如今还涉及物联网（IoT）中的计算机、数字系统或设备。越来越多的设备连接起来并开始自动执行任务。

人机交互是协作机器人的关键构成部分，为了生成有效的机器人行为，除了完成机器人人机交互的基本功能，还需要完成以下三部分工作：

- 向机器人提供正确的知识：成本函数、世界模型。
- 设计正确的逻辑策略，使机器人能自主地将知识转化为行动。
- 设计学习过程以更新知识和逻辑，使机器人适应未曾预见的环境。

随着智能机器人越来越多地出现在人们的生活中，人机交互将会更广泛地发生。同时，有许多问题亟待研究。对这些问题的探索需要多学科的融合和交叉，如工程学科与社会学科的融合、工程学科与脑科学的融合，以及在工程学科内部机械设计与算法设计的融合，以此创造更好的智能机器人服务大众。

1.4　协作机器人的优点和局限性

1.4.1　协作机器人的优点

协作机器人技术的优点主要体现在易用性、灵活性和安全性三个方面。

1. 易用性

易用性是机器人设计的重中之重，涉及的具体技术包含各类图形化编程、工艺包、示教方式、指令丰富程度、二次开发平台、系统扩展性（硬接口、软协议），以及离线编程软件等。虽然协作机器人的拖动示教功能特性免去了传统工业机器人复杂的编程和配置，使其操作简单、易上手，但目前市场上的一些协作机器人产品，它们提供的图形界面只能完成一些简单的拣选、取放任务，仍存在易用性不强的问题。为了提高协作机器人的易用性，行业内企业对机器人编程语言进行了开发优化，使机器人能够适应复杂的工作环境。例如，丹麦UR机器人采用一种专利技术的图形化编程方式，把复杂的指令简化为组合按钮的形式，配合拖动示教完成机器人的编程；日本Mujin公司提供的一种简单快速的3D环境重建方法及针对复杂环境进行自动轨迹规划的技术，可以大幅降低机器人部署的时间和工作量；德国Franka公司推出的图形化编程系统，通过组合不同的基本元素，可以使用户在不具备任何专业知识的情况下编写复杂的机器人程序。随着协作机器人应用领域的不断扩展，提升协作机器人的易用性，提供更简单直观、功能更强大的编程方法仍将是协作机器人企业长期努力的方向。

2. 灵活性

从软件层面来看，协作机器人系统大多具有学习和演化的能力，采用增强型学习方法和遗传规划可以实现多机协同作业。然而，目前大多机器人的学习和演化还停留在较低的行为层次，其学习和演化的任务和环境也非常简单，当面对更为复杂的任务和环境时，存在时滞评价和组合爆炸问题。同时，对于多智能体的分布式学习与演化，也与传统的集中式学习与演化方法有着明显区别，还有待寻找更为有效的行为优化方法。

从硬件层面来看，协作机器人技术产品多为6自由度及以上的多关节机器人，自重及负载都较小，产品安装方式及其移动部署相对灵活，适用于柔性、灵活度和精准度要求较高的行业，如电子、医药、精密仪器等，可以满足更多工业生产及服务行业的操作需要。

3. 安全性

安全问题是实现人机协作的前提条件，只有保障了操作人员的人身安全，才能更好地协同工作，提高企业效率。为了有效规范协作机器人的设计及安全，国际标准化组织于2016年3月发布了ISO/TS 15066 *Robots and robotic devices—Collaborative robots*，该标准作为ISO 10218 *Robots and robotic devices——Safety requirements for industrial robots* 的补充，进一步明确了协作机器人的设计细节及系统安全技术规范。

各协作机器人企业都通过开发硬件或软件，抑或两者兼备的方式确保其能实现人机协同作业，但不同企业的实现途径不一。例如，UR 公司利用传感器专利技术帮助其实现功率和力的限制功能，能够监控电动机的电流和编码器的位置，通过电流和位置数据，推算出力，实现协作机器人的功率和力的限制功能。ABB 公司的 YuMi 机器人在硬件上通过被软性材料包裹的塑料外壳，能够很好地吸收外部的冲击；在软件上有运动速度和功率限制的设计，当它与人或其他物体接触时，内置的传感器就能及时检测到。Rethink 公司的协作机器人产品通过搭载串联弹性驱动器（SEA），将力矩控制转化为弹簧形变量控制，可以实现精确的力矩控制。FAUNC 公司在产品底座安装力传感器检测外力。博世公司为协作机器人配备机器人保护皮衣 APAS（触觉检测装置），它可以检测受力情况并向控制器提供即时反馈，确保人的安全。

协作机器人具有高安全性，适合要求人员介入的有限空间作业的场景，如电子产品装配，由机器人放置零件，操作人员负责组装。因为协作机器人体积小，质量轻，安装和调试简单，同样一台机器可以相对方便的移动位置，重新进行示教，极大地提高了生产线的柔性。

对于生产线变更时间需要大幅缩短、工作空间狭小等问题，传统的“非自动即动手”的生产装配模式已难以应对，大量工作需要人和机器人协作完成。因此，为搭建灵活高效的制造系统，人机协作成为有效的解决方案。人机协作不仅是解决现实问题的需要，也是企业长远发展的选择。

机器人控制是一个成熟的领域，一个已经在工业上高度商业化的领域。然而，调节人与机器人之间的互动和协作所需的方法还没有完全建立起来。这些问题是实体人机交互（pHRI）和协作机器人（Cobot）领域的研究主题。De Luca 和 Flacco 机器人的创造者提出并规定了机器人必须遵循的三个一致行为的层嵌套，以实现安全的 pHRI：

1）安全是协作机器人的第一个也是最重要的特征。尽管最近机器人安全标准化工作取得了进展，但我们仍处于起步阶段。安全性通常是通过避免碰撞来解决的，这种特性要求感知层和控制层都具有较高的反应性和鲁棒性。

2）共存是机器人与人共享工作空间的能力。这包括涉及被动人体的应用程序（如机器人干预患者身体的医疗操作）以及机器人和人在同一任务中没有接触或没有协调的情况。

3）协作是指通过人类的直接交互和协调以执行机器人任务的能力，有两种模式：接触协作（人和机器人之间有明确和有意的接触）和非接触协作（动作由信息交换指导，如身体手势、声音命令或其他形式）。特别是对于第二种模式，必须建立由操作人员进行直观控制的手段，而这可能是非专家用户。机器人应该积极主动地实现所要求的任务，并能够推断出用户的意图，以便从人的角度更自然地互动。

1.4.2 协作机器人的局限性

协作机器人也有一定的局限性，主要表现在以下三个方面：

1. 速度慢

协作机器人的运行速度只有传统工业机器人的1/3～2/3，造成这一问题的原因是协作机器人需要对运转进行控制，以防伤害到人，因此运行的速度比较慢。

2. 负载小

协作机器人的负载都较轻，一般在20kg以下，这一局限性也是由于为了降低碰撞造成的损失，同时协作机器人较小的自重也导致协作机器人的刚性比传统的工业机器人差很多，重复定位精度也更低。因此，协作机器人在轻工业和演示教学方面应用更广泛。

3. 工作范围小

协作机器人的体积一般都较小，常常被用于桌面，其机器臂的长度有限，所以协作机器人的工作范围也比较小，这也限制了协作机器人的应用场景和领域。

1.5 主要应用领域及未来前景

目前，协作机器人已经广泛应用于汽车装配、医疗、仓储物流、3C电子、服务等领域。

1.5.1 协作机器人的应用领域

协作机器人目前的市场应用领域主要分布在传统工业、复杂且危险的场所、仓储和物流、外科手术、远程安全和监控、教育和生活服务等。

1. 传统工业

许多传统工业都因应用了能够完成重复作业、繁重体力劳动的协作机器人而受益无穷，如装配、装载/卸载、包装、分拣、分发、打磨和抛光等。随着协作机器人在各种规模企业中的采用率日渐增加，协作机器人不再仅为大型工业制造商所用。借助如今的协作技术，许多机器人制造商发现协作机器人的投资

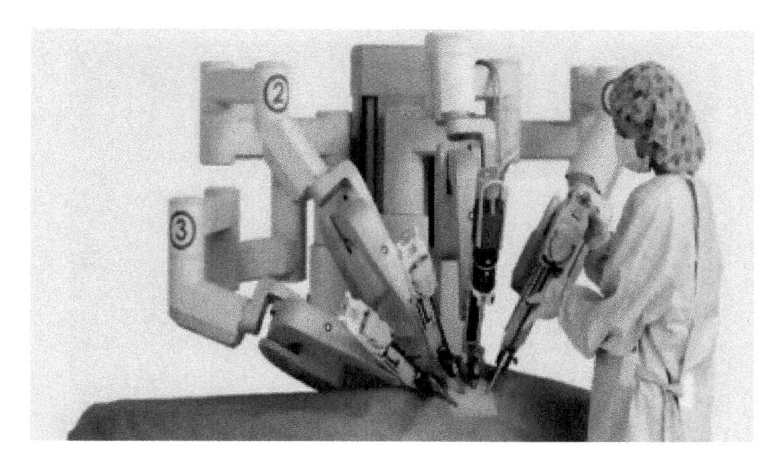

图 1-24 协作机器人在外科手术中应用

图 1-25 遨博协作机器人在远程安全和监控领域的应用

协作机器人无需外部安全屏障，随着此类机器人的部署数量不断增加，从中受益的应用也日渐增多。如今，协作机器人为各个领域都带来了明显益处。

6. 教育和生活服务

遨博教育工作站是一款基于遨博 i5 的机器人教育工作站，是遨博智能助力中国机器人人才教育、针对教育培训行业的实训实操平台，为学生提供了协作机器人的相关知识、操作技术、电气连接、二次开发与集成方法等多种培训功能。除了教育领域，协作机器人在生活服务行业也可以应对自如，如泡咖啡、理疗按摩等，如图 1-26 和图 1-27 所示。

根据协作机器人在市场上的主要应用，对比传统机器人，分析结果见表 1-1。

图 1-26　遨博协作机器人教育工作站

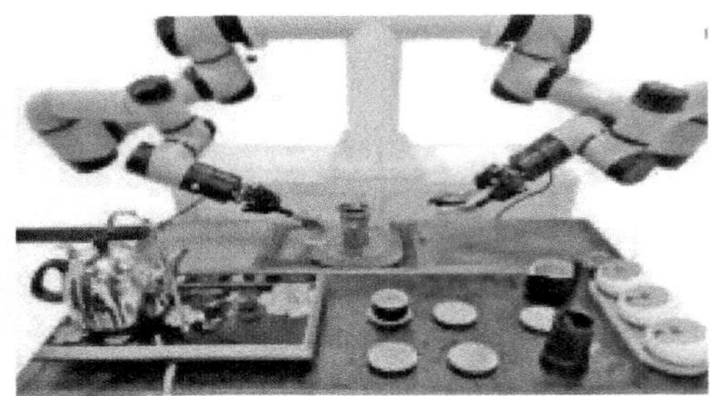

图 1-27　遨博协作机器人在生活服务中的应用

表 1-1　协作机器人与传统工业机器人应用对比

对 比 区 域	协作机器人	传统工业机器人
目标市场	中小企业、适应柔性化生产要求的企业	大规模生产企业
生产模式	个性化、中小批量、任务切换频繁的小型生产线或人机混线的半自动场合	单一品种、大批量、周期性强、全自动生产线
工业环境	可移动并可与人协作	固定安装且与人隔离
操作环境	编程简单直观、可拖动示教	专业人员编程、机器示教再现
常用领域	精密装配、检测、产品包装、机床上下料、抛光、打磨等	焊接、喷涂、搬运、码垛等

1.5.2　协作机器人的未来前景

经过多年的市场培育，协作机器人已经逐步走进自动化工厂、科研实验室、医疗手术、农业采摘等场景。自动化/智能化为企业带来成本费用改善空间，部分岗位无人化、人机协作的落实可以显著降本增效，而这也促使各企业加大了对协作机器人的需求。

除了新型协作机器人，目前很多小负载多轴机器人也在增加拖动示教、图形化编程、碰撞检测等功能，在功能上向协作机器人靠拢，在应用方面和协作机器人有重叠。当前，协作机器人的应用更多体现的是基于协作机器人易于使用和部署的特点，使人与机器人更友好地互动，不需要设置围栏也能更好地应对生产线的变换。对于速度要求更高、产线不常变动的场景，小型多轴机器人则更合适。

人机协作完成工作的应用场景目前占比并不大。人机协作工作需考虑安全性问题。ISO/TS 15066 标准等从设计层面就对协作机器人的安全性有了明确要求，具体应用时也还要根据情况对安全性进行评估。目前只有 UR 公司等少数外国厂商在机器人本身设计方面符合标准并通过了德国 TUV 等的安全评估，国产机器人厂商在产品的安全性合规方面还较欠缺。

协作机器人整体仍然朝着更易用和更便宜的方向发展，随着越来越多的机器人厂商加入，对我国协作机器人企业而言，更重要的还是机器换人等市场的实际需求。

在应用方面，抓取、放置、装配和材料处理预计将成为协作机器人最大的应用范围。这些应用的收入将占未来五年所有协作机器人收入的 75%。在本体方面，虽然 5kg 的有效负载一直是协作机器人的最佳负载配置，不过目前市场已经出现在此负载类别之上或之下的新产品。特别是许多产品只针对 1kg 以下的抓取和装配应用，将细分应用又一次进行细分，未来在本体研发方面，相信会出现更多针对细分应用下的协作机器人本体产品出现。

但协作机器人这一细分市场的发展仍然存在明显的阻力。一是协作机器人仍面临很多实际应用场景适应性、可靠性与安全性三大问题，解决各种应用场景障碍是未来协作机器人的主要目标。各应用领域的专家和机器人专家一起，仍在积极努力探索，试图突破各种局限。

二是因为国外公司主导机器人及其零部件市场，产品成本和价格使得中小企业望而却步，限制了企业应用机器人的速度。国内的机器人厂商如果依赖采购包括电动机、减速器和光电编码器在内的进口核心零部件，将使机器人的市场格局将难以有所改变，协作机器人的未来也将重复传统工业机器人的老路。因此，在应用需求的导向下，实现核心零部件自主研发和国产化，必将是协作机器人的长远发展之道。

1.6 本章小结

本章首先介绍了协作机器人的定义和内涵，即协作机器人是一种被设计成能和人在共同工作空间中有近距离互动的机器人。其次，简述了国内外协作机器人的发展历程，列举了应用较为广泛的协作机器人；国外以 UR 公司的 UR5 协作机器人、Rethink 公司的双臂机器人 Baxter 和单臂机器人 Sawyer、KUKA 公司的 7 轴轻型灵敏机器人 LBR iiwa、ABB 公司的双臂协作机器人 YuMi、FANUC 公司的 CR 系列机器人、Kinova 公司的 Gen2 robots 以及 Franka 公司柔顺机器人 Panda 为主要代表；国内以新松的 SCR 和 GCR，遨博的 i 系列、C 系列和 E 系列，台湾达明 TM5 系列 6 轴协作机器人，大族电机的 Elfin 6 轴协作机器人，柔肯公司的 xMate 系列柔性机器人等为主要代表。接着，分析了协作机器人的兴起原因和关键技术，并列举了协作机器人的核心零部件、具备力感知的柔性关节、高精度重复定位、便捷高效的拖动示教、安全行为决策与智能控制和人机友好交互等关键技术。最后，指出协作机器人的优点和局限性，以及它的主要应用领域和未来前景。

本章主要使读者对协作机器人有初步的认识，使读者对协作机器人的概念有一定的总体把握，也方便读者理解后续的内容。

思考与练习

1. 分别写出 10 个“协作机器人”或“机器人”领域的国内外顶级技术期刊的名称。

2. 为什么协作机器人发展如此快速？跟传统工业机器人相比，协作机器人有哪些优点？

3. 查阅相关文献，根据协作机器人的使用数量给出排名第 1、第 2 和第 3 的国家。

4. 目前协作机器人的关节模组由几部分组成？每一部分有什么功能和作用？

未来，随着协作机器人市场的发展，下游可批量复制的行业将陆续出现，将会随之孕育出一批较大的具备行业属性的系统集成商。此外，新兴行业的不断涌现也将导致新的系统集成商出现，系统集成商的数量将继续扩增，集成商类型及与上下游的合作模式也将更加多样性。

2.2　协作机器人的电动机与伺服驱动器

近年来，我国正在从制造业大国向制造业强国发展，由于国内对制造配备及其技术改造工作的重视，且随着全数字式交流永磁伺服系统的性价比逐渐提升，交流伺服电动机作为控制电动机类高档精细部件，其市场需求将稳步增长，应用前景良好。

我国伺服电动机及其全数字式伺服驱动器已基本实现自主开发，但产业化方面稍滞后，主要集中在数控机床行业，功率规格在400W以上，未针对整个机器人等自动化控制行业构成全系列规格规范产品，也尚未形成批量化和大规模应用，国内对高精度交流伺服电动机控制系统的需求仍主要依赖进口。

2.2.1　伺服电动机制造行业供需平衡分析

伺服电动机产品广泛用于机械、冶金、电力、石油化工、船舶制造、航空航天、建筑、交通、科研试验等领域。我国伺服电动机市场需求巨大，随着各行业，如机床、印刷设备、包装设备、纺织设备、激光加工设备、机器人、自动化生产线等，对工艺精度、加工效率和工作可靠性等要求不断提高，这些领域对伺服电动机的需求将迅猛增长，交流伺服电动机将逐步替代原有直流有刷伺服电动机和步进电动机。图2-3所示为2013—2018年我国伺服电动机供需情况分析。

1. 产量及其增长分析

由于我国为制造业大国，除了数控机床行业，其他行业对各种规格的伺服电动机需求量逐年增长，为此国外伺服电动机生产厂商陆续计划或已经在我国设置独资工厂，利用本地资源和廉价劳动力，批量生产各种规格的通用型伺服电动机产品。

2. 需求量及其增长分析

地区需求：中国伺服产品的用户区域主要分布在华东、华南和华北，其中华东市场（上海、江浙和山东）占45%，以广东为主的华南和以京津为主的华北各占15%左右。华中和东北大约占10%。华东市场是伺服产品最大的消费市场，且这个趋势会持续下去。

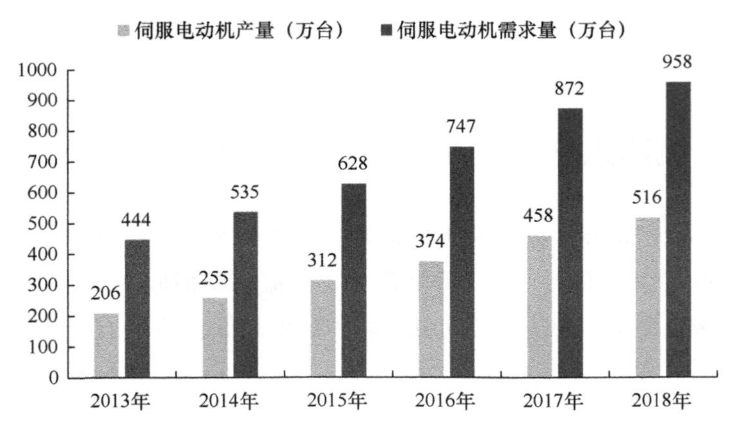

图 2-3　2013—2018 年我国伺服电动机供需情况分析

市场需求：伺服驱动厂商面临用户和 OEM 厂家不断变化需求的挑战，伺服驱动器的上位机可以是 CNC 系统、通用运动控制器和 PLC，还有各种嵌入式控制器，他们必须不断推出多样化的产品，以满足所有运动控制领域的要求。从功率范围上，当前 100~2000W 是主流，大约占整个伺服市场的 70%，而 10kW 以下的品种占到 90%。在转速范围上，大约 50%的用户需要 3000 转以内的电动机，40%的用户需要 3000~6000 转，不到 10%的用户需要 10000 转或以上转速的电动机。图 2-4 所示为 2010—2018 年我国伺服电动机产能走势。

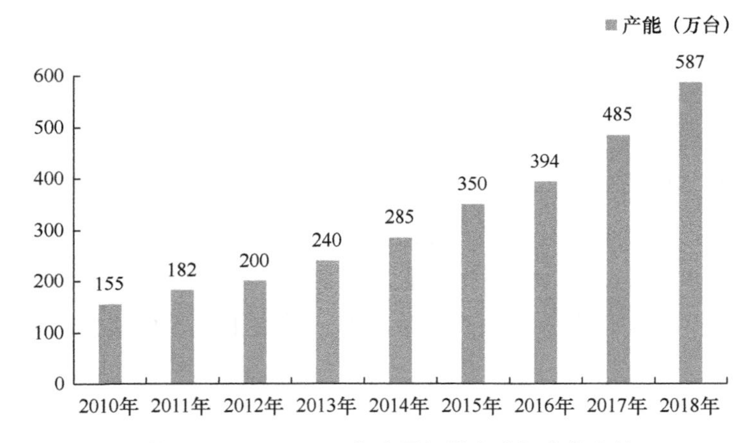

图 2-4　2010—2018 年我国伺服电动机产能走势

国内用户的购买因素，占前三位的是稳定可靠性、价格和服务。这说明目前国内交流伺服市场还处在较低级的阶段，对性能和功能的充分利用尚未摆在重要位置。从长远来看，伺服厂商的关键成功因素应该是产品的性价比、可靠性、技术含量、市场份额和品牌影响力。

2.2.2　伺服电动机行业的格局分析

伺服电动机在机器人中用作执行单元，是影响机器人工作性能的主要因素。目前，国外企业在伺服电动机领域有较强话语权，国外品牌占据了中国交流伺服市场近80%的市场份额，主要来自日本和欧美地区。日本品牌以良好的性价比和较高的可靠性，占据了超过50%的最大市场份额，在中小型OEM市场上尤其具有绝对优势，而且本地化生产的策略进一步增加了其在价格和快速交货方面的优势。其中，西门子和松下是最大的两家供应商，他们的销售额在1亿元以上，分别占我国市场份额的20.8%和18.6%；其次是安川和三菱，他们的市场份额在10%~15%；三洋和博世力士乐在第三阵营，他们的市场份额在5%~10%。

欧美品牌在高端设备和生产线上比较有竞争力，其市场策略是高性能、高价格，以全套自动化解决方案作为卖点。最近，这些高端品牌也不断寻找本地合作伙伴，力图打入中、低端市场，并不甘心被日本品牌挤压市场空间。欧美品牌中，美国以罗克韦尔、丹纳赫、帕光等闻名。德国则拥有西门子、轮茨、博世力士乐、施耐德等品牌先锋。英国的Control Technology、SEW也有相当的优势，这些欧美品牌总的市场占有率大约在20%。

除了日本、欧美伺服品牌，我国以东元和台达为代表的台系伺服供应商在大陆市场的推广也如火如荼，由于其性价比较高，市场占有率从几年前的微不足道提高到了10%。

我国的伺服品牌还主要有和利时电机、华中数控、广数、兰州电机等，这些品牌产品功率多在5kW以内，在技术路线上与日系产品接近，目前总市场占有率在10%左右。

图2-5所示为2018年我国伺服电动机市场的竞争格局。

相比之下，国产伺服品牌起步较晚，多是以原步进产品的供应商及数控产品提供商发展而来，以低端市场为主要竞争格局，但近几年国产伺服产品销售业绩处于逐步上升趋势。

展望未来，随着伺服电动机价格的不断下降，伺服驱动市场接受度在不断上升，中、低端市场有着非常大的增长空间，因此本土厂商仍将有很大的作为。

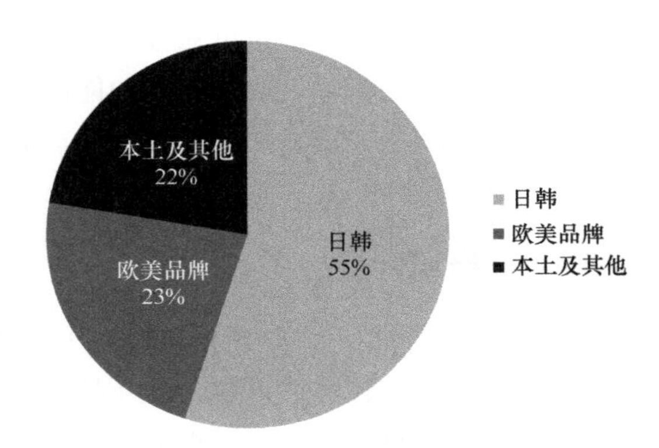

图 2-5　2018 年我国伺服电动机市场的竞争格局

2.3　减速器

在全球范围内，机器人行业应用的精密减速器可分为谐波减速器、RV 减速器和行星减速器，三者的市场销售数量占比约为 40%、40%和 20%。其中，RV 减速器和谐波减速器是工业机器人最主流的精密减速器。国内、外精密减速器厂商见表 2-1。

表 2-1　国内、外精密减速器厂商

国　外	国　内
Nabtesco（纳博特斯克）	秦川发展
Harmonic（哈默纳科）	苏州绿的
住友重机	南通振康
帝人	双环传动
Sejinigb	巨轮股份
……	大族激光
	百利天星
	武汉精华

2.3.1　减速器行业的供需平衡分析

供给端：外资巨头供给紧张，国产 RV 减速器接受度大幅提高。近年来，全球 RV 减速器最大巨头纳博特斯克，为 80%以上的全球机器人供应 RV 减速器，其扩产缓慢，产能持续不足。另外两个 RV 减速器巨头——日本住友重机的减速器业务日渐边缘化，斯洛伐克的减速器业务则可能被战略放弃。国外巨头的 RV 减速器供应不足，使国产减速器迎来巨大机遇。

需求端：外资本体巨头、国产本体商加速扩产，对 RV 减速器的需求旺盛。近年来，随着机器人四大家族在华产能、产量不断提升，预计到 2023 年四大家族本体产能及产量将提升 5 倍以上。另外，国产的埃夫特、埃斯顿、众为兴、广州启帆、新时达、新松机器人、李群自动化等机器人本体领先企业产能不断爬坡。RV 减速器需求持续旺盛。

GGII 数据显示，2022 年我国 RV 减速器总需求量为 102.67 万台，相较于 2021 年的 93.13 万台，同比增长 10.24%。随着数字化进程的加快推进，机器人将受益其中，预计未来几年减速器市场增长的确定性进一步增强，到 2026 年，我国 RV 减速器市场总需求量有望超过 270 万台。

2.3.2　减速器技术分析

减速器在机械传动领域是连接动力源和执行机构的中间装置，通常它把电动机、内燃机等高速运转的动力通过输入轴上的小齿轮啮合输出轴上的大齿轮来达到减速的目的，并传递更大的转矩。目前，成熟并标准化的减速器有圆柱齿轮减速器、涡轮减速器、行星减速器、行星齿轮减速器、RV 减速器、摆线针轮减速器、谐波减速器。20 世纪 80 年代以来，随着新兴产业如航空航天、机器人和医疗器械等的发展，结构简单紧凑、传递功率大、噪声低、传动平稳的高性能精密减速器需求增大，其中 RV 减速器和谐波减速器是精密减速器中重要的两种减速器。

1. RV（rot vector）减速器

RV 减速器是在摆线针轮传动的基础上发展起来的，具有二级减速和中心圆盘支承结构。自 1986 年投入市场以来，因其传动比大、传动效率高、运动精度高、回差小、振动低、刚性大和可靠性高等优点，是传统工业机器人的“御用”减速器。RV 减速器的内部结构如图 2-6 所示。

2. 谐波减速器

谐波减速器由三部分组成：谐波发生器、柔性齿轮和刚性齿轮。其工作原理是由谐波发生器使柔性齿轮产生可控的弹性变形，靠柔性齿轮与刚性齿轮啮合来传递动力，并达到减速的目的；按照谐波发生器的不同，有凸轮式谐波减速器、滚轮式谐波减速器和偏心盘式谐波减速器。谐波减速器传动比大、外形轮廓小、零件数目少且传动效率高。单机传动比可达到 50~4000，传动效率高达 92%~96%。谐波减速器的内部结构及运动原理如图 2-7 所示。

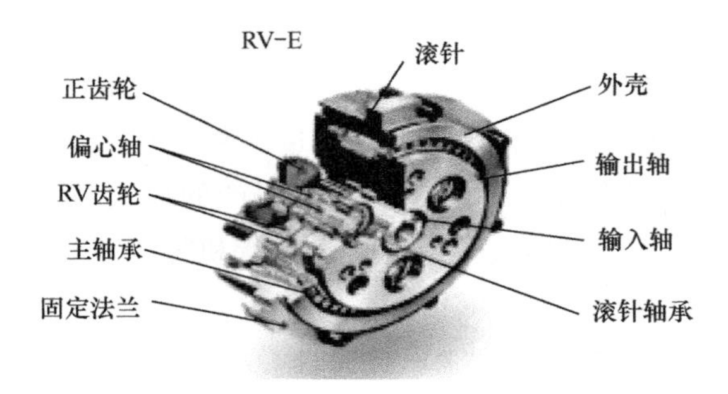

图 2-6　RV 减速器的内部结构

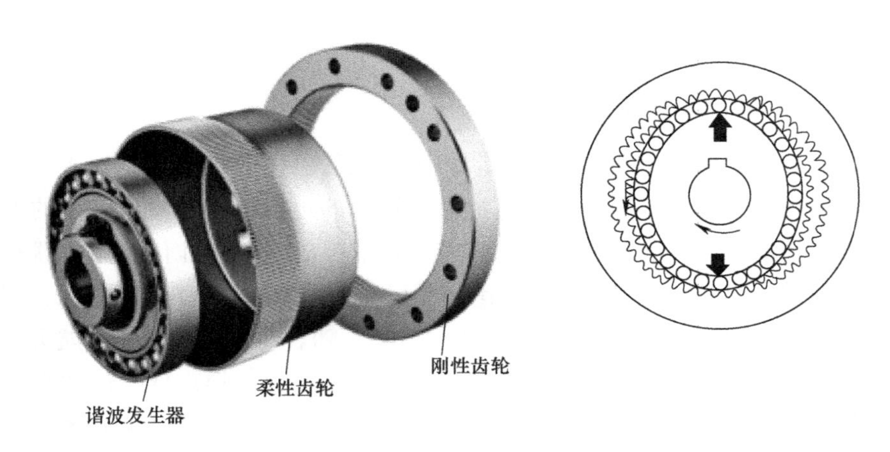

图 2-7　谐波减速器的内部结构及运动原理

3. 行星减速器

行星减速器，顾名思义行就是有三个行星轮围绕一个太阳轮旋转的减速器。行星减速器体积小、质量轻、承载能力高、使用寿命长、运转平稳、噪声低，具有功率分流、多齿啮合的特点，是一种用途广泛的工业产品。其性能可与其他军品级行星减速器产品相媲美，却有着工业级产品的价格，被广泛应用于工业场合。行星减速器的结构如图 2-8 所示。

精密减速器的存在使伺服电动机可以在一个合适的速度下运转，并精确地将转速降到工业机器人各部位所需的速度，提高机械体刚性的同时输出更大的力矩。与通用减速器相比，机器人关节减速器具有传动链短、体积小、功率大、质量轻和易于控制等特点。

核心零部件一直限制我国机器人的快速发展，因此早日实现减速器的国产化替代至关重要。减速器的技术门槛较高，其核心难点包括各项工艺的密切配合、可靠性与一致性等方面。

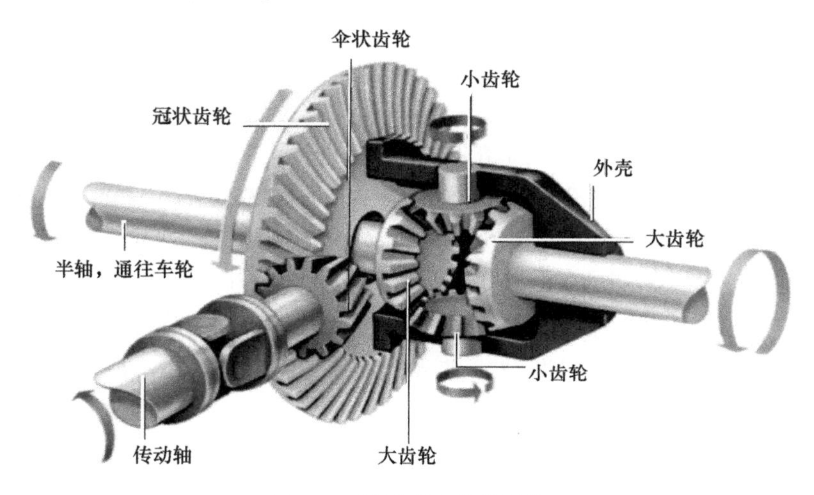

图 2-8 行星减速器的结构

2.3.3 减速器制造行业竞争格局分析

长期以来，机器人用的精密减速器技术一直由美国、德国、日本、捷克等国家掌控，其中世界 75%的精密减速器市场被日本的哈默纳科公司和纳博特斯克公司占领，纳博特斯克公司生产的 RV 减速器约占 60%的市场份额，哈默纳科公司生产的谐波减速器约占 15%的市场份额。我国机器人的关键零部件进口比例较高，就会导致国产的机器人成本高。特别是减速器，国内企业购买减速器的价格是国外企业购买价格的将近数倍。因此，国产机器人难以形成价格优势，只有年产量达到 500~1000 台以上，才会有一定的规模效应。因此，中国如果想要形成机器人产业化，摆脱国外机器人企业的制约，在机器人领域实现自主可控，必须实现减速器的国产化，以及规模化应用。目前，减速器在国内外的知名企业如下：

1. 谐波减速器

日本哈默纳科公司成立于 1970 年，拥有 40 多年谐波传动的研制经验，是全球最大的谐波减速器生产商，和日本纳博特斯克公司并称为机器人精密减速器的两大巨头。2011 年 1 月投资成立全资子公司哈默纳科（上海）商贸有限公司。

苏州绿的谐波公司成立于 2011 年，公司拥有研发人员 30 余名，在谐波传动领域已拥有多项国家专利，是《机器人用谐波齿轮减速器》国家标准的主要编制起草方。苏州绿的标准减速器产品有 6 大系列，共 100 多个型号。

日本新宝公司成立于 2003 年，主要产品有减速器（谐波减速器及 RV 减速器）、压力机、计测器等。新宝减速器在 2015 年进入中国市场，2017 年其中国市场月均出货量近 3000 台，其中 RV 减速器出货量较少。其减速器产品生产基地主要在日本，国内尚无生产基地。

浙江来福谐波公司是一家高精密谐波减速器公司，在谐波传动领域拥有多项技术专利。来福谐波公司的 δ 齿形谐波减速器具有噪声小、精度高、运转平稳性好等特点，在机器人领域得到了应用。

北京中技克美公司从事谐波传动减速器的研发、生产与销售，于 2017 年 7 月挂牌新三板上市，成为我国第一家登陆资本市场的谐波减速器企业。中技克美公司有近 10 个标准系列谐波减速器产品，包括 XB1/2/3/6、XBF、XBFF、XBS、XBD、XBHS 等，产能近 2 万台。

2. RV 减速器

日本纳博特斯克公司由日本帝人精机株式会社和纳博克株式会社于 2003 年合并而来，是全球最大的精密摆线针轮减速器制造商，自 1986 年由日本垂井工厂开始投入量产以来，截至 2017 年年底已累计生产精密 RV 减速器超 700 万台。

日本住友重机投放在中国市场的机器人用减速器主要是 UV 系列减速器，即 RV 减速器，UV 系列从 2014 年开始进入中国，产品在日本生产，在中国上海、广州等地设有组装基地。

南通振康公司是国内较早涉足机器人用 RV 减速器的厂商，其产品由技术团队依托于西安微电机研究所的资源研发。南通振康公司目前有“ZKRV”品牌减速器 RV-E、RV-C、RD 三个系列，共 10 种规格，具备年产 3 万台的生产能力。

秦川机床工具集团股份公司主营业务有机床（齿轮磨床和螺纹磨床）、机器人减速器、各类型齿轮等。机器人减速器部门有 200 多人，生产员工 150 人，研发人员占比为 20%，在北京、上海、重庆、西安、广州等地均设有分公司。

上海力克精密公司成立于 1998 年，是专业制造齿轮的厂商，于 2013 年开始研发 RV 减速器，2015 年正式推出 LKRV-E、LKRV-C、LKRV-N、LKRV-S 共四大系列精密控制减速器产品，与国内大部分本体厂家如埃斯顿和广州启帆合作，并向厂商供货试用。力克精密的 RV 减速器型号齐全。

浙江恒丰泰公司在 2006 年开始研制第一台 CORT 活齿技术精密减速器，于 2013 年研制出 7 种型号的 CORT 精密减速器系列样机。截至目前，已开发出 CORT、HORT（RV）、KORT 三大系列 20 多种规格减速器，基本满足 5~500kg

工业机器人的使用要求。恒丰泰 RV 减速器已被埃夫特、博实自动化等机器人厂商部分采用。

相比于谐波减速器，RV 减速器具有更高的刚度和回转精度。因此，在关节型机器人中，一般将 RV 减速器放置在机座、大臂、肩部等重负载的位置，而将谐波减速器放置在小臂、腕部或手部，行星减速器一般用在直角坐标机器人上。

国产 RV 减速器将实现快速发展，其原因在于：一是以“四大家族”为代表的国际机器人本体巨头深耕中国市场，渠道下沉，加速本土化，带来产能向中国转移和供应链重置的新机遇；二是国产机器人企业为应对市场竞争本体产能爬坡，国外减速器的巨头公司供应不足，国产减速器的接受度大幅提高；三是减速器作为机器人最核心、成本占比最大、技术含量最高的零部件，国产减速器缺的不是核心技术 0 到 1 的突破，更多的是设备摊销和工艺打磨带来的成本降低、稳定性和一致性等问题，经过多年的投入和工艺积累，目前已到了量产和实现突破的关头。

GGII 数据显示，2021 年 RV 减速器领域国产率略有提升，其中国内环动科技、绿的谐波、来福谐波、同川精密的市场份额提升明显；国外的纳博特斯克、HD 的市场份额略有收缩；国产市场份额持续提升。

2.4　协作机器人的模块化、一体化关节

将伺服驱动器内置于关节，于关节内完成底层电气设备连接，以简化整机走线，降低配套设备重量，该类设计被称为协作机器人的一体化关节设计。

协作机器人在设计上有低电压、轻量化的需求，因此通常采用一体化关节设计，将底层执行器，即驱动器，集成到机器人关节内，使每个关节都成为一个控制单元。在控制上呈分布式控制架构，不同层级之间的线缆数量极大地减少，因此能够采用中空走线设计直接将线缆隐藏在相对纤细的本体内。

与工业机器人设计的便捷相比，协作机器人一体化关节的设计复杂得多。图 2-9 所示为一个常见的一体化关节设计。在零部件构成和功能上，由电动机端的编码器通过接口传输数据到驱动器，驱动器根据电动机所处的位置控制电动机，并由谐波减速器进一步放大电动机的输出力矩。而后，通常在减速器输出端安装另一个编码器，形成双编码器构型，一方面使用输出端编码器作为位置控制反馈，降低关节刚度对输出精度的影响，一方面利用传感融合数据优化力控算法等。关节输出端有时也会安装力矩传感器，为力控提供最直接的反馈。

除了零部件更多，协作机器人设计和集成困难的原因主要在于两个方面：

一是协作机器人零部件高度零散化，供应链繁杂。厂商通常难以在专业性上覆盖所有零部件领域，从而在反复拉锯的选型和迭代中，损失大量的初期时间成本，同时也导致产品稳定性相对较低；二是协作机器人零部件非标化，大量的非标定制和零部件研发偏移了厂家的研发重心，影响了产品竞争力。以选择驱动器为例，在选型时需要考虑机械集成、电气适配、电磁兼容性及大量的功能集成和匹配问题。因为市场的限制，厂家为满足设计需要，往往研发或外包定制零部件，不仅进一步增加了研发成本，也牺牲了产品的可靠性。

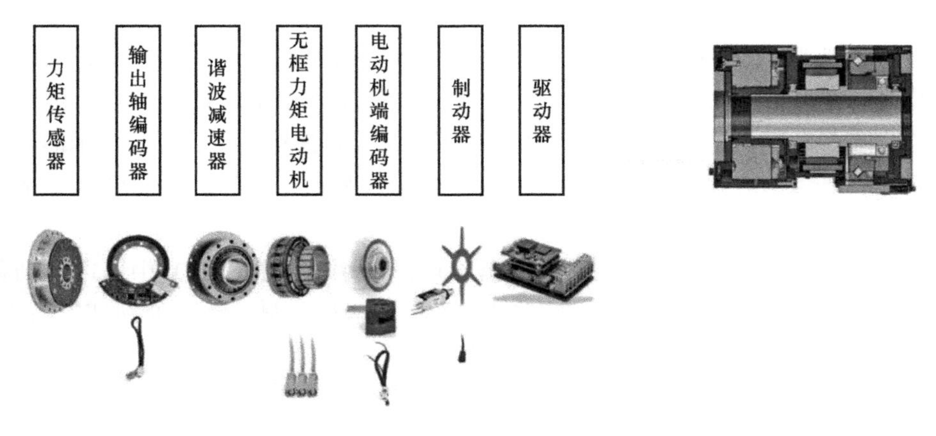

图 2-9　一体化关节设计

根据以往的行业模式，以及已有的协作机器人产品，可以预见新一代的协作机器人一体化关节设计将有两个趋势。一是零部件集成：机器人厂商可以凭借模块化的产品，直接整合下游供应链成熟的技术资源，减少设计和集成成本，提高产品质量。二是零部件标准化：厂商将能在市场上找到可以覆盖行业普遍需求的标准化产品，将竞争重心放到市场和应用等主战场。

为了攻克协作机器人的一体化关节控制技术，遨博机器人公司从“一体化柔顺关节模块技术”“关节伺服参数智能化辨识系列技术”“自适应模型跟随速度控制技术”三个方面出发，由易到难，通过不断进行迭代优化，逐步研发形成具有自主知识产权的协作机器人柔顺控制技术，解决实际机器人柔顺控制的问题。

2.4.1　一体化柔顺关节模块技术

关节模块集驱动和传动装置为一体，是机器人结构中最重要的部位。一般机器人关节由电动机、驱动电路、减速器、编码器、力矩传感器、制动器等零部件组成，其中最核心的零部件是电动机、减速器和力矩传感器。在传统工业机器人中，上述零部件的集成程度很低，关节体积大，整个机器人很笨重，难以在轻载场合得到应用，同时也不满足人机协作的要求。另外，传统工业机器人的上述零部件为实心结构，因此只能采取外部走线设计，这使得机器人的线缆只能缠绕或悬挂于机械臂外部，既影响美观，又容易在运行过程中引起故障。

针对上述问题，遨博机器人公司从高性能伺服控制单元模块、中空一体化变刚度控制系统等基础核心进行突破，攻克制约协作机器人模块高度集成一体化的技术难题。在掌握核心技术的前提下，将协作机器人本体的模块化设计、关键零部件的模块化设计、高度优化的快速连接、高可靠性的伺服驱动系统、高可靠性的高速总线等技术融合在一起，研制一体化伺服驱动关节模块，重点解决不同零部件集成设计和中空走线的难题。一体化伺服驱动关节模块如图 2-10 所示。

图 2-10　一体化伺服驱动关节模块

遨博为每个一体化伺服驱动单元内部包含完整的机械结构和控制电路设计了一种通用的快速连接机构，以实现机械与电气部分的快速连接。每一个伺服驱动单元内部存储器都保存了配置、校准、位置等信息，以保证每个关节可插拔和快速替换。

2. 4. 2　关节伺服参数智能化辨识系列技术

一体化关节中的一个核心技术是对伺服电动机的控制，控制效果的好坏直接影响着协作机器人的性能。一体化关节所采用的空心无刷伺服电动机在使用过程中暴露了性能和应用上的一些缺点。伺服系统各环节针对线性定常传递函数设计的控制器参数，只在较小工作范围内接近最优，参数设定烦琐，误差较大，往往很难调整系统到最优的工作状态。即使参数设定比较合适，当工作温度、电流和频率发生变化时，电动机的参数也会相应变化。电动机参数的变化使设定的控制器参数不再适用，伺服系统工作在一个性能较差的状态。

伺服系统位置和速度的控制性能还会受应用环境的影响。负载转矩的扰动会直接造成电动机速度的波动；转动惯量、摩擦阻力的变化会引起电动机转速的超调甚至产生震荡，这在机器人的应用中非常明显。由运动方程可知，机械系统包含在速度环之中，它们和电气伺服系统耦合形成一个新的综合机电系统。解决机械系统参数改变对速度性能的影响，是提高伺服系统性能的一条有效途径。

据此需要研发和攻克机器人关节的伺服参数智能化辨识系列技术，包括采用连接组合体方法的测电流参数辨识、测力与测电流相结合的参数辨识方案、基于机电参数识别的机械臂阻抗控制技术、基于完整动力学力矩补偿的控制方案、基于关节力矩反馈和非线性补偿的关节空间到笛卡儿空间的阻抗控制算法和基于六维力传感器的机械臂力控制技术，实现从电阻、电感、永磁磁通、转动惯量和摩擦系数等伺服参数，到机械臂的动力学参数等全方位参数智能化辨识，大幅提高一体化关节机械臂系统对环境的适应能力。

2.4.3 自适应模型跟随速度控制

基于经典控制理论传递函数方法设计 PID 控制器，设计方法简单且易于实现。随着现代控制理论的发展，基于二次型最优指标的状态反馈控制方法也在速度控制中有成功的应用。这些控制方法虽然广泛应用，但因为是针对精确数学模型的线性控制，在控制非线性、强耦合的伺服系统时，性能会受到一定影响。非线性系统的线性化控制方法适用于伺服系统的非线性特点，线性化的过程要求精确的数学模型，未知参数要用辨识等方法校正。强耦合和非线性影响了系统模型的精确性，但模型的基本类型是已知的，自适应控制是针对这种情况有效提高协作机器人控制系统性能的方法。

采用基于状态空间方程设计模型跟随控制器的方法，针对一体化关节伺服系统速度环的控制模型，研发和设计自适应模型跟随速度控制器（AMFC）。AMFC 具有状态反馈控制环节和自适应环节，可以通过参数调节灵活适应协作机器人一体化关节速度控制的要求。AMFC 的算法结构如图 2-11 所示。

遨博机器人公司基于一体化柔顺关节模块化技术，开发了系列化的协作机器人一体化伺服驱动单元。针对一体化伺服驱动单元对于结构紧凑、装配方便、可重构等性能的要求，设计其支撑机构、电动机及传动装置。考虑成本和性能，优化设计协作机器人一体化驱动单元的各个组成部分：伺服电动机、谐波减速器、制动器、高精度位置反馈数字电位器、控制电路等。一体化伺服驱动单元支持 CAN-BUS 通信总线，对外接口只需要 4 根线——2 根电源线和 2 根通信线；采用快速连接机构来实现电气和机械的快速连接，可构成 1～N 自由度机械臂。通过快速连接机构，每个手臂的搭建只需要几分钟时间，并且每个关节都支持可插拔和快速替换，不需要烦琐的参数设置。结合关节伺服参数智能化辨识技术、自适应模型跟随速度控制，可以实现精确速度控制，角速度灵敏度达到 0.25°/s。

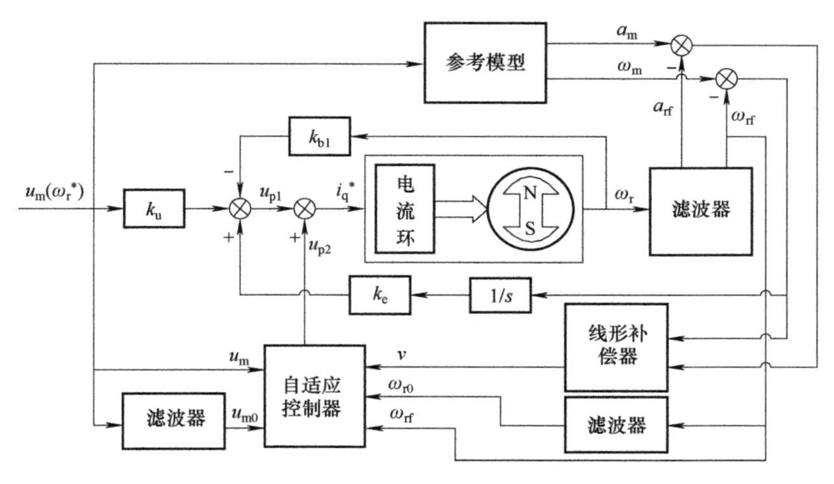

图 2-11　AMFC 的算法结构

2.5　协作机器人的感知系统

协作机器人的感知系统主要由各种机器人传感器组成。机器人传感器是一种检测装置，可以使机器人感受到被测量的信息，并且将检测到的信息按照一定规律转化为电信号或其他形式的信息输出，以满足信息的传输、处理、存储等需求。机器人传感器是机器人的必要零部件，它将必要的外部信息及自身状态信息传递给机器人的控制系统，从而为机器人的决策提供必要的条件。机器人传感器的种类如图 2-12 所示。

协作机器人的传感器根据使用功能，可分为内部传感器和外部传感器。内部传感器是测量协作机器人自身状态的功能元件，其功能是测量运动学量和力学量，用于协作机器人感知自身的运动状态，使协作机器人可以按照规定的位置、轨迹和速度等参数运动；外部传感器主要用于感知协作机器人自身所处环境及自身和环境之间相互信息，如视觉、力觉等。

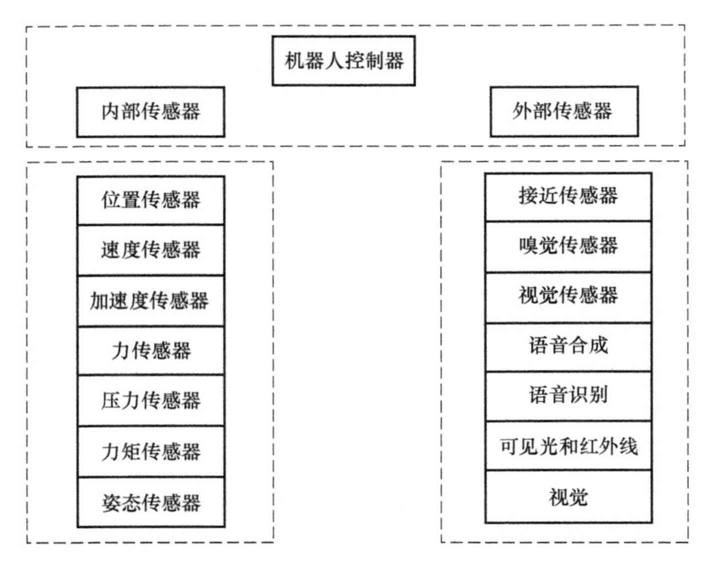

图 2-12 机器人传感器的种类

2.5.1 编码器

编码器（encoder）是将信号（如比特流）或数据进行编制，转换为以通信、传输和存储信号形式的内部传感器。编码器可以把角位移或直线位移转换为电信号，前者称为码盘，后者称为码尺。按照读出方式，编码器可以分为接触式编码器和非接触式编码器；按照工作原理，编码器又可分为增量式编码器和绝对值编码器。增量式编码器将位移转换成周期性的电信号，再把这个电信号转变成计数脉冲，用脉冲的个数表示位移的大小。绝对值编码器的每一个位置都对应一个确定的数字码，因此它的示值只与测量的起始和终止位置有关，而与测量的中间过程无关。

现阶段，协作机器人的关节一般都配备成双编码器模式，其中电动机轴输出端为增量式编码器，与电动机一起负责电动机的速度反馈；关节输出端为绝对式编码器，负责关节输出位置的精确反馈。使用双编码器可以通过控制器补偿输入和输出误差，进而补偿关节刚度。一体化关节内反馈控制流程如图 2-13 所示。

考虑到电磁式编码器工作时可能会与电动机的转子磁铁相互干扰，电动机侧一般使用多圈增量式光栅编码器，分辨率中等、精度高；而输出端一般为单圈绝对值磁编码器，分辨率高、精度高。这两种编码器一般都选择中空式结构以方便走线。

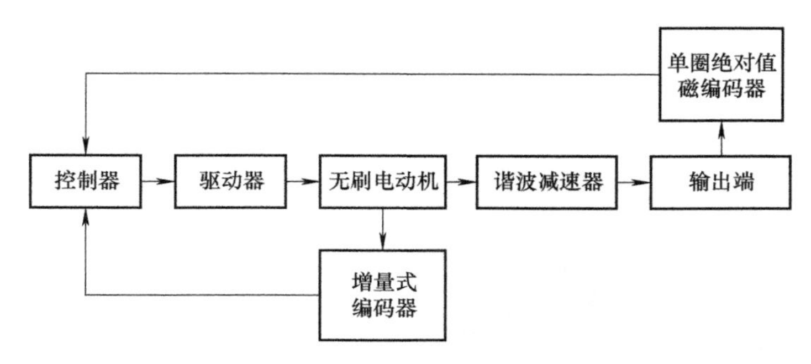

图 2-13　一体化关节内反馈控制流程

中空结构编码器见表 2-2。

表 2-2　中空结构编码器

品　牌	绝　对　式	增　量　型	检 测 原 理
RLS	AksLM-2 系列	RLB 系列	磁环
Celera Motion	Zettlex 系列	Optira™ 系列	光电
Posital	KIT 系列	KIT 配增量型接口	电容
Netzer	DS 系列	—	电容
IC-Haus	IC-MU	IC-PR	光电
US Digital	—	Disks 系列	光电

1. 单磁极编码器

单磁极磁编码器的核心结构如图 2-14 所示，上方为永磁体，下方为霍尔芯片，芯片上的 4 个阴影为霍尔器件。根据霍尔效应，在永磁体磁场的作用下，4 个霍尔器件可以感应出相应的电压值，当永磁体匀速旋转一周，4 个霍尔器件感应到的电压波形为四路正弦波形，且相位相差 90°。因此，可根据返回电压的大小，得到磁铁转角值。

单磁极磁编码器的芯片一上电，即可返回该位置下的电压值，因此无需电池即可记录当前位置。值得一提的是，这种芯片既可以作为绝对式编码器使用（通过串行总线输出），也可以作为增量式编码器使用（ABZ）。典型案例可参考奥地利微电子公司生产的 AS5047。

2. 多磁极编码器

单磁极编码器一般为轴式测量，要求编码器安装在被测轴的轴端面，这种安装方式无法满足机器人关节中空走线的要求，因此离轴式多磁极编码器应运而生。

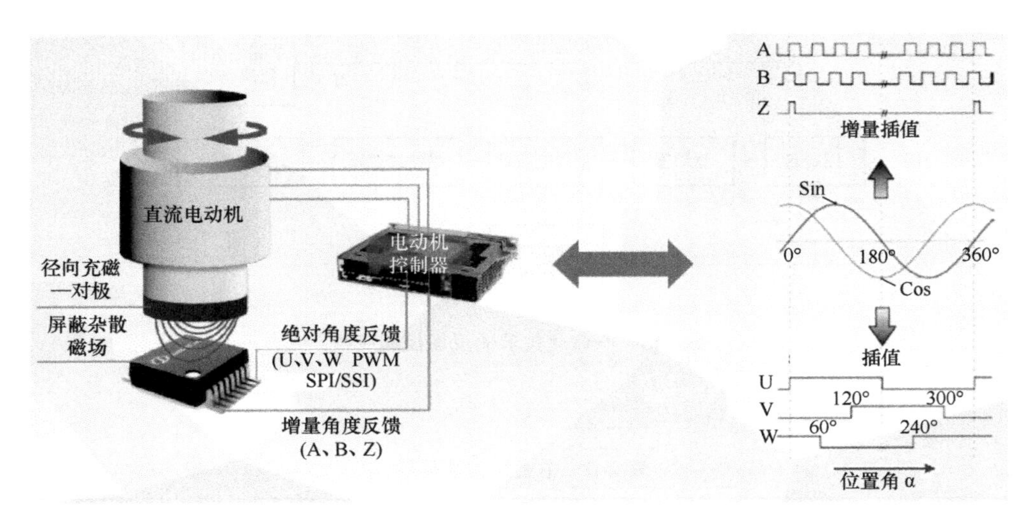

图 2-14 单磁极磁编码器

多磁极单圈编码器主要由环形磁栅和传感器组成，如图 2-15 所示。磁盘已磁化，其圆周上布置交替排布的磁极。工作时，下方的传感器检测磁栅旋转时磁场的变化，并将此信息转换为正弦波。这种编码器为增量 ABZ 输出，典型案例有奥地利微电子公司生产的 AS5311、AS5304 等。

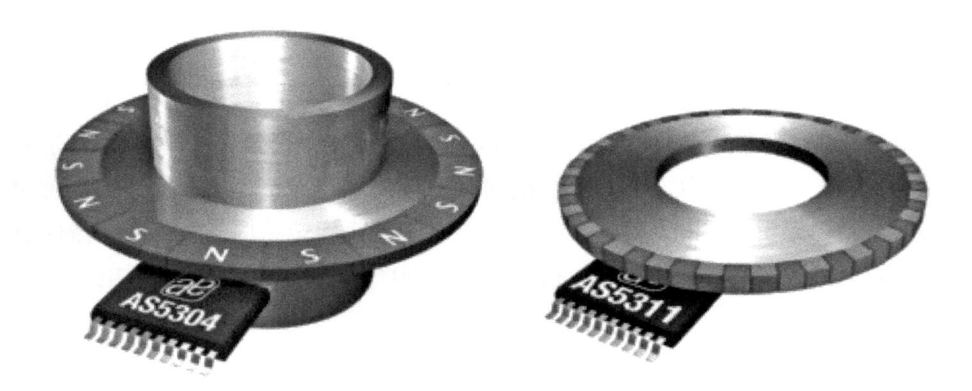

图 2-15 多磁极单圈编码器

多磁极多圈编码器主要由环形磁环和读数头组成，如图 2-16 所示。典型的案例有 UR 机械臂关节内使用的雷尼绍 AksIM 系列绝对式中空磁编码器。其中，环形磁栅采用一种称为 Nonius 原理的编码方案。具体来说，环形磁栅由两个同心的、N-S 交替排布的磁道构成。两个磁道的磁极数量不同，通常相差一个磁极。例如，外轨道可以具有 32 个磁极，而内轨道则可以具有 31 个磁极。围绕磁盘，内轨道和外轨道之间的磁极对准不断变化。在磁盘周围的任何给定位置，内磁极和外磁极之间的偏移角都是唯一的。

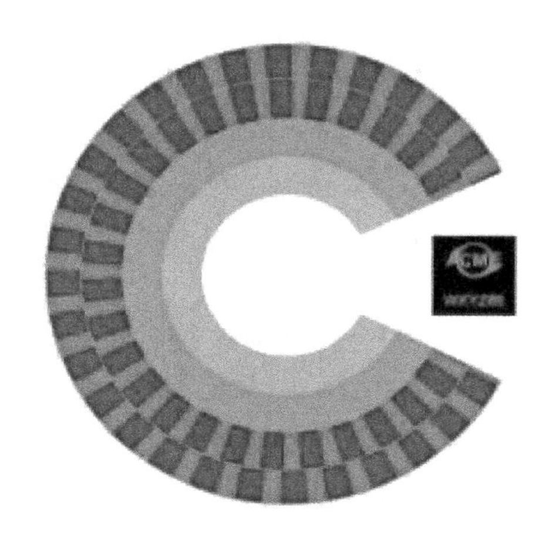

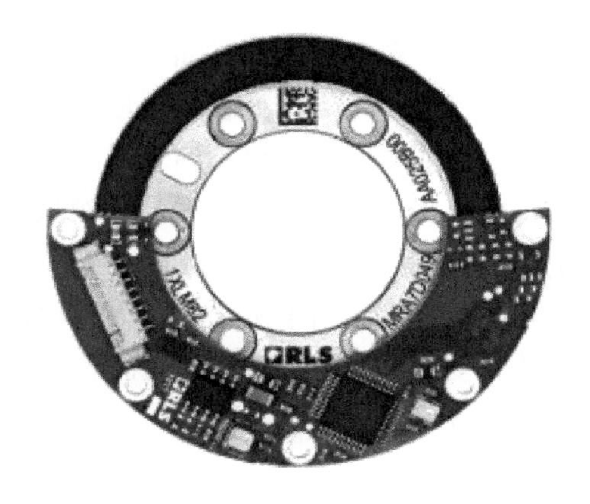

图 2-16　多磁极多圈编码器

编码器工作时，位于读数头上的两个磁场传感器在穿越 N 级和 S 级时会分别产生一个正弦信号。这两个信号之间的相移对于磁盘周围的每个位置都是唯一的。读数头会将这种模拟相移转换为数字信号，每个数字信号都对应磁环上唯一的旋转位置。

由于磁敏元件的输出信号强度和磁极的间距成正比，因此磁编码器的分辨率无法像光学编码器那样做得很高。但从另一方面考虑，光学编码器容易受到灰尘等外界环境因素影响，且光栅非常脆弱，为安装和维修带来了困难。因此，磁编码器是替代光学编码器的一个很好的选择。

2. 5. 2　机器视觉

机器视觉是使机器人具有视觉感知功能的系统，其通过视觉传感器获取图像进行分析，使协作机器人能够代替人眼辨识物体，测量和判断，实现定位等功能。视觉传感器的优点是探测范围广、获取信息丰富，在实际应用中常使用多个视觉传感器或与其他传感器配合使用，然后通过一定的算法得到物体的形状、距离、速度等信息。

以深度摄像头为基础的计算视觉领域已经成为整个高科技行业最热门的投资和创业热点之一。这一领域的许多尖端成果都是由初创公司率先推出，再被巨头收购发扬光大的，如 Intel 公司收购了 RealSense（实感摄像头）、苹果公司收购了 Kinect 的技术供应商 PrimeSense，Oculus 公司收购了一家主攻高精确度手势识别技术的以色列技术公司 Pebbles Interfaces。在国内计算视觉方面的创业团队发展迅速，其中的佼佼者已经开始取得令人瞩目的成绩。

深度摄像头早在 20 世纪 80 年代就由美国 IBM 公司提出了相关概念。2005 年创建于以色列的 PrimeSense 公司可谓该技术民用化的先驱。当时，在消费市场推广深度摄像头还处在概念阶段，此前深度摄像头仅应用于工业领域，为机械臂、工业机器人等提供图形视觉服务。由 PrimeSense 公司提供技术方案的微软 Kinect 成为深度摄像头在消费领域的开山之作，并带动了整个业界对该技术的民用开发。

视觉技术相当于协作机器人的“眼睛”，“协作机器人+视觉”使得机器人智能化变成现实，目前主流的机器视觉方式有 2D 视觉和 3D 视觉。

1. 2D 视觉

2D 视觉技术起步较早，技术和应用也相对成熟。2D 视觉技术根据灰度或彩色图像中对比度的特征提供结果，可看到平面上的物体特征，可用于丢失/存在检测、条形码检查、光学字符验证等 2D 几何分析。由于 2D 视觉不能获得对象的空间坐标信息，因此不支持形状相关的测量，如对象平坦度、表面角度、体积、具有接触侧的对象位置之间的特征等。此外，2D 视觉测量精度易受可变照明条件及移动物体的影响。

2. 3D 视觉

相较于 2D 视觉，3D 视觉更接近“人眼”，其核心在于对 3D 几何数据的采集和利用，在传统的图像颜色信息之外增加了额外的空间维度，可获取物体的深度信息，实现多维度定位识别。3D 视觉可以测量与形状相关的特征，如物体的平直度、表面角度和体积，还可以实现多层摆放或无序物体的识别。随着用户对定制化产品的需求越来越高，生产线的部署更加柔性，工序的来料、生产、质检的自动化弹性更强，要求机器人对物料的抓取更加精准和高效，这些都加速了 3D 机器视觉在制造业的规模化应用。借助 3D 定位系统，通过对生产工件进行 3D 扫描，获取建模数据后，就可以给机器人提供最佳的路径，让机械臂精准抓取物料。目前，3D 机器视觉技术整合人工智能正成为主流趋势。例如，融合深度学习技术使协作机器人具备人脑思维，以执行更高精度、更复杂的工作，如识别不规则物品，对无序混料进行分拣，可适用于高质量检测、物流分拣、微型螺钉拧紧、电子产品精密装配等场景。遨博机器人视觉识别无序码放如图 2-17 所示。

2D 视觉和 3D 视觉具备各自的优势和局限性。虽然 3D 视觉正在多个领域中实现应用落地，但整体而言仍处于早期，落地场景都还比较分散。未来，2D 视觉和 3D 视觉将在智能制造和智慧工厂应用中融合应用，如机器人末端配置 2D 摄像机，用来检测产品表面瑕疵、识别二维码等。3D 视觉则安装在机器人上方，对产品进行定位从而确认机器人的走位，引导机器人的动作，协助机器人进行柔性分拣操作。未来将有越来越多的协作机器人搭载视觉系统以满足柔性化、智能化的生产需求。

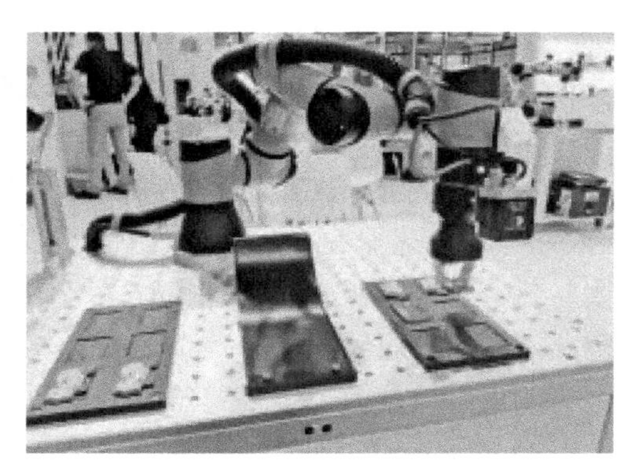

图 2-17　遨博机器人视觉识别无序码放

遨博机器人公司推出的 iV 系列视觉集成协作机器人，拥有一体式视觉集成控制柜，可与多种摄像机和镜头配合使用，更加灵活。

2.5.3　碰撞检测

协作机器人产品确保“安全性”的核心技术在于如何对“碰撞”进行有效的检测，主流的“碰撞检测”方案有“电流环（无传感器）方案”“力矩传感器方案”“电子皮肤方案”。

1. 电流环（无传感器）方案

“电流环（无传感器）方案”基于机器人本体电动机的电流-力矩环，结合机器人系统的力学模型对“碰撞”产生的外力矩进行检测和估算。由于该方案并未使用传感器产品，仅依靠算法，所以系统成本优势巨大，也是业内普遍使用的方案。该方案的难点在于机器人本体关节处摩擦力的影响因素较多，如温度、转速、角度等，使得模型构建并非容易。同时，协作机器人通常采用的谐波减速器具备柔性，外力矩在通过减速器传递给电动机时会有较为明显的损失。这些因素最终导致目前的“电流环（无传感器）方案”在“碰撞检测”时很难做到高精度，在诸如晶圆半导体、高精密电子等对于碰撞、振动要求较高的行业中难以匹配需求。

2. 力矩传感器方案

针对下游行业较高的精度要求，目前业内采用灵敏度较高的“力矩传感器方案”。该方案除了力矩传感器本身的高敏感度因素，力矩传感器通常被安装在机身连杆处，由于目标外力矩不经过减速器，所以由减速器造成的摩擦力及柔性构造影响在此类方案中可以被规避，从而在极大程度上增强了系统对于“碰撞”的敏感度。但由于使用了传感器产品，成本相比于“电流环（无传感器）方案”存在劣势。在诸多“力矩传感器方案”中，目前业内使用较广泛的是“底座力矩传感器方案”，即在协作机器人底座处内置力矩传感器对系统的“碰撞”进行检测。敏感度更高的“关节力矩传感器方案”在本体关节处内置力矩传感器，结合双编码器的反馈对外力矩进行精准测算。但该方案成本较高，业内目前采用“关节力矩传感器方案”的产品有 KUKA 的 iiwa 系列。

3. 电子皮肤方案

与传统的协作机器人碰撞检测方案不同，电子皮肤采用碰撞中段检测技术，在保证生产效率的同时，为协作机器人提供非接触式的接近感知与碰撞预防等人机协作安全性解决方案。电子皮肤通过在协作机器人表面包裹皮肤式传感器，通常为温度传感器、压力传感器等，来检测“碰撞”产生的外力矩。也有厂商尝试采用导入电磁传感器类产品的思路对障碍物的“碰撞”进行预测。电子皮肤极为灵敏，能够在 10～20cm 的距离检测到入侵物体，并在 10ms 内做出快速响应，充分保障人的安全。电子皮肤解决方案能够使协作机器人在中低速运动下，完全避免伤害的发生。协作机器人的安全方案如图 2-18 所示。

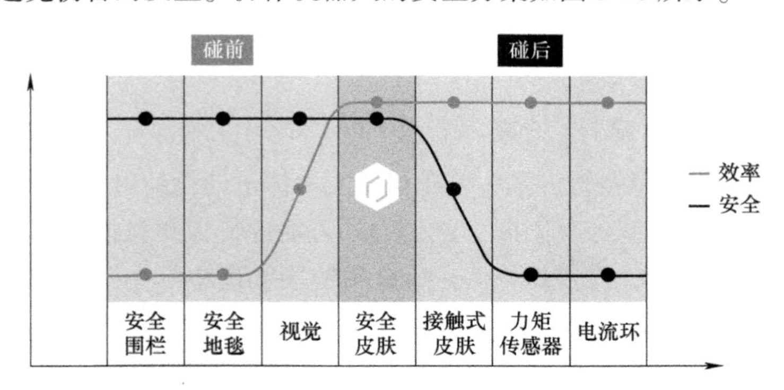

图 2-18　协作机器人的安全方案

此外，电子皮肤解决方案采用穿戴式包裹在机器人外表，具有即装即用、部署灵活的特点，不占用工作空间，不会增加机器人的额外成本。同时，电子皮肤是 360°检测，具有覆盖面积大、感知距离远、响应速度快、抗干扰性强的特点，增强了机器人的感知能力。

电子皮肤解决方案突破了传统安全技术的局限，兼顾效率，可以保障人机协作的安全，为协作机器人的大规模应用和进入更广泛的场景提供了可能。但其成本较高，装配较为复杂且技术还不够成熟，如 Bosch 公司的 APAS 系列产品据悉在“电子皮肤”中使用的传感器数量超过一百个，每台卖价约一百万元。此方案目前多留在展示阶段，短期内难以有大规模产业化的应用。

2.5.4　力觉传感器

力觉传感器是用来检测机器人自身与外部环境之间相互作用力的传感器。力觉传感器经常装在机器人的关节处，通过检测弹性体变形来间接测量所受的力。装于机器人关节处的力觉传感器常以固定的三坐标形式出现，有利于满足控制系统的要求。目前，六维力觉传感器可以实现全力信息的测量，因其主要安装于腕关节处，也被称为腕力觉传感器。腕力觉传感器大部分采用应变电测原理，按其弹性体结构形式可分为两种：筒式腕力觉传感器和十字形腕力觉传感器。其中，筒式腕力觉传感器具有结构简单、弹性梁利用率高、灵敏度高的特点；十字形腕力觉传感器结构简单、坐标建立容易、加工精度高。

2.6　本章小结

本章从协作机器人产业链出发，分析了由上游零部件、中游本体制造、下游系统集成构成的协作机器人全产业链的现状。在此基础上，对协作机器人的核心零部件进行了介绍。针对协作机器人对易用性、灵活性、安全性、轻量性等性能的追求，重点对协作机器人的电动机与伺服驱动器、减速器、一体化关节以及感知系统进行了阐述。

思考与练习

1. 协作机器人一般由哪些零部件组成？通常所说的三大核心零部件分别是什么？
2. 编码器按照工作原理可分为哪几类？
3. 协作机器人的电动机、减速器、编码器与工业机器人相比，有什么异同？
4. 协作机器人一般如何配置编码器？这样配置的好处是什么？
5. 协作机器人为何要进行一体化关节设计？这样设计有什么优缺点？
6. 目前协作机器人主流的碰撞检测技术有哪些？它们分别有什么优缺点？

第3章　协作机器人运动学建模

协作机器人运动学建模分为正运动学建模和逆运动学建模，运动学问题不考虑系统的力的作用，因此运动学分析是一种几何分析方法。正运动学（forward kinematics）问题是根据协作机器人的关节角，计算末端位姿；逆运动学（inverse kinematics）问题是已知机器人的末端位置，反解其关节角，涉及多解问题。

3.1　概述

对运动的研究可分为运动学和动力学。正运动学指在已知相应关节值的情况下计算末端执行器的位置、方向、速度和加速度。逆运动学是指相反的情况，为给定的末端执行器值计算所需的关节值，如路径规划中所做的那样。运动学的一些特殊方面包括处理冗余（执行相同运动的不同可能性）、避免碰撞和避免奇异点。

在机械工程中，Denavit-Hartenberg 参数（也称 DH 参数）是与将参考系附加到空间运动链或与机器人操纵器链接特定约定的相关的四个参数。Jacques Denavit 和 Richard Hartenberg 于 1955 年引入了这个约定，以标准化空间链接的坐标系。1981 年，Richard Paul 证明了其对机器人系统运动学分析的价值。虽然已经制定了许多附加参考系的约定，但 Denavit-Hartenberg 约定仍然是一种流行的方法。

在介绍 DH 方法前，本章首先介绍一些协作机器人运动学建模的数学基础，即刚体在空间中的表示、齐次旋转矩阵等协作机器人的基础数学知识，以便读者后续能更好地理解 DH 参数。

3.2　齐次坐标与齐次坐标变换

3.2.1　空间位姿描述

在空间中建立一个固定的坐标系后，该空间中的任意一个位置都可以用 3×1

的位置矢量表示。图 3-1 所示为空间位置表示。

$$\boldsymbol{p}=[x_0 \quad y_0 \quad z_0]^{\mathrm{T}} \tag{3-1}$$

其中，x_0、y_0、z_0 是位置矢量 $\boldsymbol{p}$ 在空间坐标系中的三个坐标分量。

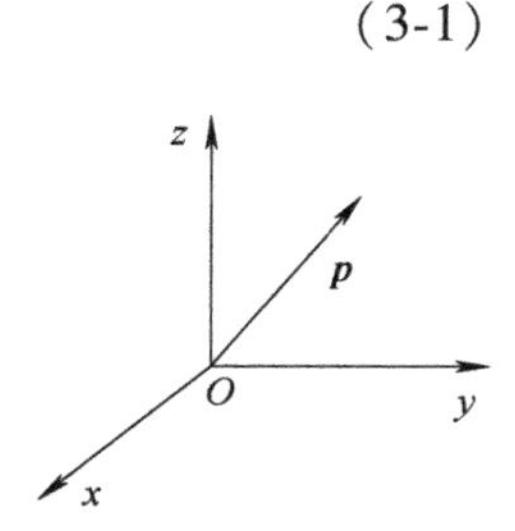

图 3-1　空间位置表示

对于机器人的运动控制，除了正确表示空间中某个点的位置，还需要表示物体的方位。物体的方位可以由设置在此物体上的某个坐标系描述。为了表示空间中刚体 B 的方位，在此刚体上设置笛卡儿坐标系{B}。坐标系{B}相对于参考坐标系{A}的方向余弦组成的 3×3 矩阵表示刚体 B 相对于坐标系{A}的方位。

$$ {}_{\mathrm{B}}^{\mathrm{A}}\boldsymbol{R}=\begin{bmatrix} r_{11} & r_{12} & r_{13} \\ r_{21} & r_{22} & r_{23} \\ r_{31} & r_{32} & r_{33} \end{bmatrix} \tag{3-2}$$

坐标系 {B} 相对于参考坐标系 {A} 的空间姿态表示如图 3-2 所示。

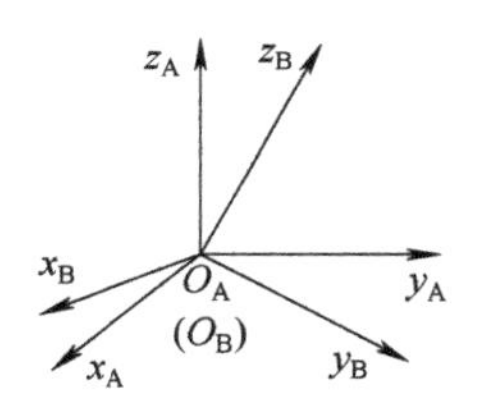

图 3-2　空间姿态表示

${}_{\mathrm{B}}^{\mathrm{A}}\boldsymbol{R}$ 称为旋转矩阵。式（3-2）中的上标 A 表示参考坐标系{A}，下标 B 表示被描述的坐标系{B}。${}_{\mathrm{B}}^{\mathrm{A}}\boldsymbol{R}$ 共有 9 个元素，但只有 3 个是相互独立的。

对应于绕 x、y 或 z 轴旋转 θ 角度的位姿变化，对应的旋转矩阵分别为

$$R(x,\theta)=\begin{bmatrix} 1 & 0 & 0 \\ 0 & c\theta & -s\theta \\ 0 & s\theta & c\theta \end{bmatrix},\ R(y,\theta)=\begin{bmatrix} c\theta & 0 & s\theta \\ 0 & 1 & 0 \\ -s\theta & 0 & c\theta \end{bmatrix},$$

$$R(z,\theta)=\begin{bmatrix} c\theta & -s\theta & 0 \\ s\theta & c\theta & 0 \\ 0 & 0 & 1 \end{bmatrix} \tag{3-3}$$

其中，s 表示 sin，c 表示 cos，以后章节均按照此约定。

3.2.2　齐次坐标与变换矩阵

齐次坐标是用 $n+1$ 维来表示 n 维坐标，则该 $n+1$ 维坐标即为 n 维坐标的齐次坐标。令 w 为该齐次坐标中的比例因子，当 $w=1$ 时，其表示方法称为齐次坐标的规范化形式。

如式（3-1）对应的齐次坐标的规范化形式为

$$\boldsymbol{p}=[x_0 \quad y_0 \quad z_0 \quad 1]^{\mathrm{T}} \tag{3-4}$$

当 $w \neq 1$ 时，则相当于该矩阵中各元素同时乘以一个非零比例因子 w，但仍表示原来的点。

$$\boldsymbol{p}=[a \quad b \quad c \quad w]^{\mathrm{T}} \tag{3-5}$$

其中，$a = wp_x$，$b = wp_y$，$c = wp_z$。

1. 平移齐次坐标变换

空间中某点由矢量 $a\boldsymbol{i}+b\boldsymbol{j}+c\boldsymbol{k}$ 描述。$\boldsymbol{i}$、$\boldsymbol{j}$、$\boldsymbol{k}$ 分别为 x、y 和 z 轴上的单位矢量。那么，此点可用平移齐次变换表示为

$$\boldsymbol{T}=\mathrm{Trans}(x_0,y_0,z_0)=\begin{bmatrix}1&0&0&x_0\\0&1&0&y_0\\0&0&1&z_0\\0&0&0&1\end{bmatrix} \tag{3-6}$$

例：矢量 $2\boldsymbol{i}+2\boldsymbol{j}+7\boldsymbol{k}$ 被矢量 $\boldsymbol{i}-2\boldsymbol{j}+6\boldsymbol{k}$ 平移后得到的新矢量 $\boldsymbol{v}_1$ 为

$$\boldsymbol{v}_1=\begin{bmatrix}1&0&0&1\\0&1&0&-2\\0&0&1&6\\0&0&0&1\end{bmatrix}\begin{bmatrix}2\\2\\7\\1\end{bmatrix}=\begin{bmatrix}3\\0\\13\\1\end{bmatrix}$$

2. 旋转齐次坐标变换

绕 x、y 或 z 轴旋转 θ 角度的位姿变化，对应的齐次旋转矩阵分别为

$$\boldsymbol{T}=\mathrm{Rot}(x,\theta)=\begin{bmatrix}1&0&0&0\\0&c\theta&-s\theta&0\\0&s\theta&c\theta&0\\0&0&0&1\end{bmatrix} \tag{3-7}$$

$$\boldsymbol{T}=\mathrm{Rot}(y,\theta)=\begin{bmatrix}c\theta&0&s\theta&0\\0&1&0&0\\-s\theta&0&c\theta&0\\0&0&0&1\end{bmatrix} \tag{3-8}$$

$$\boldsymbol{T}=\mathrm{Rot}(z,\theta)=\begin{bmatrix}c\theta&-s\theta&0&0\\s\theta&c\theta&0&0\\0&0&1&0\\0&0&0&1\end{bmatrix} \tag{3-9}$$

例：将矢量 $2\boldsymbol{i}+2\boldsymbol{j}+7\boldsymbol{k}$ 绕 z 轴旋转 45°后得到新的矢量 $\boldsymbol{v}_2$。

$$
\boldsymbol{v}_2=\begin{bmatrix}0.7071 & -0.7071 & 0 & 0\\ 0.7071 & 0.7071 & 0 & 0\\ 0 & 0 & 1 & 0\\ 0 & 0 & 0 & 1\end{bmatrix}\begin{bmatrix}2\\2\\7\\1\end{bmatrix}=\begin{bmatrix}0\\2.8284\\7\\1\end{bmatrix}
$$

如果 $\boldsymbol{v}_2$ 绕 y 轴旋转 90° 得到 $\boldsymbol{v}_3$，那么 $\boldsymbol{v}_3=\mathrm{Rot}(y,90°)\boldsymbol{v}_2=\mathrm{Rot}(y,90°)\mathrm{Rot}(z,45°)\boldsymbol{v}_1$。这需要注意矩阵乘法的先后顺序，因为矩阵乘法不具备交换性质，即矩阵左乘和右乘的运动解释是不一样的。

对于固定坐标系而言，变换顺序“从右向左”；对于相对坐标系而言，变换顺序“从左向右”。

3.2.3　齐次坐标变换

将旋转变换和平移变换整合在一起，可得到通用的齐次坐标变换矩阵。

$$
\boldsymbol{T}=\begin{bmatrix}n_x & o_x & a_x & p_x\\ n_y & o_y & a_y & p_y\\ n_z & o_z & a_z & p_z\\ 0 & 0 & 0 & 1\end{bmatrix} \tag{3-10}
$$

例：已知坐标系 {B} 的初始位姿与坐标系 {A} 重合，首先坐标系 {B} 绕坐标系 {A} 的 z_A 轴旋转 30°，再沿坐标系 {A} 的 x_A 轴移动 12 单位，并沿坐标系 {A} 的 y_A 轴移动 6 单位。假设点 p 在坐标系 {B} 的描述为 ${}^{B}\boldsymbol{p}=[3\quad 7\quad 0]$，求它在坐标系 {A} 中的描述 ${}^{A}\boldsymbol{p}$。

解：根据式 (3-6) 和式 (3-7)，可得 ${}^{A}\boldsymbol{p}$ 为

$$
{}^{A}\boldsymbol{p}=\begin{bmatrix}\cos30° & -\sin30° & 0 & 12\\ \sin30° & \cos30° & 0 & 6\\ 0 & 0 & 1 & 0\\ 0 & 0 & 0 & 1\end{bmatrix}\begin{bmatrix}3\\7\\0\\1\end{bmatrix}=\begin{bmatrix}0.866 & -0.5 & 0 & 12\\ 0.5 & 0.866 & 0 & 6\\ 0 & 0 & 1 & 0\\ 0 & 0 & 0 & 1\end{bmatrix}\begin{bmatrix}3\\7\\0\\1\end{bmatrix}=\begin{bmatrix}11.098\\13.562\\0\\1\end{bmatrix}
$$

上述方法用齐次坐标描述了点 p 的位置。

3.3　RPY 角与欧拉角

空间位姿描述（pose description），主要分为 RPY 角、欧拉角及其他方式。

3.3.1　RPY 角

RPY 角是描述飞机等物体在空中飞行时位姿的一种方法，将坐标系固定在

飞机上，绕着 z 轴转动称为滚动（Roll），绕着 y 轴转动称为俯仰（Pitch），绕着 x 轴转动称为偏航（Yaw）。RPY 角属于绕固定坐标系旋转的位姿变换方式，变换规则：先绕 x_i 轴旋转 γ 角度，再绕 y_i 轴旋转 β 角度，最后绕 z_i 轴旋转 α 角度。

根据上述规则，得到的旋转矩阵为

$$\begin{aligned} \mathrm{RPY}(\gamma,\beta,\alpha) &= \mathrm{R}(z_i,\alpha)\mathrm{R}(y_i,\beta)\mathrm{R}(x_i,\gamma) \\ &= \begin{bmatrix} c\alpha & -s\alpha & 0 \\ s\alpha & c\alpha & 0 \\ 0 & 0 & 1 \end{bmatrix} \begin{bmatrix} c\beta & 0 & s\beta \\ 0 & 1 & 0 \\ -s\beta & 0 & c\beta \end{bmatrix} \begin{bmatrix} 1 & 0 & 0 \\ 0 & c\gamma & -s\gamma \\ 0 & s\gamma & c\gamma \end{bmatrix} \\ &= \begin{bmatrix} c\alpha c\beta & c\alpha s\beta s\gamma - s\alpha c\gamma & c\alpha s\beta c\gamma + s\alpha s\gamma \\ s\alpha c\beta & s\alpha s\beta s\gamma - c\alpha c\gamma & s\alpha s\beta c\gamma - c\alpha s\gamma \\ -s\beta & c\beta s\gamma & c\beta c\gamma \end{bmatrix} \end{aligned} \tag{3-11}$$

现在，从逆运动学解的角度出发，假设给出了变换后的旋转矩阵，求解对应的绕固定坐标系{xyz}的旋转角 γ、β 和 α。

$$\mathrm{RPY}(\gamma,\beta,\alpha) = \begin{bmatrix} n_x & O_x & a_x & 0 \\ n_y & n_y & a_y & 0 \\ n_z & n_z & a_z & 0 \\ 0 & 0 & 0 & 1 \end{bmatrix} \tag{3-12}$$

联立式（3-11）和式（3-12），发现有 9 个方程，其中有一些是不独立的，利用其中 3 个方程就可以解出未知数。

在满足基本的数学运算基础下，RPY 角的各角的四象限反正切解析式为

$$\begin{cases} \beta = \arctan2(-n_x,\ \sqrt{n_x^2 + n_y^2}) \\ \alpha = \arctan2(n_y, n_x) \\ \gamma = \arctan2(O_z, a_z) \end{cases} \tag{3-13}$$

在求解关节角时，需要使用四象限反正切函数 $a\tan2$，该函数的使用形式为 $a\tan2(y,x)$，返回值以弧度表示 y/x 的反正切值，函数的返回值范围是$(-\pi,\pi]$。逆运动学解一般不会采用反正/余弦函数，因为反正弦函数 $a\sin(x)$ 的值域为$[-\pi/2,\pi/2]$，反余弦函数 $a\cos(x)$ 的值域为$[0,\pi]$，机器人关节角的范围一般为$[-\pi,\pi]$，所以 $a\tan2(y,x)$ 更加方便直接，避免了额外的角度范围判断。

而且，$a\tan2(y,x)$ 相对于 $a\sin(x)$ 或 $a\cos(x)$，对输入变量具有更好的容错性。由于实际机器人的臂长、零点、减速比等运动学参数存在误差，使用 $a\sin(x)$ 或 $a\cos(x)$ 误差会放大，从保证逆运动学解精度的均匀性来看，在求解机器人逆运动学解时宜采用 $a\tan2(y,x)$。

3.3.2　欧拉角

协作机器人的运动姿态可以由绕着坐标轴的不同的旋转角度序列进行规定。这种旋转角度的序列称为欧拉角（Euler Angles）。欧拉角是一种描述三维旋转的方式，任何一个旋转都可以用三个旋转的参数表示。使用绕固定坐标系的旋转，更加自然和易于理解，在图形学或游戏编程中，所有场景中的对象都有着统一的世界坐标的情况下，使用这种方式处理场景中的旋转更加方便。

根据不同的旋转规则，欧拉角有 12 种不同的表示方法，本章仅介绍两种最常用的表示方法。

1. zyx 欧拉角

zyx 欧拉角描述坐标系运动的表示方法为先绕 z 轴旋转 α 角度，再绕新的 y 轴旋转 β 角度，最后绕新的 x 轴旋转 γ 角度，如图 3-3 所示。

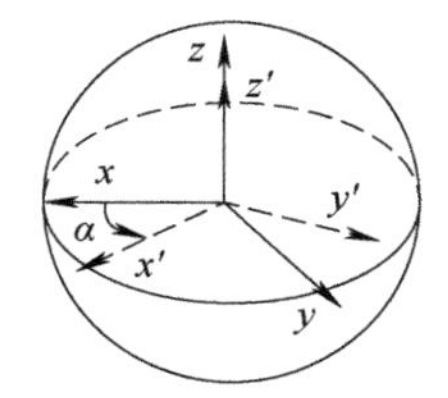

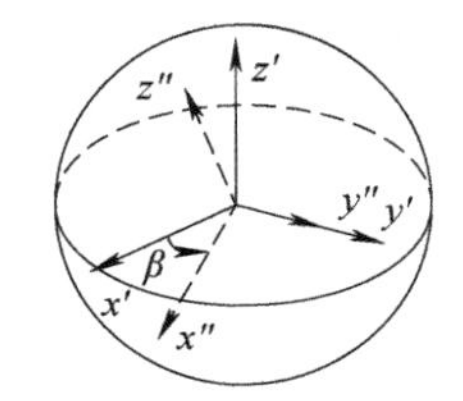

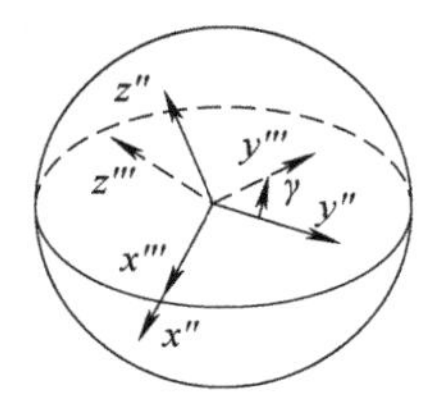

图 3-3　zyx 欧拉角依次旋转示意

在这种描述中，每次参考的都是当前坐标系，而不是固定坐标系，根据这种变换法则，可以得到欧拉角的变换矩阵为

$$
\begin{aligned}
\mathrm{Euler}(\gamma,\beta,\alpha) &= \mathrm{R}(z_i,\alpha)\mathrm{R}(y_i,\beta)\mathrm{R}(x_i,\gamma) \\
&= \begin{bmatrix} c\alpha & -s\alpha & 0 \\ s\alpha & c\alpha & 0 \\ 0 & 0 & 1 \end{bmatrix}\begin{bmatrix} c\beta & 0 & s\beta \\ 0 & 1 & 0 \\ -s\beta & 0 & c\beta \end{bmatrix}\begin{bmatrix} 1 & 0 & 0 \\ 0 & c\gamma & -s\gamma \\ 0 & s\gamma & c\gamma \end{bmatrix} \\
&= \begin{bmatrix} c\alpha c\beta & c\alpha s\beta s\gamma - s\alpha c\gamma & c\alpha s\beta c\gamma + s\alpha s\gamma \\ s\alpha c\beta & s\alpha s\beta s\gamma - c\alpha c\gamma & s\alpha s\beta c\gamma - c\alpha s\gamma \\ -s\beta & c\beta s\gamma & c\beta c\gamma \end{bmatrix}
\end{aligned} \tag{3-14}
$$

发现这一结果与绕固定坐标系{xyz}旋转的结果完全一致。如果旋转轴相反、所有角度对象相同，绕着固定坐标系旋转和相对坐标系旋转的结果是恰好相同的，即绕固定坐标系{xyz}旋转和 zyx 欧拉角的坐标系变化是完全等价的。

2. zyz 欧拉角

zyz 欧拉角描述坐标系运动的表示方法为先绕 z 轴旋转 α 角度，再绕新的 y 轴旋转 β 角度，最后绕新的 z 轴旋转 γ 角度，以描述任何可能的姿态，在任何旋转序列下，旋转次序都是十分重要的。

上述规则是对应相对坐标系而言的，如果映射到固定坐标系中，则表示为先绕 z 轴旋转 γ 角度，再绕 y 轴旋转 β 角度，最后绕着 z 轴旋转 α 角度。

根据上述规则，可得到欧拉 Euler (α,β,γ)

$$
\begin{aligned}
\mathrm{Euler}(\alpha,\beta,\gamma) &= \mathrm{Rot}(z,\alpha)\mathrm{Rot}(y,\beta)\mathrm{Rot}(z,\gamma)\\
&=\begin{bmatrix} c\alpha & -s\alpha & 0 & 0\\ s\alpha & c\alpha & 0 & 0\\ 0 & 0 & 1 & 0\\ 0 & 0 & 0 & 1\end{bmatrix}\begin{bmatrix} c\beta & 0 & s\beta & 0\\ 0 & 1 & 0 & 0\\ s\beta & 0 & c\beta & 0\\ 0 & 0 & 0 & 1\end{bmatrix}\begin{bmatrix} c\gamma & -s\gamma & 0 & 0\\ s\gamma & c\gamma & 0 & 0\\ 0 & 0 & 1 & 0\\ 0 & 0 & 0 & 1\end{bmatrix}\\
&=\begin{bmatrix} c\alpha c\beta c\gamma - s\alpha s\gamma & -c\alpha c\beta s\gamma - s\alpha s\gamma & c\alpha s\beta & 0\\ s\alpha c\beta c\gamma + c\alpha s\gamma & -s\alpha c\beta s\gamma + c\alpha c\gamma & s\alpha s\beta & 0\\ -s\beta c\gamma & s\beta s\gamma & c\beta & 0\\ 0 & 0 & 0 & 1\end{bmatrix}
\end{aligned}
\tag{3-15}
$$

同理，求解该欧拉角表示下的逆运动学解，即应对的欧拉角为

$$
\mathrm{Euler}(\alpha,\beta,\gamma)=\begin{bmatrix} n_x & O_x & a_x & 0\\ n_y & n_y & a_y & 0\\ n_z & n_z & a_z & 0\\ 0 & 0 & 0 & 1\end{bmatrix}
\tag{3-16}
$$

在满足基本的数学运算基础下，欧拉角的各角四象限反正切解析式为

$$
\begin{cases}
\beta = \arctan2(\sqrt{n_z^2 + O_z^2}, a_z)\\
\alpha = \arctan2(a_y, a_x)\\
\gamma = \arctan2(O_z, -n_z)
\end{cases}
\tag{3-17}
$$

所以可以已知变换矩阵，求解出对应的欧拉角。

虽然欧拉角在直观上非常容易理解，符合人们的认知方式；但欧拉角存在“万向节死锁”问题。由于欧拉旋转定义本身，这种围绕旋转轴的旋转操作，与其最终所预期的三个轴向可以旋转的结果并非一定是一对一的映射。在一些特定条件下是多对一的映射，这会造成一些旋转自由度缺失，也就发生了“死锁”现象。

3.3.3　其他位姿表示方式

除了 RPY 角及欧拉角，常用的描述空间位姿的方法还有四元数法和轴角法等，下面对其进行简单的介绍。

1. 四元数法

四元数是由爱尔兰数学家 Hamilton 发明的，由 1 个实数加上 3 个复数组合而成，通常可以表示成 $w+x\boldsymbol{i}+y\boldsymbol{j}+z\boldsymbol{k}$ 或 $[w,(x,y,z)]$，其中 w、x、y 和 z 都是实数，$\boldsymbol{i}^2=\boldsymbol{j}^2=\boldsymbol{k}^2=\boldsymbol{ijk}=-1$。其实，四元数表征的也是旋转关系，跟旋转矩阵的表示方法类似，只不过它只需要 4 个元素，而旋转矩阵需要 9 个元素。

3D 旋转公式：任意向量 $\boldsymbol{v}$ 沿着以单位向量定义的旋转轴 $\boldsymbol{u}$ 旋转 θ 角度之后的 $\boldsymbol{v}'$ 可以使用四元数乘法获取，令 $\boldsymbol{v}=[0,\boldsymbol{v}]$，$\boldsymbol{q}=\left[\cos\left(\frac{1}{2}\theta\right),\ \sin\left(\frac{1}{2}\theta\right)\boldsymbol{u}\right]$，则有

$$\boldsymbol{v}'=\boldsymbol{qvq}^*=\boldsymbol{qvq}^{-1} \tag{3-18}$$

其中，$\boldsymbol{q}^*$ 是 $\boldsymbol{q}$ 的共轭。

所以，如果我们提前获得 $\boldsymbol{q}=[\cos(\theta),\sin(\theta)\boldsymbol{u}]$，那么 $\boldsymbol{v}'=\boldsymbol{qvq}^*$ 可以使 $\boldsymbol{v}$ 沿着 $\boldsymbol{u}$ 旋转 2θ 角度获得。

四元数法相比于其他形式变换的优点：解决“万向节死锁”问题，只需要存储 4 个浮点数，相比于矩阵更加轻量，对于求逆、串联等操作，相比于矩阵更加高效。

2. 轴角法

用一个以单位矢量定义的旋转角和一个标量定义的旋转角来表示旋转。通常表示为 $[x,y,z,\theta]$，前面三个表示轴，最后一个表示角度，非常直观和紧凑。

轴角法最大的一个局限就是不能进行简单的插值，此外轴角形式的旋转不能直接施加于点或矢量，必转换为矩阵或四元数。

3.4　机器人连杆 DH 参数及其坐标变换

3.4.1　DH 参数法

DH 参数法是由 Denavit 和 Hartenberg 于 1955 年提出的一种描述串联式连杆和关节的系统方法。1986 年 John J. Craig 提出了一种改进的 DH 参数，在建立关

节坐标系时将坐标系固结于该连杆的近端，而非远端，更符合直观理解。为了便于区分，这种方法称为改进 DH（modified DH），而将之前的方法称为标准 DH（standard DH）。

相邻坐标系之间及其相应连杆可以用齐次变换矩阵表示。将连杆各种机械结构抽象成几何要素及其参数，即公法线间的距离 a_{i-1} 和垂直于 a_{i-1} 所在平面内两轴的夹角 α_{i-1}；另外相邻杆件之间的连接关系也被抽象成两个量，即两连杆的相对位置 d_i 和两连杆公垂线的夹角 θ_i，如图 3-4 所示。

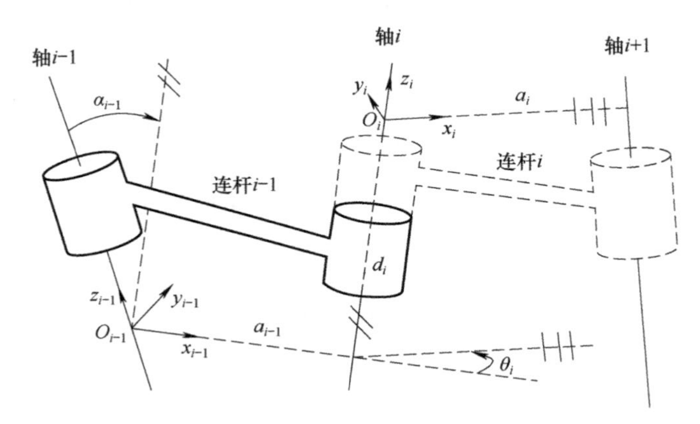

图 3-4　Craig 形式的连杆四参数及坐标系建立

为了建立机器人的运动学模型，需要建立关节坐标系并确定 DH 参数，步骤如下所示。

1. 建立坐标系

1）找出各关节轴，并画出这些轴线的延长线。在下面的步骤 2）～步骤 5）中，仅考虑两条相邻的轴线（关节轴 i 和关节轴 i+1）。

2）找出关节轴 i 和关节轴 i+1 之间的公垂线，以该公垂线与关节轴 i 的交点作为连杆坐标系{i}的原点（当关节轴 i 和关节轴 i+1 相交时，以该交点作为坐标系{i}的原点）。

3）规定 z_i 轴沿关节轴 i 的方向。

4）规定 x_i 轴沿公垂线 a_i 的方向，由关节轴 i 指向关节轴 i+1。如果关节轴 i 和关节轴 i+1 相交，则规定 x_i 轴垂直于这两条关节轴所在的平面。

5）按照右手定则确定 y_i 轴。

6）当第一个关节的变量为 0 时，规定坐标系{0}与坐标系{1}重合。

2. 确定连杆参数

1）连杆长度：a_{i-1} 沿 x_{i-1} 轴，从 z_{i-1} 移动到 z_i 的距离。

2）连杆扭转角：α_{i-1} 绕 x_{i-1} 轴，从 z_{i-1} 旋转到 z_i 的角度。

3）连杆偏距：d_i 沿 z_i 轴，从 x_{i-1} 移动到 x_i 的距离。

4）关节角：θ_i 绕 z_i 轴，从 x_{i-1} 旋转到 x_i 的角度。

根据上述规则，可以确定 Craig 的改进 DH 方法实现了关节参数的下标与关节轴对应。

3.4.2　连杆之间的坐标变换

1. 改进 DH

这种关系可由表示连杆 i 对连杆 $i-1$ 相对位置的 4 个齐次变换描述。根据坐标系变换的链式法则，坐标系 $\{i-1\}$ 到坐标系 $\{i\}$ 的变换矩阵可以写成

$$ {}^{i-1}_{i}\boldsymbol{T} = {}^{i-1}_{R}\boldsymbol{T}{}^{R}_{Q}\boldsymbol{T}{}^{Q}_{P}\boldsymbol{T}{}^{P}_{i}\boldsymbol{T} \tag{3-19} $$

其中，R，Q 和 P 表示根据 DH 变换法则旋转后的坐标变换状态。每一个变换都是仅有一个连杆参数的基础变换（旋转或平移变换），根据各中间坐标系的设置，变换矩阵可以写成

$$ {}^{i-1}_{i}\boldsymbol{T} = \mathrm{Rot}(x,\alpha_{i-1})\mathrm{Trans}(a_{i-1},0,0)\mathrm{Rot}(z,\theta_i)\mathrm{Trans}(0,0,d_i) \tag{3-20} $$

由变换矩阵连乘可以计算出 ${}^{i-1}_{i}\boldsymbol{T}$ 的变换通式为

$$ {}^{i-1}_{i}\boldsymbol{T} = R_x(\alpha_{i-1})D_x(a_{i-1})R_z(\theta_i)R_x(d_i) = \begin{bmatrix} c\theta_i & -s\theta_i & 0 & a_{i-1} \\ s\theta_i c\alpha_{i-1} & c\theta_i c\alpha_{i-1} & -s\alpha_{i-1} & -s\alpha_{i-1}d_i \\ s\theta_i s\alpha_{i-1} & c\theta_i s\alpha_{i-1} & c\alpha_{i-1} & c\alpha_{i-1}d_i \\ 0 & 0 & 0 & 1 \end{bmatrix} \tag{3-21} $$

其中，$c\theta_i$ 表示 $\cos\theta_i$，$c\alpha_{i-1}$ 表示 $\cos\alpha_{i-1}$，$s\theta_i$ 表示 $\sin\theta_i$，$s\alpha_{i-1}$ 表示 $\sin\alpha_{i-1}$。

2. 标准 DH

上述介绍了改进 DH 法，下面也给出标准 DH 法，感兴趣的读者可自行学习和研究。

标准 DH 参数和改进 DH 参数之间的区别是连接到连接的坐标系统的位置和执行的转换顺序。式（3-22）是利用标准 DH 参数建模的齐次旋转矩阵。

$$ {}^{i-1}_{i}\boldsymbol{T} = \mathrm{Trans}_{z_{i-1}}(d_i)\mathrm{Rot}_{z_{i-1}}(\theta_i)\mathrm{Trans}_{x_i}(a_i)\mathrm{Rot}_{x_i}(\alpha_i) = \begin{bmatrix} c\theta_i & -s\theta_i c\alpha_i & s\theta_i s\alpha_i & a_i c\theta_i \\ s\theta_i & c\theta_i c\alpha_i & -c\theta_i s\alpha_i & a_i s\theta_i \\ 0 & s\alpha_i & c\alpha_i & d_i \\ 0 & 0 & 0 & 1 \end{bmatrix} \tag{3-22} $$

3.5 协作机器人运动学

3.5.1 协作机器人正运动学

1. 正运动学含义

正运动学（forward kinematics）指利用机器人的运动学方程，已知每个关节的位置（关节位置指平移关节的位移或旋转关节的转角等），求末端执行器（end effector）的位姿（position and orientation）。

2. 实例：三连杆机构

为了更好地帮助读者理解，现在以平面三连杆机构为例，求解其正运动学解。三连杆机构的各个关节均为转动关节（rotary joint），所以此机构也称为RRR（3R）机构，根据上述正运动学含义，利用DH参数法建立其正运动学模型。

3R机构如图3-5所示，建立笛卡儿坐标系。根据DH参数法，得到表3-1所示的3R机构的连杆参数。

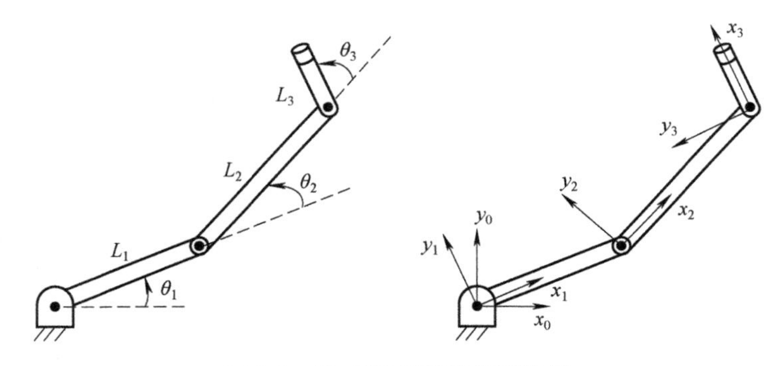

图3-5 3R机构及其坐标系设置

表3-1 3R机构的连杆参数

关节 i	α_{i-1}（°）	a_{i-1}/m	θ_i	d_i/m
1	0	0	θ_1	0
2	−90°	0	θ_2	d_2
3	0	a_2	θ_3	d_3

根据上述3R机构的DH参数，结合式（3-21），可以得到各个连杆坐标系

之间的矩阵变换关系。

$$
{}_1^0\boldsymbol{T}=\begin{bmatrix} c_1 & -s_1 & 0 & 0 \\ s_1 & c_1 & 0 & 0 \\ 0 & 0 & 1 & 0 \\ 0 & 0 & 0 & 1 \end{bmatrix},\ {}_2^1\boldsymbol{T}=\begin{bmatrix} c_2 & -s_2 & 0 & L_1 \\ s_2 & c_2 & 0 & 0 \\ 0 & 0 & 1 & 0 \\ 0 & 0 & 0 & 1 \end{bmatrix},\ {}_3^2\boldsymbol{T}=\begin{bmatrix} c_3 & -s_3 & 0 & L_2 \\ s_3 & c_3 & 0 & 0 \\ 0 & 0 & 1 & 0 \\ 0 & 0 & 0 & 1 \end{bmatrix} \tag{3-23}
$$

根据矩阵乘法，将上述矩阵依次相乘，就可得到 3R 机构的正运动学方程，即末端执行器相对于基坐标的位姿变换矩阵，位姿信息均在齐次旋转矩阵中。

$$
\begin{aligned}
{}_3^0\boldsymbol{T}={}_1^0\boldsymbol{T}{}_2^1\boldsymbol{T}{}_3^2\boldsymbol{T}&=\begin{bmatrix} c_1 & -s_1 & 0 & 0 \\ s_1 & c_1 & 0 & 0 \\ 0 & 0 & 1 & 0 \\ 0 & 0 & 0 & 1 \end{bmatrix}\begin{bmatrix} c_2 & -s_2 & 0 & L_1 \\ s_2 & c_2 & 0 & 0 \\ 0 & 0 & 1 & 0 \\ 0 & 0 & 0 & 1 \end{bmatrix}\begin{bmatrix} c_3 & -s_3 & 0 & L_2 \\ s_3 & c_3 & 0 & 0 \\ 0 & 0 & 1 & 0 \\ 0 & 0 & 0 & 1 \end{bmatrix} \\
&=\begin{bmatrix} c_{123} & -s_{123} & 0 & L_1c_1+L_2c_{12} \\ s_{123} & c_{123} & 0 & L_1s_1+L_2s_{12} \\ 0 & 0 & 1 & 0 \\ 0 & 0 & 0 & 1 \end{bmatrix}
\end{aligned} \tag{3-24}
$$

在以上公式中，有以下简化公式：$\cos\theta_i=c\theta_i=c_i$；$\sin\theta_i=s\theta_i=s_i$。

3.5.2　协作机器人逆运动学

1. 解的存在性问题

逆运动学的解是否存在取决于期望位姿是否在机器人的工作空间内。简单地说，工作空间是机器人末端执行器能够达到的范围。

若解存在，则被指定的目标点必须在工作空间内。如果末端执行器的期望位姿在机器人的工作空间内，那么至少存在一组逆运动学的解。

这里讨论的工作空间是假设所有关节能够旋转 360°，但这在实际机构中是很少见的。当关节旋转不能达到 360°时，工作空间的范围或可能的姿态数目会相应减少。

当一个机器人少于 6 自由度时，它在三维空间内不能达到全部位姿。在很多实际情况中，具有 4 个或 5 个自由度的机器人能够超出平面操作，但显然这样的机器人是不能达到三维空间内的全部位姿的。

2. 多解性问题

在求解逆运动学方程时可能遇到的另一个问题就是多解性问题，即各个关节的变化可能不同，但最终会到达相同状态的末端位姿。

协作机器人系统在执行操控时只能选择一组解；对于不同的应用，其解的选择标准是不同的，其中一种比较合理的选择方法是“最短行程解”，即使得机器人的移动距离最短。但当环境中存在障碍物时，“最短行程解”可能存在冲突，这时可能需要选择“较长行程解”，因此为了使机器人能够顺利地到达指定位姿，我们在求解逆运动学方程时通常希望能够计算全部可能的解。

逆运动学解的数量取决于协作机器人的关节数量，也与连杆参数和关节的运动范围有关。一般来说，协作机器人的关节数量越多，连杆的非零参数越多，达到某一特定位姿的方式也越多，即逆运动学解的数量越多。

3. 逆运动学的求解方法

根据之前的介绍，协作机器人的逆运动学求解通常是非线性方程组的求解。与线性方程组的求解不同，非线性方程组没有通用的求解方法。

我们把逆运动学的全部求解方法分成两大类：封闭解法和数值解法。由于数值解法的迭代性质，它一般要比相应的封闭解法的求解速度慢很多。

下面主要讨论封闭解法。“封闭解法”指基于解析形式的解法。如果可以求出达到所需位姿的全部关节变量，则该机器人便是可解的。对于 6 自由度机器人来说，只有在特殊情况下才有解析解。研究表明：具有 6 个旋转关节的机器人存在封闭解的充分条件是相邻的三个关节轴线相交于一点（三轴相互平行可以认为在无穷远处相交）。

当今设计的 6 自由度协作机器人几乎都满足这个条件，如 PUMA560 协作机器人的 4、5、6 轴相交；遨博 i5 协作机器人的 2、3、4 轴相互平行。

4. 逆运动学求解实例

根据上述介绍，逆运动学的求解方法主要有封闭解法和数值解法。封闭解法主要分为几何解法和代数解法，本节采用几何解法进行 3R 机构的逆运动学求解；3.6 节将介绍遨博 i5 协作机器人代数解法的逆运动学解的实现。

在几何解法中，为了求出协作机器人操作臂的解，须将操作臂的空间几何参数分解为平面几何参数。用这种方法在求解许多操作臂时（特别是当角度为 0°或±90°时）是相当容易的，然后应用平面几何方法就可以求出关节角度。对于具有 3 个自由度的 3R 机构来说，由于操作臂是平面的，因此可以利用平面几何关系直接求解。

可以通过三个变量 x、y 和 ϕ 来确定目标点的位姿，(x,y) 是目标点在基坐标系下的笛卡儿坐标，ϕ 是连杆 3 在平面内的方位角，如图 3-6 所示。

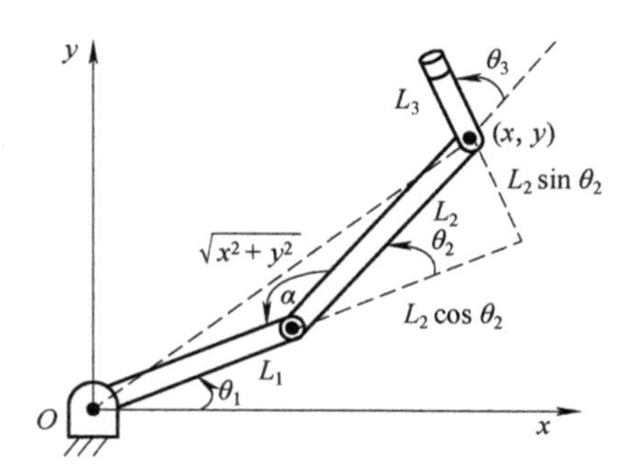

图 3-6　3R 机构的几何关系

图 3-6 所示为 3R 机构的几何关系，连杆 1 和连杆 2 的长度分别为 L_1 和 L_2，连杆 2 末端点的坐标为(x,y)；对于 L_1 和 L_2 构成的三角形，利用余弦定理求解。

$$x^2+y^2=L_1^2+L_2^2-2L_1L_2\cos\alpha \tag{3-25}$$

根据已知的三角函数关系，所以

$$\alpha=\arccos\left(\frac{L_1^2+L_2^2-x^2-y^2}{2L_1L_2}\right) \tag{3-26}$$

为了使该三角形成立，基坐标系原点到目标点的距离 $\sqrt{x^2+y^2}$ 必须小于或等于两个连杆的长度之和 L_1+L_2。

根据学过的平面直角知识，可得

$$\theta_2=\pi-\alpha \tag{3-27}$$

$$\theta_1=\arctan\left(\frac{y}{x}\right)-\arctan\left(\frac{L_2\sin\theta_2}{L_1+L_2\cos\theta_2}\right) \tag{3-28}$$

图 3-6 只画出了其中一种解的形式，但同一个末端位置，连杆有不同的位姿表现形式，所以还有其他的多解情况，这里就不再阐述。

利用几何解法求解时，必须在变量的有效范围内应用这些公式才能保证几何关系成立。并且，平面中的角度是可以直接相加的，所以

$$\theta_1+\theta_2+\theta_3=\phi \tag{3-29}$$

所以

$$\theta_3=\phi-\theta_1-\theta_2 \tag{3-30}$$

因此，三个连杆的角度之和即为最后一个连杆的姿态。至此，利用几何法完成了平面 3R 机构的逆运动学求解。

3.6 协作机器人运动学方程实例

前文介绍了协作机器人的数学基础、齐次坐标表示、DH 参数建模及协作机器人的运动学求解问题，并以 3R 机构为例进行了简单的实例分析，本节以遨博 i5 协作机器人为例，详细阐述 6 自由度机械臂的运动学建模流程与方法。

遨博 i5 为遨博（北京）智能科技有限公司推出的第二代智能轻型 6 自由度模块化协作机器人，有效负载为 5kg。遨博 i5 协作机器人可满足轻量化的作业需求；臂展为 1008mm，最大工作半径为 886.5mm；应用范围广泛，配置丰富，末端可实现±360°旋转，如图 3-7 所示。

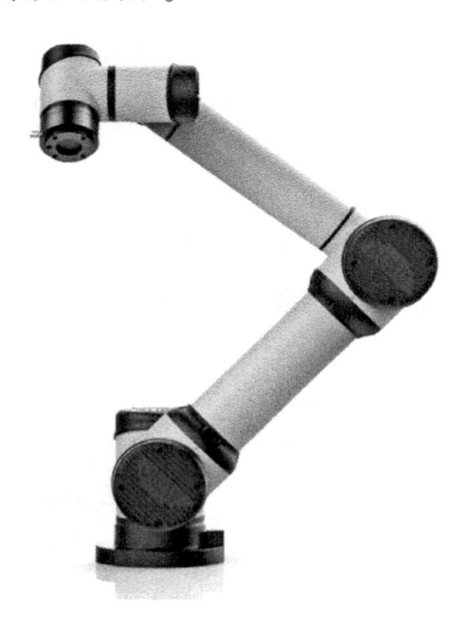

图 3-7　遨博 i5 协作机器人

3.6.1 遨博 i5 协作机器人正运动学求解

1. 建立坐标系

利用 DH 参数法建立运动学模型，各关节坐标分布如图 3-8 所示。图中的基坐标系（即坐标系 0，图中未画出）和 $\theta_1=0$ 时的坐标系 1 位姿重合。

2. DH 参数

6 自由度遨博 i5 协作机器人的连杆参数见表 3-2。

连杆扭转角、连杆长度、关节角和关节偏移量分别用 α_{i-1}、a_{i-1}、θ_i 和 d_i 表

示。这四个 DH 参数从基坐标系开始，到最后一个坐标系结束。

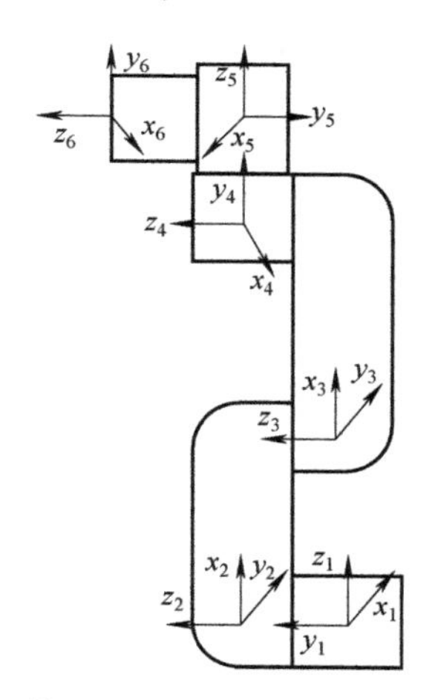

图 3-8　遨博 i5 协作机器人 DH 参数法建模的坐标系分布

表 3-2　遨博 i5 机器人的连杆参数

关节轴 i	α_{i-1}（°）	a_{i-1}/m	θ_i	d_i/m
1	0	0	θ_1	0
2	-90°	0	θ_2	d_2
3	0	a_2	θ_3	d_3
4	0	a_3	θ_4	d_4
5	-90°	0	θ_5	d_5
6	90°	0	θ_6	d_6

注：由于基坐标系和坐标系 1 重合，故表中省略对基坐标系的表示。

3. 正运动学

正运动学描述了关节空间和笛卡儿空间之间的关系，遨博 i5 协作机器人采用改进 DH 方法建立运动学模型。齐次变换矩阵 ${}^{i-1}_{i}\boldsymbol{T}$ 可以表示两个相邻坐标系之间的位姿关系。

利用式（3-31）~式（3-36）可以得到相邻关节的齐次旋转矩阵。

$$
{}^{0}_{1}\boldsymbol{T}=\begin{bmatrix} c_1 & -s_1 & 0 & 0 \\ s_1 & c_1 & 0 & 0 \\ 0 & 0 & 1 & 0 \\ 0 & 0 & 0 & 1 \end{bmatrix} \tag{3-31}
$$

$$
{}_2^1\boldsymbol{T}=\begin{bmatrix} c_2 & -s_2 & 0 & 0 \\ 0 & 0 & 1 & d_2 \\ -s_2 & -c_2 & 0 & 0 \\ 0 & 0 & 0 & 1 \end{bmatrix} \tag{3-32}
$$

$$
{}_3^2\boldsymbol{T}=\begin{bmatrix} c_3 & -s_3 & 0 & a_2 \\ s_3 & c_3 & 0 & 0 \\ 0 & 0 & 1 & d_3 \\ 0 & 0 & 0 & 1 \end{bmatrix} \tag{3-33}
$$

$$
{}_4^3\boldsymbol{T}=\begin{bmatrix} c_4 & -s_4 & 0 & a_3 \\ s_4 & c_4 & 0 & 0 \\ 0 & 0 & 1 & d_4 \\ 0 & 0 & 0 & 1 \end{bmatrix} \tag{3-34}
$$

$$
{}_5^4\boldsymbol{T}=\begin{bmatrix} c_5 & -s_5 & 0 & 0 \\ 0 & 0 & 1 & d_5 \\ -s_5 & -c_5 & 0 & 0 \\ 0 & 0 & 0 & 1 \end{bmatrix} \tag{3-35}
$$

$$
{}_6^5\boldsymbol{T}=\begin{bmatrix} c_6 & -s_6 & 0 & 0 \\ 0 & 0 & -1 & -d_6 \\ s_6 & c_6 & 0 & 0 \\ 0 & 0 & 0 & 1 \end{bmatrix} \tag{3-36}
$$

各个坐标系相对于基坐标系的齐次旋转矩阵见式（3-37）~式（3-40）。

$$
{}_2^0\boldsymbol{T}={}_1^0\boldsymbol{T}{}_2^1\boldsymbol{T}=\begin{bmatrix} c_1c_2 & -c_1s_2 & -s_1 & -d_2s_1 \\ s_1c_2 & -s_1s_2 & c_1 & d_2c_1 \\ -s_2 & -c_2 & 0 & 0 \\ 0 & 0 & 0 & 1 \end{bmatrix} \tag{3-37}
$$

$$
{}_3^0\boldsymbol{T}={}_1^0\boldsymbol{T}{}_2^1\boldsymbol{T}{}_3^2\boldsymbol{T}=\begin{bmatrix} c_{23}c_1 & -s_{23}c_1 & -s_1 & a_2c_1c_2-s_1(d_2+d_3) \\ c_{23}s_1 & -s_{23}s_1 & c_1 & a_2s_1c_2+c_1(d_2+d_3) \\ -s_{23} & -c_{23} & 0 & -a_2s_2 \\ 0 & 0 & 0 & 1 \end{bmatrix} \tag{3-38}
$$

$$
{}_4^0\boldsymbol{T} = {}_1^0\boldsymbol{T}{}_2^1\boldsymbol{T}{}_3^2\boldsymbol{T}{}_4^3\boldsymbol{T} = \begin{bmatrix} c_{234}c_1 & -s_{234}c_1 & -s_1 & a_2c_1c_2 - s_1(d_2+d_3+d_4) + a_3c_1c_{23} \\ c_{234}s_1 & -s_{234}s_1 & c_1 & a_2s_1c_2 + c_1(d_2+d_3+d_4) + a_3s_1c_{23} \\ -s_{234} & -c_{234} & 0 & -a_3s_{23} - a_2s_2 \\ 0 & 0 & 0 & 1 \end{bmatrix} \tag{3-39}
$$

$$
{}_5^0\boldsymbol{T} = {}_1^0\boldsymbol{T}{}_2^1\boldsymbol{T}{}_3^2\boldsymbol{T}{}_4^3\boldsymbol{T}{}_5^4\boldsymbol{T}
$$

$$
= \begin{bmatrix} s_1s_5 + c_{234}c_1c_5 & c_5s_1 - c_{234}c_1s_5 & -s_{234}c_1 & a_2c_1c_2 - d_5c_1s_{234} - s_1(d_2+d_3+d_4) + a_3c_1c_{23} \\ -c_1s_5 + c_{234}s_1c_5 & -c_5c_1 - c_{234}s_1s_5 & -s_{234}s_1 & a_2s_1c_2 - d_5s_1s_{234} + c_1(d_2+d_3+d_4) + a_3s_1c_{23} \\ -s_{234}c_5 & s_{234}s_5 & -c_{234} & -a_3s_{23} - a_2s_2 - d_5c_{234} \\ 0 & 0 & 0 & 1 \end{bmatrix} \tag{3-40}
$$

相邻关节的齐次旋转矩阵依次相乘，就可以得到末端坐标系相对于基坐标系的齐次旋转矩阵 ${}_6^0\boldsymbol{T}$，结果见式（3-41）。

$$
{}_6^0\boldsymbol{T} = {}_1^0\boldsymbol{T}{}_2^1\boldsymbol{T}{}_3^2\boldsymbol{T}{}_4^3\boldsymbol{T}{}_5^4\boldsymbol{T}{}_6^5\boldsymbol{T} = \begin{bmatrix} r_{11} & r_{12} & r_{13} & p_x \\ r_{21} & r_{22} & r_{23} & p_y \\ r_{31} & r_{32} & r_{33} & p_z \\ 0 & 0 & 0 & 1 \end{bmatrix} \tag{3-41}
$$

对于式（3-41），各个参数的含义如下

$$
\begin{cases} r_{11} = c_6(s_1s_5 + c_5c_1c_{234}) - s_6c_1s_{234} \\ r_{12} = -s_6(s_1s_5 + c_5c_1c_{234}) - c_6c_1s_{234} \\ r_{13} = -c_5s_1 + c_1c_{234}s_5 \\ r_{21} = -c_6(c_1s_5 - c_5s_1c_{234}) - s_6s_1s_{234} \\ r_{22} = s_6(c_1s_5 - c_5s_1c_{234}) - c_6s_1s_{234} \\ r_{23} = c_1c_5 + c_{234}s_1s_5 \\ r_{31} = -s_6c_{234} - c_5c_6s_{234} \\ r_{32} = c_5s_6s_{234} - c_6c_{234} \\ r_{33} = -s_{234}s_5 \\ p_x = a_2c_1c_2 + a_3c_1c_{23} - d_5c_1s_{234} - s_1(d_2+d_3+d_4) - d_6(c_5s_1 - c_1c_{234}s_5) \\ p_y = d_6(c_1c_5 + c_{234}s_1s_5) + a_3s_1c_{23} - d_5s_1s_{234} + c_1(d_2+d_3+d_4) + a_2c_2s_1 \\ p_z = -a_3s_{23} - a_2s_2 - d_5c_{234} - d_6s_5s_{234} \end{cases} \tag{3-42}
$$

在以上公式中，又有以下简化公式：$c_{23}=c_2c_3-s_2s_3$；$s_{23}=s_2c_3+c_2s_3$；$c_{234}=c_{23}c_4-s_{23}s_4$；$s_{234}=s_{23}c_4+c_{23}s_4$。

3.6.2 遨博 i5 协作机器人逆运动学求解

根据正运动学，利用解析解求解逆运动学，方法如下。

当 ${}^0_6\boldsymbol{T}$ 被给定数值时，可通过以下公式求解关节角 θ_i。

$$
{}^0_6\boldsymbol{T}=\begin{bmatrix} r_{11} & r_{12} & r_{13} & p_x \\ r_{21} & r_{22} & r_{23} & p_y \\ r_{31} & r_{32} & r_{33} & p_z \\ 0 & 0 & 0 & 1 \end{bmatrix}={}^0_1\boldsymbol{T}(\theta_1){}^1_2\boldsymbol{T}(\theta_2){}^2_3\boldsymbol{T}(\theta_3){}^3_4\boldsymbol{T}(\theta_4){}^4_5\boldsymbol{T}(\theta_5){}^5_6\boldsymbol{T}(\theta_6) \tag{3-43}
$$

整理式（3-43），将含有 θ_1 和 θ_6 的部分移到方程的左边，得到式（3-44）。

$$
[{}^0_1\boldsymbol{T}(\theta_1)]^{-1}[{}^0_6\boldsymbol{T}]\ [{}^5_6\boldsymbol{T}(\theta_6)]^{-1}={}^1_2\boldsymbol{T}(\theta_2){}^2_3\boldsymbol{T}(\theta_3){}^3_4\boldsymbol{T}(\theta_4){}^4_5\boldsymbol{T}(\theta_5) \tag{3-44}
$$

将矩阵 ${}^0_1\boldsymbol{T}$ 和 ${}^5_6\boldsymbol{T}$ 求逆，可以得到式（3-45）。

$$
\begin{bmatrix} c\theta_1 & s\theta_1 & 0 & 0 \\ -s\theta_1 & c\theta_1 & 0 & 0 \\ 0 & 0 & 1 & 0 \\ 0 & 0 & 0 & 1 \end{bmatrix}\begin{bmatrix} r_{11} & r_{12} & r_{13} & p_x \\ r_{21} & r_{22} & r_{23} & p_y \\ r_{31} & r_{32} & r_{33} & p_z \\ 0 & 0 & 0 & 1 \end{bmatrix}\begin{bmatrix} c\theta_6 & 0 & s\theta_6 & 0 \\ -s\theta_6 & 0 & c\theta_6 & 0 \\ 0 & -1 & 0 & -d_6 \\ 0 & 0 & 0 & 1 \end{bmatrix}={}^1_2\boldsymbol{T}{}^2_3\boldsymbol{T}{}^3_4\boldsymbol{T}{}^4_5\boldsymbol{T} \tag{3-45}
$$

对于式（3-45），让两边元素第二行第四列分别对应相等，得到

$$
c_1(p_y-d_6r_{23})-s_1(p_x-d_6r_{13})=d_2+d_3+d_4 \tag{3-46}
$$

若令

$$
\begin{cases} m_1=p_y-d_6r_{23} \\ m_2=p_x-d_6r_{13} \\ m_3=d_2+d_3+d_4 \end{cases} \tag{3-47}
$$

则式（3-46）可以转变为

$$
m_1c_1-m_2s_1=m_3 \tag{3-48}
$$

根据三角恒等变换和 $m_3=d_2+d_3+d_4=125\text{mm}>0$，$\theta_1$ 的解可以写为

$$
\theta_1=\text{atan2}(\pm\sqrt{m_1^2+m_2^2-m_3^2},m_3)-\text{atan2}(m_2,m_1) \tag{3-49}
$$

令式（3-45）两边元素第二行第二列对应相等，得到

$$
r_{13}s_1-r_{23}c_1=-c_5 \tag{3-50}
$$

因此，θ_5 的解可以写为

```
21.    </link>
22.    <joint name="link1_ to_ ground" type="continuous" >
23.        <parent link="ground" />
24.        <child link="link1" />
25.        <origin xyz="0 0 0" rpy=" -1.2 0 0" />
26.        <axis xyz="1 0 0" />
27.    </joint>
28.
29.    <! --添加连杆 2-->
30.    <link name="link2" >
31.        <visual>
32.            <geometry>
33.                <cylinder radius="0.02" length="0.2" />
34.            </geometry>
35.            <origin xyz="0.0 0.0 0.1" rpy="0.0 0.0 0.0" />
36.            <material name="green" >
37.                <color rgba="0 1 0 1" />
38.            </material>
39.        </visual>
40.    </link>
41.    <joint name="link2_to_link1" type="continuous" >
42.        <parent link="link1" />
43.        <child link="link2" />
44.        <origin xyz="0 0 0.2" rpy="0.6 0 0" />
45.        <axis xyz="1 0 0" />
46.    </joint>
47.
48.    <! -- 添加连杆 3-->
49.    <link name="link3" >
50.        <visual>
51.            <geometry>
52.                <cylinder radius="0.02" length=" 0.2" />
53.            </geometry>
54.            <origin xyz="0.0 0.0 0.1" rpy="0.0 0.0 0.0" />
55.            <material name="blue" >
56.                <color rgba="0 0 1 1" />
```

```
57.                 </material>
58.             </visual>
59.         </link>
60.         <joint name="link3_to_link2" type=" continuous" >
61.             <parent link="link2" />
62.             <child link="link3" />
63.             <origin xyz="0 0 0.2" rpy="0.45 0 0" />
64.             <axis xyz="1 0 0" />
65.         </joint>
66. </robot>
```

执行以上代码，3R 简化机构可在 rviz 中显示，显示效果如图 3-9 所示。

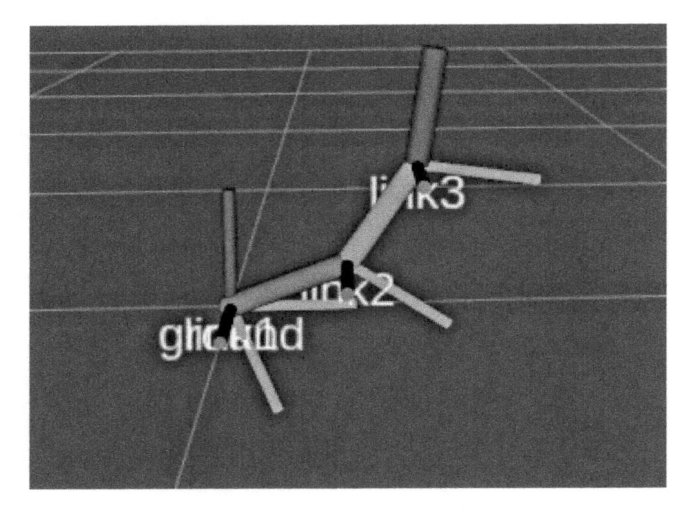

图 3-9　3R 机构在 rviz 中的 URDF 显示效果

虽然 URDF 文件能够对机器人进行描述，但在 URDF 中仍依赖于人工计算，存在不便，容易计算失误；当某些参数发生改变时，还需要重新计算；并且不易对代码进行重复利用和封装。针对这一问题，可以利用可编程的 XML 语言（xacro）解决，但由于篇幅限制，这里不做介绍，感兴趣的读者可以自行学习和研究。

3.8　本章小结

本章介绍了协作机器人的运动学建模，涉及协作机器人的基础数学知识、运动方程的建立和求解等。这些内容是学习机器人雅可比矩阵和动力学的重要基础。

3.1 节概述了协作机器人的运动学建模，可分为运动学和动力学。正运动学指在已知相应关节值的情况下计算末端执行器的位置、方向、速度和加速度；逆运动学指根据给定的末端执行器位姿计算所需的关节值。

3.2 节概述了协作机器人的运动方程，即通过齐次变换矩阵描述机器人末端执行器所在的坐标系相对于基坐标系的位置关系。因为矩阵乘法不具备交换性质，所以应指出矩阵乘法的先后顺序。对于固定坐标系而言，变换顺序为“从右向左”；对于相对坐标系而言，变换顺序为“从左向右”。

3.3 节介绍了空间位姿描述，主要分为 RPY 角、欧拉角及其他方式。RPY 角属于绕固定坐标系旋转的位姿变换方式，变换规则：先绕着 x_i 旋转 γ 角，再绕着 y_i 旋转 β 角，最后绕着 z_i 旋转 α 角。欧拉角属于绕着当前坐标系旋转的位姿表述方法，根据不同的旋转规则，欧拉角有 12 种不同的表示方式。例如，zyx 欧拉角可以先绕 z 轴旋转 α 角，再绕新的 y 轴旋转 β 角，最后绕新的 x 轴旋转 γ 角。

3.4 节介绍了由 Denavit 和 Hartenberg 在 1955 年提出的一种 DH 参数法，称为标准 DH，以及 John J. Craig 提出的改进 DH 参数法，称为改进 DH。相邻坐标系之间及其相应连杆可以用齐次变换矩阵来表示，可将连杆各种机械结构抽象成几何要素及其参数，即连杆长度、连杆扭转角、连杆偏距和关节角。

3.5 节介绍了求解协作机器人运动学方程的过程，分析了逆运动学的可解性、多解性，并且以 3R 机构为例，介绍了逆运动学的两种主要求解方法——封闭解法和数值解法。

3.6 节主要以遨博 i5 协作机器人为例，详细阐述了 6 自由度机器人的运动学建模过程和方法，并对其进行了详细的数学推导。

3.7 节介绍了实际工程中常用的 URDF 文件，URDF 文件是标准化机器人描述格式，是一种用于描述机器人及其部分结构、关节、自由度等的 XML 格式文件；并且基于 3R 机构，编写了简化版的 URDF 文件。

思考与练习

1. $\boldsymbol{T}$ 为齐次旋转矩阵，求解其中“?”所代表的具体值。

$$T=\begin{bmatrix} ? & 0 & -1 & 5 \\ ? & 0 & 0 & 6 \\ ? & -1 & 0 & -4 \\ 0 & ? & 0 & 1 \end{bmatrix}$$

2. 求点 $p=[1,2,3]$ 绕其参考坐标系 x 轴旋转 60°后的空间坐标。

3. 求点 $p=[-2,3,-1]$ 绕其参考坐标系 y 轴旋转 45°后的空间坐标。

4. 求点 $p=[1,3,-2]$ 绕其参考坐标系 z 轴旋转 30°后的空间坐标。

5. 将矢量 ${}^{A}\boldsymbol{p}$ 绕 z_A 旋转 θ 角，然后绕 x_A 旋转 ϕ 角。求解出按上述次序完成旋转的旋转矩阵。

6. 在开始时，坐标系 $\{A\}$ 与 $\{B\}$ 重合，使坐标系 $\{B\}$ 先绕 z_B 轴旋转 θ 角，再绕 x_B 轴旋转 ϕ 角。求解对矢量 ${}^{B}\boldsymbol{p}$ 的描述转变为对矢量 ${}^{A}\boldsymbol{p}$ 的描述的旋转矩阵。

7. 当 $\theta=60°$，$\phi=30°$ 时，求解习题 5 和习题 6 中旋转矩阵的值。

8. $\boldsymbol{T}$ 是 RPY 角所代表的位姿矩阵，试求出所代表的 RPY 角。如果是欧拉角呢？是否也可以求出相对应的欧拉角？

$$T=\begin{bmatrix} 0.527 & -0.574 & 0.628 & 3 \\ 0.369 & 0.819 & 0.439 & 2 \\ -0.766 & 0 & 0.643 & -4 \\ 0 & 0 & 0 & 1 \end{bmatrix}$$

9. 图 3-10 所示为 3 自由度机械手的机构示意，试求解其正、逆运动学方程。

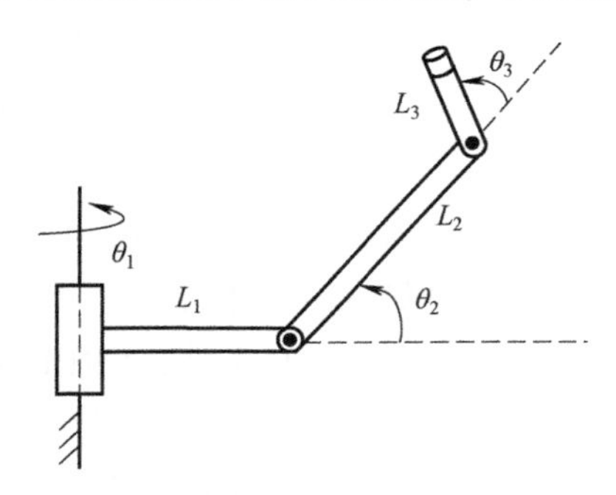

图 3-10　3 自由度机械手的机构示意

10. 图 3-11 所示为 SCARA4 自由度机器人，分别建立坐标系、DH 参数表、正逆运动学方程并对其进行求解。

11. 机械臂的工作空间（可达空间）指机械臂末端可以达到的范围，由每个关节的位形空间和连杆长度决定。根据 3.6 节中介绍的遨博 i5 协作机器人，采用蒙特卡罗法求解机械臂的工作空间。

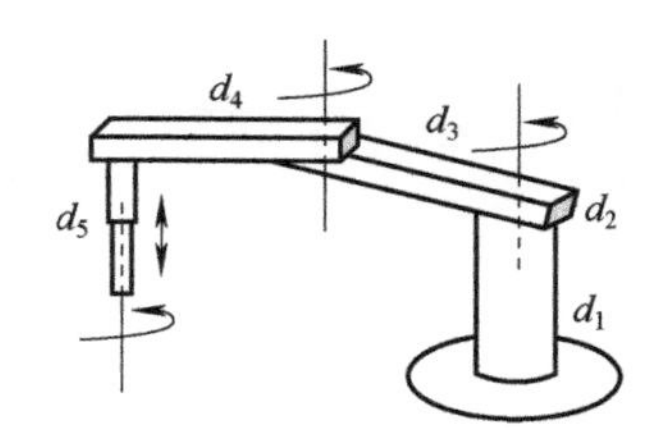

图 3-11　SCARA4 自由度机器人结构示意

12. 图 3-12 是 PUMA 560 机器人的结构简图。查阅相关资料，建立其连杆参数，填入表 3-4，并进行正、逆运动学建模分析。

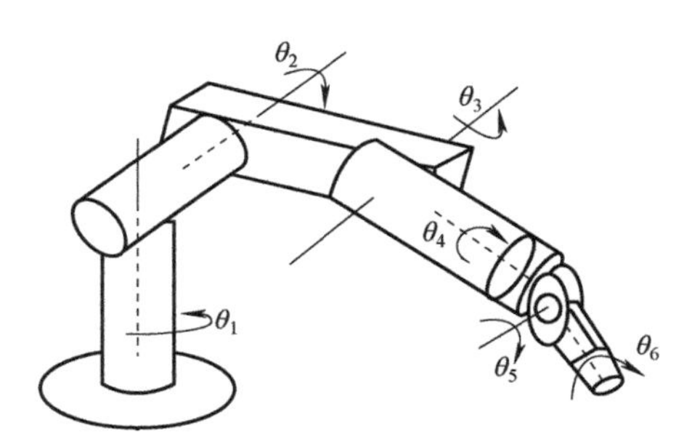

图 3-12　PUMA 560 机器人的结构简图

表 3-4　PUMA 560 机器人连杆参数

关节轴 i	a_{i-1}/m	α_{i-1}（°）	d_i/m	θ_i
1				
2				
3				
4				
5				
6				

13. 众所周知，我国空间站的建立取得了巨大成就，如图 3-13 所示。我国空间站机械臂的质量约 0.74t，采用了大负载自重比设计，负重能力高达 25t，可以轻而易举地托起航天员开展舱外活动、完成空间站维护及空间站有效载荷运输等任务；我国空间站机械臂、欧洲机械臂、加拿大臂 2 号“大臂”和人的手臂一样都有 7 个自由度，其本体由 7 个关节组成，采用肩部、肘部和腕部“3+1+3”的关节设计，使用起来十分灵活。

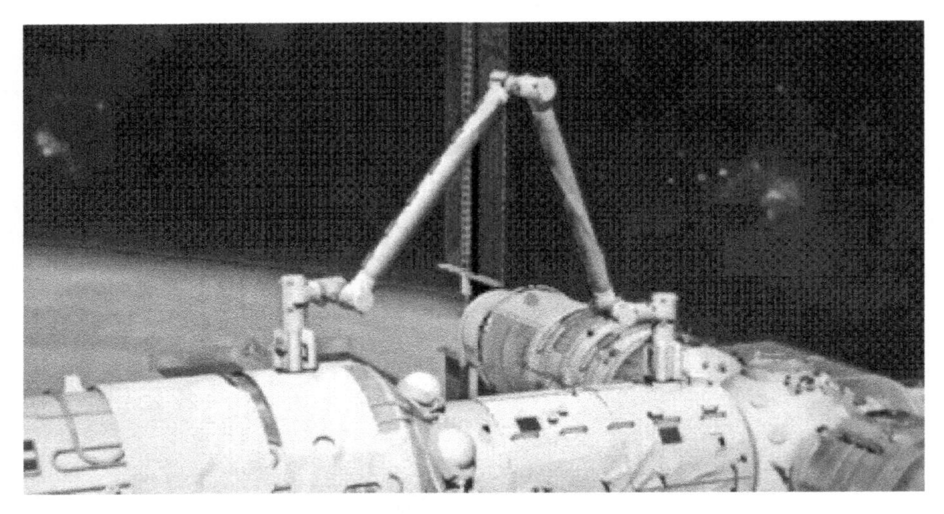

图 3-13　我国空间站 7 自由度机械臂

请大家自行建立空间站 7 自由度机械臂的示意图，并建立坐标系、编写 DH 参数表、进行正运动学建模，确定末端执行器相对于基座的变换关系。

14. 习题 13 的 7 自由度冗余机器人比传统的 6 自由度机器人更加灵活，但也给求解逆运动学增加了难度，所以需要在关节变量中加入附加条件，或者限定其中某一个关节。请根据以下限定条件求解相应的逆运动学解。

A. 假设 $\theta_1=0$ 并且已知${}^1_7\boldsymbol{T}$，求解 θ_2、θ_3、θ_4、θ_5、θ_6 和 θ_7。

B. 假设 $\theta_2=0$ 并且已知${}^1_7\boldsymbol{T}$，求解 θ_1、θ_3、θ_4、θ_5、θ_6 和 θ_7。

C. 假设 $\theta_3=0$ 并且已知${}^1_7\boldsymbol{T}$，求解 θ_1、θ_2、θ_4、θ_5、θ_6 和 θ_7。

D. 假设 $\theta_5=0$ 并且已知${}^1_7\boldsymbol{T}$，求解 θ_1、θ_2、θ_3、θ_4、θ_6 和 θ_7。

E. 假设 $\theta_6=0$ 并且已知${}^1_7\boldsymbol{T}$，求解 θ_1、θ_2、θ_3、θ_4、θ_5 和 θ_7。

F. 假设 $\theta_7=0$ 并且已知${}^1_7\boldsymbol{T}$，求解 θ_1、θ_2、θ_3、θ_4、θ_5 和 θ_6。

G. 为了使 ϕ 最小，试确定 θ_1、θ_2、θ_3、θ_4、θ_5、θ_6 和 θ_7。

$$\phi=\theta_1+\theta_2+\theta_3+\theta_4+\theta_5+\theta_6+\theta_7$$

第 4 章　协作机器人微分运动与动力学分析

微分运动指机器人的微小运动，可用它推导不同部件之间的速度关系，所以如果在微分运动内测得该小段运动所用的时间，就能得到各个部件之间的速度关系。

从控制观点来看，机器人或机械手系统代表冗余的、多变量的、非线性的自动控制系统，也是个复杂的动力学耦合系统。每个控制任务本身就是一个动力学任务。因此，研究机器人或机械手的动力学问题，就是为了进一步讨论控制问题。分析机器人操作的动态数学模型，主要采用以下两种理论：牛顿-欧拉方程和拉格朗日方程。

与运动学相似，学习协作机器人的动力学时也有两个问题。一是已知机器人或机械手各关节的作用力或力矩，求各关节的位移、速度和加速度，求得运动轨迹；二是已知机器人或机械手的运动轨迹，即各关节的位移、速度和加速度，求各关节所需的驱动力或力矩。前者称为动力学正问题，后者称为动力学逆问题。

4.1　协作机器人的微分运动

依据定义，微分运动就是微小的运动。因此，如果能在一个很小的时间段内测量或计算这个运动，就能得到部件间的速度关系。

当机器人关节做微分运动时，机器人手部坐标系也会产生微分运动。机器人关节速度与末端坐标系速度之间存在映射关系，由于微分运动除以 dt 即可得到速度，因此可以说雅可比矩阵是机器人关节微分运动与末端微分运动之间的映射。当计算得到机器人末端坐标系的微分运动时，通过雅可比矩阵，可以计算得到各关节的微分运动，解决逆运动学及速度控制的问题。

假设有一组变量 x_n 的方程 y_i

$$y_i = f_i(x_1, x_2, \cdots, x_n) \tag{4-1}$$

那么由 x_n 的微分变化引起的 y_i 的微分变化为

$$\begin{cases} \delta y_1 = \dfrac{\partial f_1}{\partial x_1}\delta x_1 + \dfrac{\partial f_1}{\partial x_2}\delta x_2 + \cdots + \dfrac{\partial f_1}{\partial x_n}\delta x_n \\ \delta y_2 = \dfrac{\partial f_2}{\partial x_1}\delta x_1 + \dfrac{\partial f_2}{\partial x_2}\delta x_2 + \cdots + \dfrac{\partial f_2}{\partial x_n}\delta x_n \\ \vdots \\ \delta y_i = \dfrac{\partial f_i}{\partial x_1}\delta x_1 + \dfrac{\partial f_i}{\partial x_2}\delta x_2 + \cdots + \dfrac{\partial f_i}{\partial x_n}\delta x_n \end{cases} \tag{4-2}$$

式（4-2）可以写成矩阵形式，即为雅可比矩阵。雅可比矩阵可以通过在每个方程中对所有变量求导来计算。

同理，根据上述关系，对机器人位置方程进行微分，可以得到机器人关节和机器人末端坐标系的微分运动关系（即机器人的雅可比矩阵），以 6 自由度协作机器人为例（见式 4-3）。

$$\begin{bmatrix} \mathrm{d}x \\ \mathrm{d}y \\ \mathrm{d}z \\ \delta x \\ \delta y \\ \delta z \end{bmatrix} = \boldsymbol{J} \begin{bmatrix} \mathrm{d}\theta_1 \\ \mathrm{d}\theta_2 \\ \mathrm{d}\theta_3 \\ \mathrm{d}\theta_4 \\ \mathrm{d}\theta_5 \\ \mathrm{d}\theta_6 \end{bmatrix} \tag{4-3}$$

$\mathrm{d}x$、$\mathrm{d}y$ 和 $\mathrm{d}z$ 分别表示机器人末端沿 x、y 和 z 方向的微分运动；δx、δy 和 δz 表示机器人末端绕 x、y 和 z 轴的微分旋转运动。

如果这两个矩阵同时除以时间的微分 $\mathrm{d}t$，那么就可以得到机器人关节速度和末端速度的映射关系。微分运动和雅可比矩阵与速度有着紧密的联系，这一点将在后面的协作机器人动力学中继续讨论。

4.2 协作机器人的雅可比矩阵分析

4.2.1 定义及求解方法

操作空间 x 和关节空间 q 之间的位移关系对时间 t 进行求导，可以得出此操作空间和关节空间之间的微分运动关系，即

$$\dot{x} = \boldsymbol{J}(q)\dot{q} \tag{4-4}$$

$\boldsymbol{J}(q)$ 表示机器人的雅可比矩阵。雅可比矩阵可以把机器人的操作空间和关

节空间联系起来，对于机器人建模和动力学分析都十分重要。

目前，主流求解雅可比矩阵的方法有矢量积法和微分变换法。下面就这两种方法进行介绍，并具体推导雅可比矩阵。

1. 矢量积法

基于协作机器人建立的运动坐标系的基础，可进行机器人雅可比矩阵的求解，该方法称为矢量积法。

图 4-1 所示为关节速度的传递情况，末端夹手的线速度 $\boldsymbol{v}$ 和角速度 $\boldsymbol{\omega}$ 与关节速度 $\dot{\boldsymbol{q}}_i$ 有关。

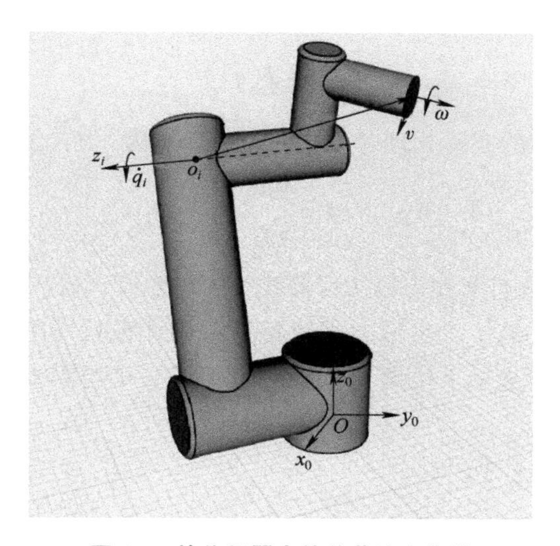

图 4-1　协作机器人的关节速度传递

对于移动关节 i，有

$$\begin{bmatrix} \boldsymbol{v} \\ \boldsymbol{\omega} \end{bmatrix} = \begin{bmatrix} \boldsymbol{z}_i \\ 0 \end{bmatrix} \dot{\boldsymbol{q}}_i \tag{4-5}$$

结合式（4-5），可得雅可比矩阵 $\boldsymbol{J}_i$

$$\boldsymbol{J}_i = \begin{bmatrix} \boldsymbol{z}_i \\ 0 \end{bmatrix} \tag{4-6}$$

则对于转动关节 i，有

$$\begin{bmatrix} \boldsymbol{v} \\ \boldsymbol{\omega} \end{bmatrix} = \begin{bmatrix} \boldsymbol{z}_i \times {}^{i}\boldsymbol{p}_n^0 \\ \boldsymbol{z}_i \end{bmatrix} \dot{\boldsymbol{q}}_i \tag{4-7}$$

同理，结合式（4-7），可得雅可比矩阵 $\boldsymbol{J}_i$

$$\boldsymbol{J}_i = \begin{bmatrix} \boldsymbol{z}_i \times {}^i\boldsymbol{p}_n^0 \\ \boldsymbol{z}_i \end{bmatrix} = \begin{bmatrix} \boldsymbol{z}_i \times ({}_i^0\boldsymbol{R}\,{}^i\boldsymbol{p}_n) \\ \boldsymbol{z}_i \end{bmatrix} \tag{4-8}$$

其中，${}^i\boldsymbol{p}_n^0$ 表示末端执行器相对于坐标系{i}的位置矢量在基坐标系{o}中的表示，所以有

$${}^i\boldsymbol{p}_n^0 = {}_i^0\boldsymbol{R}\,{}^i\boldsymbol{p}_n \tag{4-9}$$

注意，$\boldsymbol{z}_i$ 是坐标系{i}的 z 轴单位向量在基坐标系{o}中的表示。

2. 微分变换法

雅可比矩阵可表示为

$$\begin{bmatrix} \boldsymbol{v} \\ \boldsymbol{\omega} \end{bmatrix} = \boldsymbol{J}(q)\dot{\boldsymbol{q}} \tag{4-10}$$

根据雅可比矩阵的实际物理含义，它可以表示为

$$\boldsymbol{J} = \begin{bmatrix} \boldsymbol{J}_v \\ \boldsymbol{J}_\omega \end{bmatrix} \tag{4-11}$$

$\boldsymbol{J}_v$ 是联系关节角速度和末端执行器线速度的矩阵，齐次变换矩阵 ${}_6^0\boldsymbol{T}$ 最后一列的前三个变量（p_x, p_y, p_z）表示末端执行器或物体最后一个关节坐标系相对于基坐标系的位置，将这三个位置变量统一表示成一个位置变量 x_p，则线速度 v 表示为

$$v = \begin{bmatrix} \dot{x} \\ \dot{y} \\ \dot{z} \end{bmatrix} = \dot{x}_p = \frac{\partial x_p}{\partial q_1}\dot{q}_1 + \frac{\partial x_p}{\partial q_2}\dot{q}_2 + \cdots + \frac{\partial x_p}{\partial q_n}\dot{q}_n \tag{4-12}$$

则有

$$\boldsymbol{J}_v = \begin{bmatrix} \dfrac{\partial x_p}{\partial q_1} & \dfrac{\partial x_p}{\partial q_2} & \cdots & \dfrac{\partial x_p}{\partial q_n} \end{bmatrix} \tag{4-13}$$

上述公式针对的是转动关节，如果是移动关节，则令其所对应的量为 0 即可。矩阵 $\boldsymbol{J}_\omega$ 是联系关节角速度与末端执行器角速度的矩阵，则角速度 ω 可以表示为

$$\omega = [\bar{\varepsilon}_1 z_1 \quad \bar{\varepsilon}_2 z_2 \quad \cdots \quad \bar{\varepsilon}_i z_n] \begin{bmatrix} \dot{q}_1 \\ \dot{q}_2 \\ \vdots \\ \dot{q}_n \end{bmatrix} \tag{4-14}$$

所以

$$J_{\omega} = [\bar{\varepsilon}_1 z_1 \quad \bar{\varepsilon}_2 z_2 \quad \cdots \quad \bar{\varepsilon}_i z_n] \tag{4-15}$$

其中，ε_i 表示关节类型，$\bar{\varepsilon}_i = 1 - \varepsilon_i$，当关节为转动关节时，$\varepsilon_i = 0$；当关节为移动关节时，$\varepsilon_i = 1$。

4.2.2　雅可比矩阵求解实例

在 3.6 节中，我们以遨博 i5 协作机器人为例，进行了机器人正运动学解析解的推导；本小节依然以遨博 i5 协作机器人为例，结合机器人运动学的齐次旋转矩阵公式，对其进行雅可比矩阵的求解。

z_i 指齐次变换矩阵 ${}^0_i\boldsymbol{T}$ 中第三列的前三个变量，即

$$z_i = [r_{13} \quad r_{23} \quad r_{33}]^{\mathrm{T}} \tag{4-16}$$

根据正运动学公式和雅可比矩阵公式，可以求出具有旋转轴的 6 自由度机器人/机械臂的雅可比矩阵，见式（4-17）~式（4-21）。

$$\boldsymbol{J}_1 = \begin{bmatrix} -c_1(d_2 + d_3 + d_4 + c_5 d_6) - s_1(c_2 a_2 + c_{23} a_3 - s_{234} d_5 + c_{234} s_5 d_6) \\ -s_1(d_2 + d_3 + d_4 + c_5 d_6) + c_1(c_2 a_2 + c_{23} a_3 - s_{234} d_5 + c_{234} s_5 d_6) \\ 0 \\ 0 \\ 0 \\ 1 \end{bmatrix} \tag{4-17}$$

$$\boldsymbol{J}_2 = \begin{bmatrix} -c_1(s_2 a_2 + s_{23} a_3 + c_{234} d_5 + s_{234} s_5 d_6) \\ -s_1(s_2 a_2 + s_{23} a_3 + c_{234} d_5 + s_{234} s_5 d_6) \\ -c_2 a_2 - c_{23} a_3 + s_{234} d_5 - c_{234} s_5 d_6 \\ -s_1 \\ c_1 \\ 0 \end{bmatrix} \tag{4-18}$$

$$\boldsymbol{J}_3 = \begin{bmatrix} -c_1(s_{23} a_3 + c_{234} d_5 + s_{234} s_5 d_6) \\ -s_1(s_{23} a_3 + c_{234} d_5 + s_{234} s_5 d_6) \\ -c_{23} a_3 + s_{234} d_5 - c_{234} s_5 d_6 \\ -s_1 \\ c_1 \\ 0 \end{bmatrix}, \quad \boldsymbol{J}_4 = \begin{bmatrix} -c_1(c_{234} d_5 + s_{234} s_5 d_6) \\ -s_1(c_{234} d_5 + s_{234} s_5 d_6) \\ s_{234} d_5 - c_{234} s_5 d_6 \\ -s_1 \\ c_1 \\ 0 \end{bmatrix} \tag{4-19}$$

$$
\boldsymbol{J}_5=\begin{bmatrix}(s_5s_1+c_1c_{234}c_5)d_6\\(-c_1s_5+c_{234}s_1c_5)d_6\\-c_5s_{234}d_6\\-c_1s_{234}\\-s_1s_{234}\\-c_{234}\end{bmatrix},\ \boldsymbol{J}_6=\begin{bmatrix}0\\0\\0\\-c_5s_1+s_5c_1c_{234}\\c_1c_5+s_5s_1c_{234}\\-s_{234}s_5\end{bmatrix} \tag{4-20}
$$

联立式（4-17）~式（4-20），可以得到雅可比矩阵 $\boldsymbol{J}$：

$$
\boldsymbol{J}=[\boldsymbol{J}_1\quad \boldsymbol{J}_2\quad \boldsymbol{J}_3\quad \boldsymbol{J}_4\quad \boldsymbol{J}_5\quad \boldsymbol{J}_6] \tag{4-21}
$$

雅可比矩阵将关节速度和笛卡儿空间速度联系起来，如果雅可比矩阵可逆，利用雅可比矩阵的逆矩阵可以将关节速度用操作空间速度进行表示，则有

$$
\dot{\boldsymbol{q}}=\boldsymbol{J}^{-1}(q)\begin{bmatrix}v\\\boldsymbol{\omega}\end{bmatrix} \tag{4-22}
$$

雅可比矩阵 $\boldsymbol{J}=[\boldsymbol{J}_1\quad \boldsymbol{J}_2\quad \boldsymbol{J}_3\quad \boldsymbol{J}_4\quad \boldsymbol{J}_5\quad \boldsymbol{J}_6]$ 是一个 6×6 的矩阵，理论上可以求解出雅可比逆矩阵的解析解，但雅可比逆矩阵的解矩阵 $\boldsymbol{J}^{-1}(q)$ 过于复杂，在工程中不建议使用。

在实际工程中，求解雅可比矩阵的逆矩阵可以根据矩阵 UL 和 UR 分解，使用数值解进行雅可比矩阵求逆。这可以避免计算雅可比逆矩阵解析解的烦琐过程。

利用逆解函数进行求解的时候，应注意避免特殊位置。例如，关节角为 [0　0　0　0　0　0] 时，雅可比求逆函数解的计算会出问题，所以涉及特殊位置时系统将采用其他方法解决，在实际应用时尽量避免特殊位置，尽量避开关节角为 0°、90°和 180°等特殊位置。

4.3 协作机器人动力学建模和仿真

4.3.1 引言

协作机器人的系统是冗余的、多变量的和非线性的系统，也是复杂的动力学耦合系统。分析协作机器人的动态数学模型，主要有牛顿-欧拉方程和拉格朗日方程这两种理论。

牛顿-欧拉法需要从运动学出发求得加速度，并消去各内作用力。对于较复杂的系统，此种分析方法十分复杂和麻烦。

拉格朗日法只需要求速度而不必求内作用力。因此，它是一种比较简便的方法。在本节中，主要采用拉格朗日法分析和求解机器人/机械臂的动力学问题。

4.3.2　牛顿-欧拉方程

牛顿-欧拉动力学方程是迭代形式，假设机器人/机械臂的连杆均为刚体，若连杆质心的位置和惯性张量已知，那么它的质量分布将完全确定。连杆运动所需的力是关于连杆期望加速度及其质量分布的函数。牛顿方程及描述旋转运动的欧拉方程共同描述了力、惯量和加速度之间的关系。

经过推导，牛顿-欧拉法的动力学方程一般形式为

$$\frac{\partial W}{\partial q_i}=\frac{\mathrm{d}}{\mathrm{d}t}\frac{\partial K}{\partial \dot{q}_i}-\frac{\partial K}{\partial q_i}+\frac{\partial D}{\partial \dot{q}_i}+\frac{\partial P}{\partial q_i} \tag{4-23}$$

其中，W 表示外力矩所做的功，K 表示系统的动能，D 表示系统能耗，P 表示系统的势能。

4.3.3　拉格朗日方程

基于拉格朗日法建立协作机器人的动力学模型，则系统的拉格朗日方程可以表示为

$$L=K-P \tag{4-24}$$

其中，L 表示系统的动能。选取系统的广义坐标 q_i，如果模型为 6 个旋转关节的机器人/机械臂，实际上其广义坐标为关节角 $\theta_i(i=1,2,\cdots,6)$，τ_i 是与广义坐标相对应的广义力矩。因此，系统的动力学方程（第二类拉格朗日方程）为

$$\tau_i=\frac{\mathrm{d}}{\mathrm{d}t}\left(\frac{\mathrm{d}L}{\mathrm{d}\dot{q}_i}\right)-\frac{\mathrm{d}L}{\mathrm{d}q_i}\quad(i=1,2,\cdots,6) \tag{4-25}$$

4.3.4　二连杆机构动力学应用举例

下面以图 4-2 为例，计算 2 连杆机构的动能和势能。m_1 和 m_2 为连杆 1 和连杆 2 的质量，以连杆末端的点质量表示；d_1 和 d_2 分别为两连杆的长度；θ_1 和 θ_2 为广义坐标；g 为重力加速度。

下面考虑两种方法建立此 2 连杆机构的动力学模型。

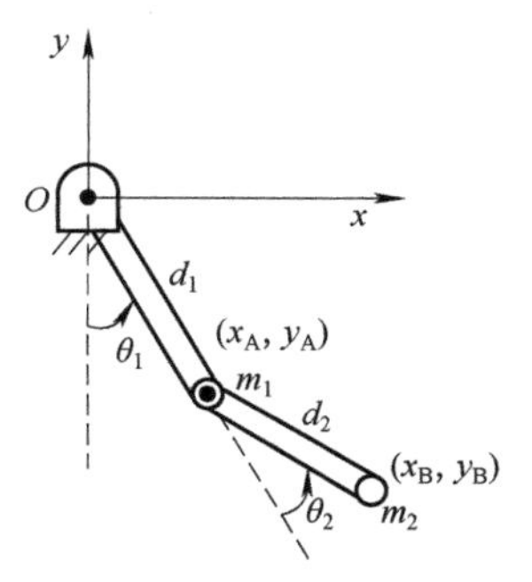

图 4-2　质量集中的 2 连杆机构

1. 拉格朗日法

解：建立如图 4-2 所示的坐标系，因为系统有 2 个自由度，所以以 2 个连杆的转动角度 θ_1 和 θ_2 为广义坐标，以坐标系原点为零势能点。

1）计算系统动能。

系统的总动能为 $K=K_1+K_2$，显然 $K_1=\frac{1}{2}m_1v_1^2=\frac{1}{2}m_1(d_1\theta_1)^2=\frac{1}{2}m_1d_1^2\theta_1^2$。

对于连杆 2，首先计算出其位置坐标（x_B, y_B），然后对其求导就可以得到其速度信息。

$$\begin{cases} x_B=d_1s_1+d_2s_{12} \\ y_B=-d_1c_1-d_2c_{12} \end{cases}$$

$$\begin{cases} \dot{x}_B=d_1c_1\dot{\theta}_1+d_2c_{12}(\dot{\theta}_1+\dot{\theta}_2) \\ \dot{y}_B=d_1s_1\dot{\theta}_1+d_2s_{12}(\dot{\theta}_1+\dot{\theta}_2) \end{cases}$$

根据矢量的合成运算 $v_2^2=\dot{x}_B^2+\dot{y}_B^2$，可以计算出连杆 2 末端点的速度平方公式。

$$\begin{aligned} v_2^2&=(d_1c_1\dot{\theta}_1+d_2c_{12}(\dot{\theta}_1+\dot{\theta}_2))^2+(d_1s_1\dot{\theta}_1+d_2s_{12}(\dot{\theta}_1+\dot{\theta}_2))^2 \\ &=d_1^2\dot{\theta}_1^2+d_2^2(\dot{\theta}_1^2+\dot{\theta}_2^2+2\dot{\theta}_1\dot{\theta}_2)+2d_1d_2c_2(\dot{\theta}_1^2+\dot{\theta}_1\dot{\theta}_2) \end{aligned}$$

根据 $K_2=\frac{1}{2}m_2v_2^2$，第 2 个连杆的动能为

$$K_2=\frac{1}{2}m_2d_1^2\dot{\theta}_1^2+\frac{1}{2}m_2d_2^2(\dot{\theta}_1^2+\dot{\theta}_2^2+2\dot{\theta}_1\dot{\theta}_2)+m_2d_1d_2c_2(\dot{\theta}_1^2+\dot{\theta}_1\dot{\theta}_2)$$

系统的总动能为

$$\begin{aligned} K&=K_1+K_2 \\ &=\frac{1}{2}m_1d_1^2\theta_1^2+\frac{1}{2}m_2d_1^2\dot{\theta}_1^2+\frac{1}{2}m_2d_2^2(\dot{\theta}_1^2+\dot{\theta}_2^2+2\dot{\theta}_1\dot{\theta}_2)+m_2d_1d_2c_2(\dot{\theta}_1^2+\dot{\theta}_1\dot{\theta}_2) \\ &=\frac{1}{2}(m_1+m_2)d_1^2\theta_1^2+\frac{1}{2}m_2d_2^2(\dot{\theta}_1^2+\dot{\theta}_2^2+2\dot{\theta}_1\dot{\theta}_2)+m_2d_1d_2c_2(\dot{\theta}_1^2+\dot{\theta}_1\dot{\theta}_2) \end{aligned}$$

2）计算系统势能。

已经设定坐标系原点为零势能点，所以系统的总势能 $P=P_1+P_2$

$$P_1=-m_1gd_1c_1$$

$$P_2=-m_2gd_1c_1-m_2gd_2c_{12}$$

$$P=P_1+P_2=-(m_1+m_2)gd_1c_1-m_2gd_2c_{12}$$

3）拉格朗日方程。

系统的拉格朗日方程为 $L=K-P$，所以系统的动能为

$$L=\frac{1}{2}(m_1+m_2)d_1^2\theta_1^2+\frac{1}{2}m_2d_2^2(\dot{\theta}_1^2+\dot{\theta}_2^2+2\dot{\theta}_1\dot{\theta}_2)+m_2d_1d_2c_2(\dot{\theta}_1^2+\dot{\theta}_1\dot{\theta}_2)+ (m_1+m_2)gd_1c_1+m_2gd_2c_{12}$$

对拉格朗日方程求导

$$\begin{cases}\dfrac{\partial L}{\partial\dot{\theta}_1}=(m_1+m_2)d_1^2\dot{\theta}_1+m_2d_2^2(\dot{\theta}_1+\dot{\theta}_2)+2m_2d_1d_2c_2\dot{\theta}_1+m_2d_1d_2c_2\dot{\theta}_2\\ \dfrac{\mathrm{d}}{\mathrm{d}t}\dfrac{\partial L}{\partial\dot{\theta}_1}=[(m_1+m_2)d_1^2+m_2d_2^2+2m_2d_1d_2c_2]\ddot{\theta}_1+[m_2d_2^2+m_2d_1d_2c_2]\ddot{\theta}_2-\\ \qquad 2m_2d_1d_2s_2\dot{\theta}_1\dot{\theta}_2-m_2d_1d_2s_2\dot{\theta}_2^2\\ \dfrac{\partial L}{\partial\theta_1}=-(m_1+m_2)gd_1s_1-m_2gd_2s_{12}\end{cases}$$

根据系统动力学方程 $\tau_i=\dfrac{\mathrm{d}}{\mathrm{d}t}\left(\dfrac{\mathrm{d}L}{\mathrm{d}\dot{q}_i}\right)-\dfrac{\mathrm{d}L}{\mathrm{d}q_i}$，$q_i$ 为广义坐标，可以求解 τ_1。

$$\tau_1=[(m_1+m_2)d_1^2+m_2d_2^2+2m_2d_1d_2c_2]\ddot{\theta}_1+[m_2d_2^2+m_2d_1d_2c_2]\ddot{\theta}_2- 2m_2d_1d_2s_2\dot{\theta}_1\dot{\theta}_2-m_2d_1d_2s_2\dot{\theta}_2^2+(m_1+m_2)gd_1s_1+m_2gd_2s_{12}$$

同理

$$\begin{cases}\dfrac{\partial L}{\partial\dot{\theta}_2}=m_2d_2^2(\dot{\theta}_1+\dot{\theta}_2)+m_2d_1d_2c_2\dot{\theta}_1\\ \dfrac{\mathrm{d}}{\mathrm{d}t}\dfrac{\partial L}{\partial\dot{\theta}_2}=m_2d_2^2(\ddot{\theta}_1+\ddot{\theta}_2)+m_2d_1d_2c_2\ddot{\theta}_1-m_2d_1d_2s_2\dot{\theta}_1\dot{\theta}_2\\ \dfrac{\partial L}{\partial\theta_2}=-m_2d_1d_2s_2(\dot{\theta}_1^2+\dot{\theta}_1\dot{\theta}_2)-m_2gd_2s_{12}\end{cases}$$

$$\begin{aligned}\tau_2&=m_2d_2^2(\ddot{\theta}_1+\ddot{\theta}_2)+m_2d_1d_2c_2\ddot{\theta}_1-m_2d_1d_2s_2\dot{\theta}_1\dot{\theta}_2+m_2d_1d_2s_2(\dot{\theta}_1^2+\dot{\theta}_1\dot{\theta}_2)+m_2gd_2s_{12}\\&=(m_2d_2^2+m_2d_1d_2c_2)\ddot{\theta}_1+m_2d_2^2\ddot{\theta}_2+m_2d_1d_2s_2\dot{\theta}_1^2+m_2gd_2s_{12}\end{aligned}$$

整理 τ_1 和 τ_2，将其表示成矩阵形式，有

$$\begin{pmatrix}\tau_1\\ \tau_2\end{pmatrix}=\begin{pmatrix}(m_1+m_2)d_1^2+m_2d_2^2+2m_2d_1d_2c_2 & m_2d_2^2+m_2d_1d_2c_2\\ m_2d_2^2+m_2d_1d_2c_2 & m_2d_2^2\end{pmatrix}\begin{pmatrix}\ddot{\theta}_1\\ \ddot{\theta}_2\end{pmatrix}+$$

$$\begin{pmatrix} 0 & -m_2d_1d_2s_2 \\ m_2d_1d_2s_2 & 0 \end{pmatrix}\begin{pmatrix} \dot{\theta}_1^2 \\ \dot{\theta}_2^2 \end{pmatrix} + \begin{pmatrix} -m_2d_1d_2s_2 & -m_2d_1d_2s_2 \\ 0 & 0 \end{pmatrix}\begin{pmatrix} \dot{\theta}_1\dot{\theta}_2 \\ \dot{\theta}_2\dot{\theta}_1 \end{pmatrix} +$$

$$\begin{pmatrix} (m_1+m_2)gd_1s_1+m_2gd_2s_{12} \\ m_2gd_2s_{12} \end{pmatrix}$$

2. 牛顿–欧拉法

解：设质量 m_1 和 m_2 的位置矢量为$\boldsymbol{r}_1$ 和$\boldsymbol{r}_2$，那么

$$\begin{cases} \boldsymbol{r}_1 = d_1c_1\boldsymbol{i} + d_1s_1\boldsymbol{j} \\ \boldsymbol{r}_2 = \boldsymbol{r}_1 + d_2c_{12}\boldsymbol{i} + d_2s_{12}\boldsymbol{j} = (d_1c_1 + d_2c_{12})\boldsymbol{i} + (d_1s_1 + d_2s_{12})\boldsymbol{j} \end{cases}$$

对位置矢量进行求导，可以得到速度 $\boldsymbol{v}_1$ 和 $\boldsymbol{v}_2$

$$\begin{cases} v_1 = \dfrac{\mathrm{d}\boldsymbol{r}_1}{\mathrm{d}t} = -d_1s_1\dot{\theta}_1\boldsymbol{i} + d_1c_1\dot{\theta}_1\boldsymbol{j} \\ v_2 = \dfrac{\mathrm{d}\boldsymbol{r}_2}{\mathrm{d}t} = [-d_1s_1\dot{\theta}_1 - d_2s_{12}(\dot{\theta}_1+\dot{\theta}_2)]\boldsymbol{i} + [d_1c_1\dot{\theta}_1 - d_2c_{12}(\dot{\theta}_1+\dot{\theta}_2)]\boldsymbol{j} \end{cases}$$

对速度平方，得到

$$\begin{cases} v_1^2 = d_1^2\dot{\theta}_1^2 \\ v_2^2 = d_1^2\dot{\theta}_1^2 + d_2^2(\dot{\theta}_1^2 + \dot{\theta}_2^2 + 2\dot{\theta}_1\dot{\theta}_2) + 2d_1d_2c_2(\dot{\theta}_1^2 + \dot{\theta}_1\dot{\theta}_2) \end{cases}$$

所以，系统的动能为

$$\begin{aligned} K &= \frac{1}{2}m_1v_1^2 + \frac{1}{2}m_2v_2^2 \\ &= \frac{1}{2}(m_1+m_2)d_1^2\dot{\theta}_1^2 + \frac{1}{2}m_2d_2^2(\dot{\theta}_1^2 + \dot{\theta}_2^2 + 2\dot{\theta}_1\dot{\theta}_2) + m_2d_1d_2c_2(\dot{\theta}_1^2 + \dot{\theta}_1\dot{\theta}_2) \end{aligned}$$

同样，还是以坐标原点为零势能点，系统的势能为

$$P = -m_1g\boldsymbol{r}_1 - m_2g\boldsymbol{r}_2 = -(m_1+m_2)gd_1c_1 - m_2gd_2c_{12}$$

系统能耗为

$$D = \frac{1}{2}C_1\dot{\theta}_1^2 + \frac{1}{2}C_2\dot{\theta}_2^2$$

外力矩所做的功为

$$W = \tau_1\theta_1 + \tau_2\theta_2$$

根据上述求得 K、P、D 和 W，再结合牛顿–欧拉方程和广义坐标 $q_i=\theta_1$ 或 $q_i=\theta_2$，有

$$\begin{cases}\dfrac{\partial K}{\partial \dot{\theta}_1}=(m_1+m_2)d_1^2\dot{\theta}_1+m_2d_2^2(\dot{\theta}_1+\dot{\theta}_2)+2m_2d_1d_2c_2\dot{\theta}_1+m_2d_1d_2c_2\dot{\theta}_2\\ \dfrac{\mathrm{d}}{\mathrm{d}t}\dfrac{\partial K}{\partial \dot{\theta}_1}=[(m_1+m_2)d_1^2+m_2d_2^2+2m_2d_1d_2c_2]\ddot{\theta}_1+[m_2d_2^2+m_2d_1d_2c_2]\ddot{\theta}_2-\\ \qquad 2m_2d_1d_2s_2\dot{\theta}_1\dot{\theta}_2-m_2d_1d_2s_2\dot{\theta}_2^2\\ \dfrac{\partial K}{\partial \theta_1}=0\\ \dfrac{\partial D}{\partial \dot{\theta}_1}=C_1\dot{\theta}_1\\ \dfrac{\partial P}{\partial \theta_1}=m_2d_1d_2s_2(\dot{\theta}_1^2+\dot{\theta}_1\dot{\theta}_2)+m_2gd_2s_{12}\\ \dfrac{\partial W}{\partial \theta_1}=\tau_1\end{cases}$$

将上述所求的结果代入牛顿-欧拉方程，可得

$$\tau_1=[(m_1+m_2)d_1^2+m_2d_2^2+2m_2d_1d_2c_2]\ddot{\theta}_1+[m_2d_2^2+m_2d_1d_2c_2]\ddot{\theta}_2-$$
$$2m_2d_1d_2s_2\dot{\theta}_1\dot{\theta}_2-m_2d_1d_2s_2\dot{\theta}_2^2+(m_1+m_2)gd_1s_1+m_2gd_2s_{12}+C_1\dot{\theta}_1$$

同理

$$\begin{cases}\dfrac{\partial K}{\partial \dot{\theta}_2}=m_2d_2^2(\dot{\theta}_1+\dot{\theta}_2)+m_2d_1d_2c_2\dot{\theta}_1\\ \dfrac{\mathrm{d}}{\mathrm{d}t}\dfrac{\partial K}{\partial \dot{\theta}_2}=m_2d_2^2(\ddot{\theta}_1+\ddot{\theta}_2)+m_2d_1d_2c_2\ddot{\theta}_1-m_2d_1d_2s_2\dot{\theta}_1\dot{\theta}_2\\ \dfrac{\partial K}{\partial \theta_2}=-m_2d_1d_2s_2(\dot{\theta}_1^2+\dot{\theta}_1\dot{\theta}_2)\\ \dfrac{\partial D}{\partial \dot{\theta}_2}=C_2\dot{\theta}_1\\ \dfrac{\partial P}{\partial \theta_2}=m_2gd_2s_{12}\\ \dfrac{\partial W}{\partial \theta_2}=\tau_2\end{cases}$$

所以

$$\tau_2=(m_2d_2^2+m_2d_1d_2c_2)\ddot{\theta}_1+m_2d_2^2\ddot{\theta}_2+m_2d_1d_2s_2\dot{\theta}_1^2+m_2gd_2s_{12}+C_2\dot{\theta}_2$$

3. 总结

比较拉格朗日法和牛顿-欧拉法，虽然最终动力学方程的表达形式不一样，但只要将其进行简单的化简，如果不考虑摩擦的损耗，会发现它们的表达完全一致。

4.4 协作机器人动力学建模实例

本节以遨博 i5 协作机器人为例，结合以上章节对协作机器人正、逆运动学和雅可比矩阵等的建模分析，将对协作机器人的动力学建模进行介绍。

1. 连杆速度的计算

设 6 自由度协作机器人各个关节的质量为 $m_i(i=1,2,\cdots,6)$。对于任一连杆 i，其上任意一点的位置为

$$^0\boldsymbol{r} = \boldsymbol{T}_i{}^i\boldsymbol{r} \tag{4-26}$$

其中，$^0\boldsymbol{r}$ 表示任意一点在基坐标系下的位置矢量，$^i\boldsymbol{r}$ 表示在第 i 个关节坐标系下的位置矢量，$\boldsymbol{T}_i$ 表示第 i 个关节坐标系相对于基坐标系的齐次变换矩阵。

对于机器人/机械臂的连杆 i，其上任意一点处的速度为

$$v = \frac{\mathrm{d}r}{\mathrm{d}t} = \left(\frac{\partial T_i}{\partial q_1}\dot{q}_1 + \frac{\partial T_i}{\partial q_2}\dot{q}_2 + \cdots + \frac{\partial T_i}{\partial q_i}\dot{q}_i\right)^i r = \left(\sum_{j=1}^{i}\frac{\partial T_i}{\partial q_j}\dot{q}_j\right){}^i r \tag{4-27}$$

对于机器人/机械臂的连杆 i，其上任意一点处的加速度为

$$a = \dot{v} = \frac{\mathrm{d}^2 r}{\mathrm{d}t^2} = \begin{pmatrix} \left(\frac{\partial^2 T_i}{\partial q_1^2}\dot{q}_1 + \frac{\partial^2 T_i}{\partial q_1 \partial q_2}\dot{q}_2 + \cdots + \frac{\partial^2 T_i}{\partial q_1 \partial q_i}\dot{q}_i\right)\dot{q}_1 + \frac{\partial T_i}{\partial q_1}\ddot{q}_1 + \\ \left(\frac{\partial^2 T_i}{\partial q_2 \partial q_1}\dot{q}_1 + \frac{\partial^2 T_i}{\partial q_2^2}\dot{q}_2 + \cdots + \frac{\partial^2 T_i}{\partial q_2 \partial q_i}\dot{q}_i\right)\dot{q}_2 + \frac{\partial T_i}{\partial q_2}\ddot{q}_2 + \\ \cdots + \\ \left(\frac{\partial^2 T_i}{\partial q_i \partial q_1}\dot{q}_1 + \frac{\partial^2 T_i}{\partial q_i \partial q_2}\dot{q}_2 + \cdots + \frac{\partial^2 T_i}{\partial^2 q_i}\dot{q}_i\right)\dot{q}_i + \frac{\partial T_i}{\partial q_i}\ddot{q}_i \end{pmatrix}{}^i r$$

$$= \left(\sum_{j=1}^{i}\sum_{k=1}^{i}\frac{\partial^2 T_i}{\partial q_j \partial q_k}\dot{q}_j\dot{q}_k\right){}^i r + \left(\sum_{j=1}^{i}\frac{\partial T_i}{\partial q_j}\ddot{q}_j\right){}^i r \tag{4-28}$$

同理，对于机器人/机械臂的连杆 i，其上任意一点处的速度的平方为

$$v^2 = \left(\frac{\mathrm{d}r}{\mathrm{d}t}\right)^2 = \dot{r}\cdot\dot{r} = \mathrm{Trace}(\dot{r}\cdot\dot{r}^{\mathrm{T}}) \tag{4-29}$$

整理化简式（4-29），可得到式（4-30）。

$$v^2 = \mathrm{Trace}\left(\left(\sum_{j=1}^{i}\frac{\partial T_i}{\partial q_j}\dot{q}_j\right){}^i r\left(\left(\sum_{k=1}^{i}\frac{\partial T_i}{\partial q_k}\dot{q}_k\right){}^i r\right)^{\mathrm{T}}\right)$$

$$= \mathrm{Trace}\left(\sum_{j=1}^{i}\sum_{k=1}^{i}\frac{\partial T_i}{\partial q_j}{}^i r({}^i r)^{\mathrm{T}}\frac{\partial T_i^{\mathrm{T}}}{\partial q_k}\dot{q}_j\dot{q}_k\right) \tag{4-30}$$

Trace 函数表示的是矩阵的迹，即求方阵对角线元素之和。

2. 系统动能的计算

对任意机器人/机械臂连杆 i 上的位置矢量 ${}^i\boldsymbol{r}$，它的动能为

$$\mathrm{d}K_i = \frac{1}{2}\mathrm{Trace}\left[\sum_{j=1}^{i}\sum_{k=1}^{i}\frac{\partial T_i}{\partial q_j}({}^i r\mathrm{d}m({}^i r)^{\mathrm{T}})\frac{\partial T_i^{\mathrm{T}}}{\partial q_k}\dot{q}_j\dot{q}_k\right] \tag{4-31}$$

对式（4-31）等号两边积分，可得连杆 i 的动能为

$$K_i = \int_i \mathrm{d}K_i = \frac{1}{2}\mathrm{Trace}\left[\sum_{j=1}^{i}\sum_{k=1}^{i}\frac{\partial T_i}{\partial q_j}I_i\frac{\partial T_i^{\mathrm{T}}}{\partial q_k}\dot{q}_j\dot{q}_k\right] \tag{4-32}$$

其中，$\boldsymbol{I}_i = \int_i {}^i r\mathrm{d}m({}^i r)^{\mathrm{T}}$，将其称之为连杆 i 的伪惯性矩阵。

$$I_i = \int_i {}^i r({}^i r)^{\mathrm{T}}\mathrm{d}m = \begin{bmatrix} \int {}^i x^2\mathrm{d}m & \int {}^i x{}^i y\mathrm{d}m & \int {}^i x{}^i z\mathrm{d}m & \int {}^i x\mathrm{d}m \\ \int {}^i x{}^i y\mathrm{d}m & \int {}^i y^2\mathrm{d}m & \int {}^i y{}^i z\mathrm{d}m & \int {}^i y\mathrm{d}m \\ \int {}^i x{}^i z\mathrm{d}m & \int {}^i y{}^i z\mathrm{d}m & \int {}^i z^2\mathrm{d}m & \int {}^i z\mathrm{d}m \\ \int {}^i x\mathrm{d}m & \int {}^i y\mathrm{d}m & \int {}^i z\mathrm{d}m & \int \mathrm{d}m \end{bmatrix} \tag{4-33}$$

其中，$I_{xx} = \int(y^2 + z^2)\mathrm{d}m$，$I_{yy} = \int(x^2 + z^2)\mathrm{d}m$，$I_{zz} = \int(x^2 + y^2)\mathrm{d}m$，$I_{xy} = I_{yx} = \int xy\mathrm{d}m$，$I_{xz} = I_{zx} = \int xz\mathrm{d}m$，$I_{yz} = I_{zy} = \int yz\mathrm{d}m$，$mx = \int x\mathrm{d}m$，$my = \int y\mathrm{d}m$，$mz = \int z\mathrm{d}m$。

令

$$\int x^2\mathrm{d}m = -\frac{1}{2}\int(y^2 + z^2)\mathrm{d}m + \frac{1}{2}\int(x^2 + z^2)\mathrm{d}m + \frac{1}{2}\int(x^2 + y^2)\mathrm{d}m$$

$$= -\frac{(I_{xx} + I_{yy} + I_{zz})}{2} \tag{4-34}$$

$$\int y^2\mathrm{d}m = \frac{1}{2}\int(y^2 + z^2)\mathrm{d}m - \frac{1}{2}\int(x^2 + z^2)\mathrm{d}m + \frac{1}{2}\int(x^2 + y^2)\mathrm{d}m$$

$$= \frac{(I_{xx} - I_{yy} + I_{zz})}{2} \tag{4-35}$$

$$\int z^2 \mathrm{d}m = \frac{1}{2}\int (y^2+z^2)\mathrm{d}m + \frac{1}{2}\int (x^2+z^2)\mathrm{d}m - \frac{1}{2}\int (x^2+y^2)\mathrm{d}m = \frac{(I_{xx}+I_{yy}-I_{zz})}{2} \tag{4-36}$$

则伪惯性矩阵表示为

$$\boldsymbol{I}_i = \begin{bmatrix} \frac{-I_{ixx}+I_{iyy}+I_{izz}}{2} & I_{ixy} & I_{ixz} & m_i\bar{x}_i \\ I_{ixy} & \frac{I_{ixx}-I_{iyy}+I_{izz}}{2} & I_{iyz} & m_i\bar{y}_i \\ I_{ixz} & I_{iyz} & \frac{I_{ixx}+I_{iyy}-I_{izz}}{2} & m_i\bar{z}_i \\ m_i\bar{x}_i & m_i\bar{y}_i & m_i\bar{z}_i & m_i \end{bmatrix} \tag{4-37}$$

综上所述，拥有 n 个连杆的机器人/机械臂的总动能为

$$K = \sum_{i}^{n} K_i = \frac{1}{2}\sum_{i=1}^{n} \mathrm{Trace}\left[\sum_{j=1}^{i}\sum_{k=1}^{i} \frac{\partial T_i}{\partial q_j} I_i \frac{\partial T_i^{\mathrm{T}}}{\partial q_k}\dot{q}_j\dot{q}_k\right] \tag{4-38}$$

如果机器人/机械臂在运动过程中具有转动惯量，则传动元件的总动能可表示为

$$K_a = \frac{1}{2}\sum_{i=1}^{n} I_{ai}\dot{q}_i^2 \tag{4-39}$$

连杆上传动部件的动能等于传动部件的转动惯量 I_{ai} 乘以关节速度 $\dot{q}_i$ 的平方即可。

最终，得到一般情况下机器人/机械臂系统的总动能为

$$K_t = \sum_{i}^{n} K_i + K_a = \frac{1}{2}\sum_{i=1}^{n} \mathrm{Trace}\left[\sum_{j=1}^{i}\sum_{k=1}^{i} \frac{\partial T_i}{\partial q_j} I_i \frac{\partial T_i^{\mathrm{T}}}{\partial q_k}\dot{q}_j\dot{q}_k\right] + \frac{1}{2}\sum_{i=1}^{n} I_{ai}\dot{q}_i^2 \tag{4-40}$$

3. 系统势能的计算

假设机器人连杆上任意一点 ${}^i r$ 的质量单元为 $\mathrm{d}m$，则该点的势能为

$$\mathrm{d}P_i = -\mathrm{d}m\boldsymbol{g}^{\mathrm{T}\,i}r = -\boldsymbol{g}^{\mathrm{T}} T_i{}^i r\mathrm{d}m \tag{4-41}$$

式中，$\boldsymbol{g}^{\mathrm{T}} = [g_x \quad g_y \quad g_z \quad 1]$，注意 g_x、g_y 和 g_z 是重力加速度分别在坐标轴 x、y 和 z 方向上的分量。

设基坐标所处的 xOy 平面为零势能面，坐标系竖直朝下的轴对应重力加速度的方向。所以竖直方向的轴朝上所对应的是重力加速度的反方向，可得 $\boldsymbol{g}^{\mathrm{T}} = [0 \quad 0 \quad g \quad 1]$。

根据式（4-41），对其等号两边同时积分，可得到机器人连杆 i 的总势能为

$$P_i = \int \mathrm{d}P_i = \int -g^{\mathrm{T}}T_i{}^i r\mathrm{d}m = g^{\mathrm{T}}T_i\int {}^i r\mathrm{d}m = -m_i g^{\mathrm{T}}T_i{}^i r_i \tag{4-42}$$

式中，$T_i{}^i r_i$ 是连杆 i 的质心在基坐标系下的质心向量。

所以，整个机器人系统的总势能为

$$P = \sum_{i=1}^{n} P_i = -\sum_{i=1}^{n} m_i g^{\mathrm{T}} T_i{}^i r_i \tag{4-43}$$

4. 动力学方程的计算

根据拉格朗日方程，有

$$L = K_t - P = \frac{1}{2}\sum_{i=1}^{n}\sum_{j=1}^{i}\sum_{k=1}^{i}\mathrm{Trace}\left(\frac{\partial T_i}{\partial q_j}I_i\frac{\partial T_i^{\mathrm{T}}}{\partial q_k}\right)\dot{q}_j\dot{q}_k + \frac{1}{2}\sum_{i=1}^{n}I_{ai}\dot{q}_i^2 + \sum_{i=1}^{n}m_i g^{\mathrm{T}}T_i{}^i r \tag{4-44}$$

然后对拉格朗日方程求偏导，可得

$$\begin{cases} \dfrac{\partial L}{\partial \dot{q}_p} = \dfrac{1}{2}\sum\limits_{i=1}^{n}\sum\limits_{k=1}^{i}\mathrm{Trace}\left(\dfrac{\partial T_i}{\partial q_p}I_i\dfrac{\partial T_i^{\mathrm{T}}}{\partial q_k}\right)\dot{q}_k + \dfrac{1}{2}\sum\limits_{i=1}^{n}\sum\limits_{j=1}^{i}\mathrm{Trace}\left(\dfrac{\partial T_i}{\partial q_j}I_i\dfrac{\partial T_i^{\mathrm{T}}}{\partial q_p}\right)\dot{q}_j + I_{ap}\dot{q}_p \\ \dfrac{\mathrm{d}}{\mathrm{d}t}\dfrac{\partial L}{\partial \dot{q}_p} = \sum\limits_{i=p}^{n}\sum\limits_{k=1}^{i}\mathrm{Trace}\left(\dfrac{\partial T_i}{\partial q_k}I_i\dfrac{\partial T_i^{\mathrm{T}}}{\partial q_p}\right)\ddot{q}_k + 2\sum\limits_{i=p}^{n}\sum\limits_{j=1}^{i}\sum\limits_{k=1}^{i}\mathrm{Trace}\left(\dfrac{\partial^2 T_i}{\partial q_j\partial q_k}I_i\dfrac{\partial T_i^{\mathrm{T}}}{\partial q_p}\right)\dot{q}_j\dot{q}_k + I_{ap}\ddot{q}_p \\ \dfrac{\partial L}{\partial q_p} = \sum\limits_{i=p}^{n}\sum\limits_{j=1}^{i}\sum\limits_{k=1}^{i}\mathrm{Trace}\left(\dfrac{\partial^2 T_i}{\partial q_p\partial q_j}I_i\dfrac{\partial T_i^{\mathrm{T}}}{\partial q_k}\right)\dot{q}_j\dot{q}_k + \sum\limits_{i=p}^{n}m_i g^{\mathrm{T}}\dfrac{\partial T_i}{\partial q_p}{}^i r_i \end{cases} \tag{4-45}$$

结合上述公式，根据拉格朗日法，可得到系统的动力学方程为

$$\begin{aligned} \tau_i &= \frac{\mathrm{d}}{\mathrm{d}t}\frac{\partial L}{\partial \dot{q}_p} - \frac{\partial L}{\partial q_p} \\ &= \sum_{j=i}^{n}\sum_{k=1}^{i}\mathrm{Trace}\left(\frac{\partial T_j}{\partial q_k}I_j\frac{\partial T_j^{\mathrm{T}}}{\partial q_i}\right)\ddot{q}_k + \sum_{j=i}^{n}\sum_{k=1}^{j}\sum_{m=1}^{j}\mathrm{Trace}\left(\frac{\partial^2 T_i}{\partial q_k\partial q_m}I_j\frac{\partial T_j^{\mathrm{T}}}{\partial q_p}\right)\dot{q}_k\dot{q}_m + \\ &\quad I_{ai}\ddot{q}_i - \sum_{j=1}^{n}m_j g^{\mathrm{T}}\frac{\partial T_i}{\partial q_i}{}^i r_i \\ &= \sum_{j=1}^{n}D_{ij}\ddot{q}_j + I_{ai}\ddot{q}_i + \sum_{j=1}^{n}\sum_{k=1}^{n}D_{ijk}\dot{q}_j\dot{q}_k + D_i \end{aligned} \tag{4-46}$$

式中，系统的惯量 D_{ij}、向心加速度/科氏加速度系数 D_{ijk} 及重力项 D_i 分别如下

$$\begin{cases} D_{ij} = \sum_{p=\max\{i,j\}}^{6} \mathrm{Trace}\left(\dfrac{\partial T_p}{\partial q_j} I_p \dfrac{\partial T_p^{\mathrm{T}}}{\partial q_i}\right) \\ D_{ijk} = \sum_{p=\max\{i,j,k\}}^{6} \mathrm{Trace}\left(\dfrac{\partial^2 T_p}{\partial q_j \partial q_k} I_p \dfrac{\partial T_p^{\mathrm{T}}}{\partial q_i}\right) \\ D_i = \sum_{p=i}^{6} \left(-m_p g^{\mathrm{T}} \dfrac{\partial T_p}{\partial q_i} {}^p r_p\right) \end{cases} \tag{4-47}$$

至此，本节根据拉格朗日法推导出了协作机器人的动力学方程，得到了关节扭矩和机器人关节加速度、关节速度、关节位置的映射关系。所以，可根据机器人属性和关节信息得到机器人需要的关节扭矩，从而进行机器人逆动力学控制研究；也可根据关节扭矩，求解机器人关节角等信息的正动力学控制。

4.5 本章小结

本章介绍了协作机器人的微分运动和动力学分析，首先引出微分运动及雅可比矩阵的概念，然后以此为基础介绍了两种动力学方程的建立方法。这些内容是对协作机器人控制及应用的基础。

4.1 节阐述了机器人位置和姿态的微小变化问题，首先讨论了机器人的微分运动（包括微分平移和微分旋转运动），可以用它来推导不同部件之间的速度关系。依据定义，微分运动就是微小的运动。所以机器人关节做微量运动时，机器人手的坐标系也会产生微量运动。

4.2 节阐述了在一个很小的时间段内测量或计算该微分运动，就能得到速度关系，得到机器人关节速度与末端坐标系速度之间的映射。当计算得到机器人末端坐标系的微分运动时，通过雅可比矩阵，可以计算得到各关节的微分运动，能够解决逆运动学及速度控制的问题。因此，可以说雅可比矩阵是机器人关节微分运动与末端微分运动之间的映射。本节还介绍了几种常见的求解雅可比矩阵的方法。

4.3 节阐述了协作机器人的系统是冗余的、多变量的和非线性的系统，也是个复杂的动力学耦合系统。分析协作机器人的动态数学模型时，主要有牛顿-欧拉方程和拉格朗日方程两种理论。牛顿-欧拉法需要从运动学的角度出发求得加速度，并消去各内作用力；拉格朗日法只需要求速度而不必求内作用力。

4.4 节以遨博 i5 协作机器人为例，结合上文对协作机器人的正、逆运动学和雅可比矩阵等的建模分析，进行了协作机器人的动力学建模；介绍了协作机器人动力学的动态特性和静态特性。

思考与练习

1. 已知 ${}^{A}_{B}\boldsymbol{T}=\begin{bmatrix}0.866 & -0.500 & 0.000 & 3\\ 0.500 & 0.866 & 0.000 & 4\\ 0.000 & 0.000 & 1.000 & 5\\ 0 & 0 & 0 & 1\end{bmatrix}$

如果在坐标系｛A｝原点的速度矢量为 ${}^{A}v=[1,2,-2,-1,3,-3]$，试求参考点在坐标系｛B｝原点的速度矢量 ${}^{A}_{B}v$。

2. 利用拉格朗日法建立图 4-2 所示平面 2 连杆机构的动力学方程，把每个连杆当作均匀圆柱，每个连杆的质心位于该连杆中心，转动惯量分别为 I_1 和 I_2，其他条件不变。

3. 求解如图 3-5 所示的 3R 机构的雅可比矩阵 $\boldsymbol{J}(q)$，并求解关节角分别为 $\theta=[0.157,0.298,-0.5]$ 和 $\theta=[-1.57,0.876,-2.2]$ 时对应的数值解。

4. 根据 3R 机构的雅可比矩阵 $\boldsymbol{J}(q)$，根据方程 $\begin{bmatrix}\dot{X}\\ \dot{Y}\\ \dot{\theta}\end{bmatrix}=\boldsymbol{J}\begin{bmatrix}\dot{\theta}_1\\ \dot{\theta}_2\\ \dot{\theta}_3\end{bmatrix}$

确定 $\boldsymbol{J}^{-1}$ 和 $\dot{\boldsymbol{J}}$，求解逆向速度运动学和正向加速度运动学。

5. 写出空间 2R 机构（图 4-3）操作空间的动力学方程。

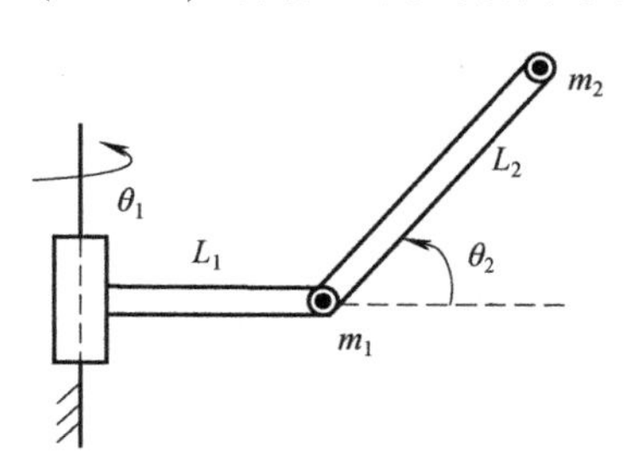

图 4-3　空间 2R 机构示意

6. 利用拉格朗日法建立如图 4-4 所示系统的动力学方程。

7. 图 4-5 所示为曲柄滑块机构的示意图，请试图建立连杆坐标系，并采用牛顿-欧拉法建立其动力学方程。

8. 目前，绝大多数机器人都是基于位置控制的，但只要求对位置控制是远远不够的，越来越多的场合要求机器人还要有效地控制力的输出，如打磨、抛光、装配等工作。所以在控制领域，必须引入力控。常见的力控方式主要采用阻抗控制，阻抗控制不直接控制机械臂末端与环境的接触力，而是通过分析“机械臂末端与环境之间的动态关系”，将力控制和位置控制综合起来考虑。

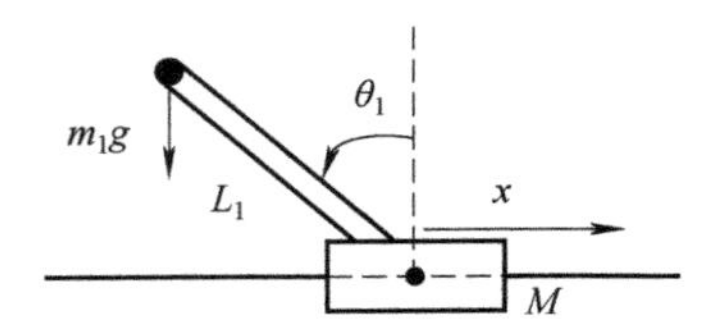

图 4-4　2 自由度机器人系统

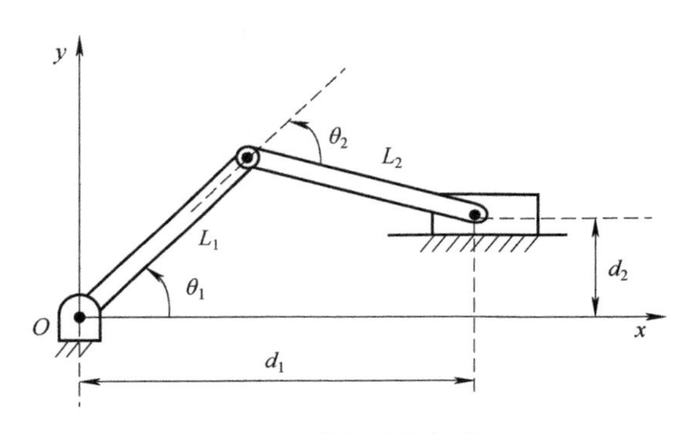

图 4-5　曲柄滑块机构

根据关节空间拉格朗日动力学方程的规范形式

$$M(qc)\ddot{q} + C(q,\dot{q})\dot{q} + N(q) = J^{\mathrm{T}}(q)F_e + \boldsymbol{\tau}$$

将其转换为操作空间的动力学方程

$$\hat{M}(q)\ddot{x} + \hat{C}(q,\dot{q})\dot{x} + \hat{N}(q) = F_e + J^{-\mathrm{T}}\boldsymbol{\tau}$$

根据二阶微分形式的阻抗控制方程

$$H\ddot{x} + D\dot{x} + Kx = F_e$$

请详细阐述上述方程的含义及各参数的意义，推导出阻抗控制器的系统动力学方程，即力矩 $\boldsymbol{\tau}$ 相对于误差变量 $\ddot{x}$ 、$\dot{x}$ 和 x 的映射关系，并进行稳定性分析。

第 5 章　协作机器人拖动示教与编程

随着机器人技术的不断进步，协作机器人在工业生产中发挥着越来越重要的作用。目前，协作机器人的示教可以像传统工业机器人那样依赖于示教盒操作实现，但该方式示教过程烦琐、效率低，且对操作者的技术水平要求较高。协作机器人的拖动示教，就是操作人员直接拿着机器人的末端拖动机器人，实现“手把手”的示教。较之采用示教盒示教，拖动示教更为灵活直观，对操作者的要求也降低很多。本章将主要围绕协作机器人拖动示教的原理和应用展开介绍，对其中涉及的坐标系设定和轨迹规划等内容进行阐述，并以具体的实例对协作机器人的示教过程加以说明。

5.1　协作机器人拖动示教简介

协作机器人作为与人协同工作的一类新型工业机器人，使其顺利工作的重要前提步骤是机器人的示教。以往，针对工业机器人的示教工作主要依赖于有经验的技术工人操作示教盒完成。然而，这种方式存在一定的缺陷，如示教效率较低、示教过程比较复杂，并且需要操作人员掌握一定的机器人使用知识和编程经验。特别是在对运动轨迹较为复杂的工艺进行示教时，需要设置非常多的路点和轨迹，如机器人进行板材表面喷漆、无缝焊接等作业，编程示教工作比较烦琐，耗时较长，降低了协作机器人的工作效率，在一定程度上与协作机器人操作容易、部署周期短等特点相违背。因此，新的拖动示教技术应运而生。机器人的示教方法分类如图 5-1 所示。

拖动示教，又称拖拽示教、直接示教，就是操作人员可以直接拖动机器人各关节，使机器人末端在操作人员施加的外力拖动下，经过理想的轨迹运动到目标路点，整个运动过程由机器人记录下来，进而实现该运动的复现（图 5-2)。拖动示教操作灵活、更加直观，操作者可以直接高效地使机器人记录下工作点位，大大提高了示教灵活性，节省了宝贵的生产时间。拖动示教弥补了传统示教方式的不足，是协作机器人中一项发展势头较好、应用前景良好的技术。

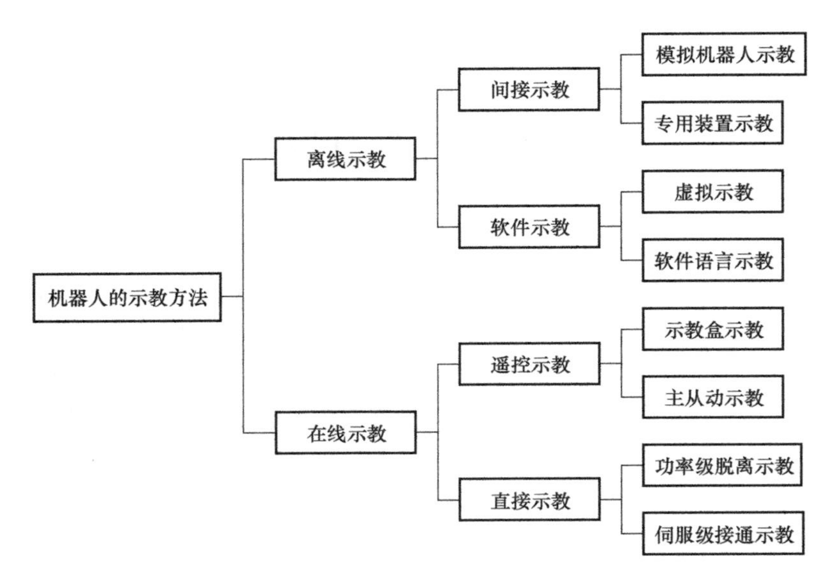

图 5-1　机器人的示教方法分类

图 5-2　拖动协作机器人进行示教

目前，拖动示教的实现方式主要分为两类：一类是基于多轴力矩传感器的伺服级接通示教，另一类是基于零力控制的功率级脱离示教。

伺服级接通示教需要在协作机器人末端加装多轴力矩传感器，进行拖动示教时要求机器人驱动器工作在位置模式。通过力矩传感器检测操作人员施加给机器人末端的力，再经过坐标变换，得到机器人末端运动的方向，并转化为机器人各个关节的运动方向，加以滤波调节，就可以实现操作人员在机器人可达空间范围内自由拖动机器人的效果。这种方法不需要计算机器人的动力学模型，操作者只需要提供力的方向，无须克服惯性力和摩擦力，示教劳动强度较小，适用于各种重量与结构的机器人，功能实现简单，运动稳定性较好。但这种方法也需要额外配置力矩传感器，增加了机器人的成本，传感器的性能还会直接影响机器人的示教效果，并且该方法只支持在安装了传感器的关节进行拖动示教，实现方式不够灵活。

功率级脱离示教不需要外加传感器，进行拖动示教时要求机器人驱动器工作在电流转矩模式（图 5-3）。根据机器人当前各关节位置计算出施加的力矩，以补偿机器人的重力；再根据机器人的运动方向补偿关节的摩擦力。这时操作人员只需要提供机器人运动的惯性力，即可拖动机器人，达到拖动示教的效果。这种方法不需要外加传感器，操作人员可以操作单独任何一个关节运动，成本较低，操作灵活，是目前实现拖动示教的主流方案；但该方法需要使用 CAD 的动力学参数，以及事先建立好的动力学模型，才可能达到较好的示教效果。另外，拖动示教时操作人员感受到的机器人力反馈一般，对于拖动力度的把控难度较大，形成的运动轨迹不够精确。

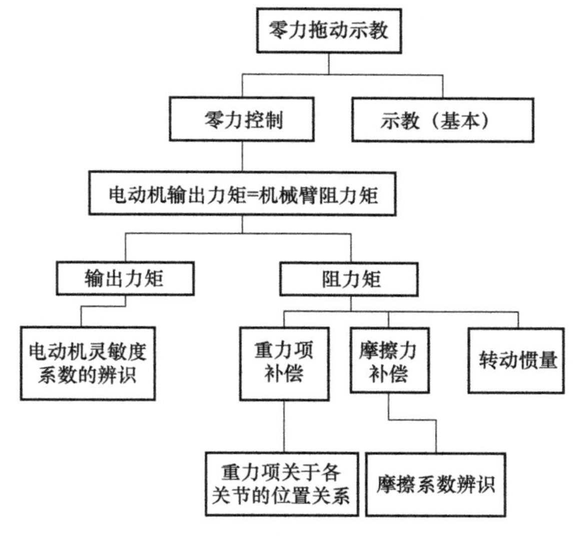

图 5-3　功率级脱离示教原理

5.2　协作机器人的坐标系设定与轨迹规划

与工业机器人类似，要实现协作机器人的拖动示教、编程控制等功能，必须先对其进行坐标系的设定，基于设定完善和准确的坐标系，方能准确地描述协作机器人的位置、姿态、运动状态等信息。机器人在设定好的坐标系下，要从初始状态达到目标状态，可采用多种方式进行运动。机器人在运动过程中的位移、速度和加速度等运动参数，需要根据作业任务的要求，在关节空间或笛卡儿空间中计算出满足目标的预期值，这一过程与轨迹规划密切相关。本节将重点介绍协作机器人坐标系设定与轨迹规划的基础知识。

5.2.1 协作机器人坐标系设定

协作机器人是一个较为复杂的运动系统，它的每一个动作都是各个零部件共同作用的结果。为了系统地、精确地描述各个零部件的作用和它们之间的关系，需要引入一套坐标系统。与工业机器人相似，协作机器人作业相关的坐标系主要包括世界坐标系、基坐标系、关节坐标系、法兰坐标系（末端坐标系）、工具坐标系、工作台坐标系（用户坐标系）和工件坐标系（目标坐标系）等。

世界坐标系是在协作机器人作业现场环境中设置的相对于地面固定的坐标系，它用来准确描述协作机器人在环境中的位置，一般情况下可以与协作机器人的基坐标系重合，在一些情况下也可以设置成不重合，如当环境中有两个及两个以上的协作机器人配合作业时，为了便于描述机器人群组的运动，可在现场建立一个相对于地面固定的公共坐标系，这一坐标系就是世界坐标系。世界坐标系一般是机器人示教时的首选坐标系。

基坐标系是建立在协作机器人基座上的坐标系，它一般由协作机器人的生产厂家设定，用户无法对其进行修改，它是描述协作机器人各关节坐标系及工具坐标系位姿的基准。基坐标系相当于告知协作机器人它的“根基”在哪里，不管机器人如何安装、如何移动，基坐标系一直与机器人基座保持位置一致。基坐标系是协作机器人内部坐标变换的基本坐标系。

图 5-4 所示为世界坐标系与机器人基坐标系的位置关系。其中，A 坐标系与 C 坐标系均为机器人的基坐标系，可以随机器人基座移动；B 为世界坐标系，相对地面固定。

关节坐标系建立在协作机器人各关节轴的位置，用来描述机器人各关节轴的旋转角度和位姿。若控制机器人末端从起点移动到期望位置，在关节坐标系下操作，可依次驱动各关节运动，从而引导机器人末端到达指定位置。关节坐标系一般在轴工作区域监控、在线示教等情形下用到。

法兰坐标系，又称末端坐标系，它位于机器人最后一轴末端的法兰中心，用来描述机器人运动系统的末端位置，相当于告知协作机器人它的“手”在哪里。一般协作机器人在作业时，我们主要关注的就是机器人末端，即法兰中心，在空间中所处的位置情况，以便观察机器人的运行是否到位。法兰坐标系如图 5-5 所示。

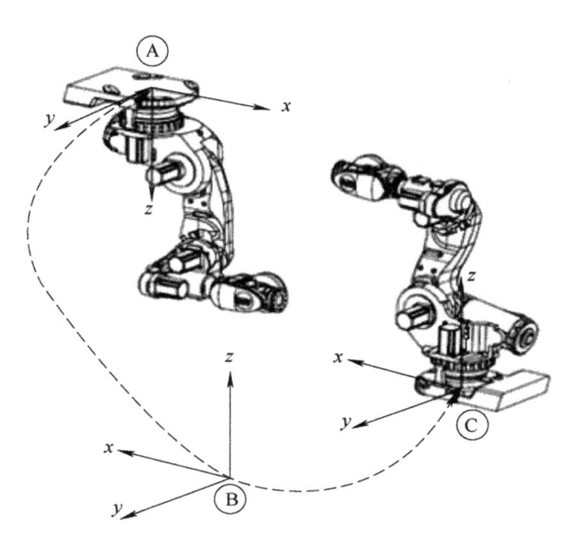

图 5-4　世界坐标系与机器人基坐标系的位置关系

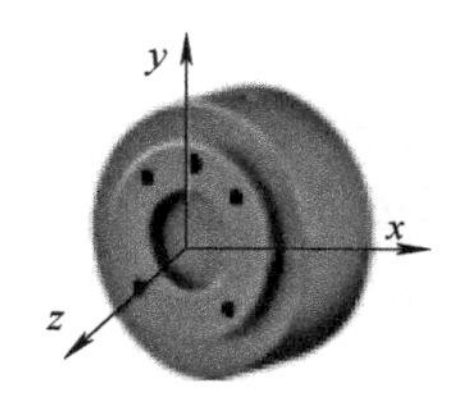

图 5-5　法兰坐标系

工具坐标系是为了描述末端执行器的运动，在末端执行器上建立的坐标系。该坐标系的建立与末端执行器的结构、作业类型及机器人末端的连接法兰有关，在机器人开始作业前，工具坐标系必须先进行设定；如果没有提前设定，则机器人编程系统默认把工具坐标系定位在与法兰坐标系重合的位置。

工作台坐标系，又称用户坐标系，是根据目标的作业任务要求，结合现场环境条件而设定的坐标系，它是描述目标对象运动的基准，一般是最适合对机器人的运动轨迹进行编程的坐标系。

工件坐标系，又称目标坐标系，它建立在目标工件上，根据作业任务要求，用于确定目标工件的起始位姿、最终位姿及运动轨迹。下面章节将会具体介绍协作机器人如何基于工件坐标系进行轨迹规划。

机器人各坐标系的位置关系如图 5-6 所示。

与机器人作业相关的坐标系设定及转化

由于基坐标系是协作机器人内部坐标变换的基本坐标系，大部分坐标信息都需要转化为基坐标系上的信息后才能进行对机器人的控制，下面主要介绍协作机器人基坐标系与其他坐标系间关系的建立方法。

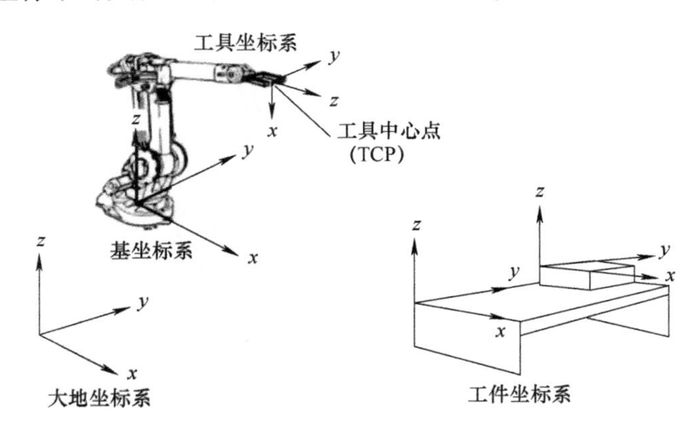

图 5-6 机器人各坐标系的位置关系

对于协作机器人而言，其世界坐标系、工作台坐标系及工件坐标系都可以通过示教的方法进行设定，一般可采用三点法或四点法。三点法就是用示教的方式确定在 x 方向上的第一点 x_1、第二点 x_2，以及在 y 方向上的第三点 y_1；连接 x_1 与 x_2，该连线即为 x 轴；通过第三点 y_1 向 x_1 与 x_2 的连线作垂线，该垂线即为 y 轴，两条线交点即为坐标系原点；再利用右手定则，就可以确定 z 轴。遨博 i5 协作机器人坐标系设定界面如图 5-7 所示。

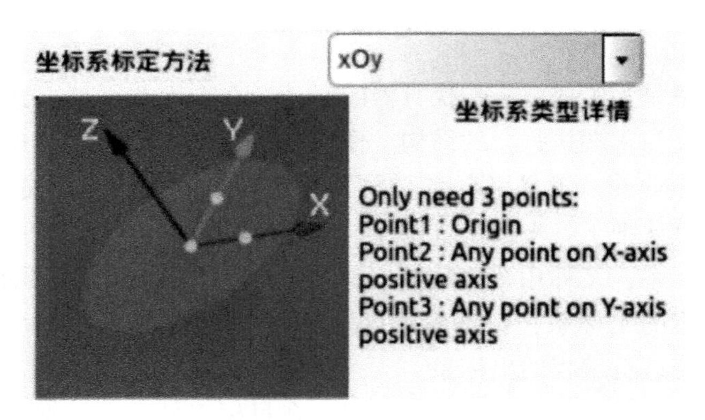

图 5-7 遨博 i5 协作机器人坐标系设定界面

协作机器人现场作业时，需要根据作业任务要求，确定工件坐标系相对于工作台坐标系的初始位置和姿态，然后为工件坐标系在初始位置和终止位置之间规划出合理的轨迹。因为工具坐标系{T}描述的是末端执行器相对于机器人基坐标系{B}的位置和姿态，因此需要把上述在工作台坐标系规划的轨迹坐标和姿

态变换到机器人基坐标系{B}中，其相应的坐标变换公式为

$$ {}_{G}^{B}\boldsymbol{T} = {}_{S}^{B}\boldsymbol{T}\ {}_{G}^{S}\boldsymbol{T} \tag{5-1}$$

式中，${}_{G}^{S}\boldsymbol{T}$ 为工件坐标系{G}相对于工作台坐标系{S}的位置和姿态，${}_{S}^{B}\boldsymbol{T}$ 为工作台坐标系{S}相对于机器人基坐标系{B}的位置和姿态，${}_{G}^{B}\boldsymbol{T}$ 为工件坐标系{G}相对于机器人基坐标系 {B} 的位置和姿态。

利用上述变换，可以把工件坐标系{G}相对于工作台坐标系{S}的轨迹变换到机器人基坐标系{B}中。由于在作业过程中工具坐标系{T}与工件坐标系{G}不一定重合，需要把表示工件坐标系{G}相对于机器人基坐标系{B}的位置和姿态${}_{G}^{B}\boldsymbol{T}$变换成相应的工具坐标系{T}相对于机器人基坐标系{B}的位置和姿态${}_{T}^{B}\boldsymbol{T}$。因为工件坐标系{G}和工具坐标系{T}之间的位姿关系也可以设定，即${}_{G}^{T}\boldsymbol{T}$已知。因为${}_{G}^{B}\boldsymbol{T}={}_{T}^{B}\boldsymbol{T}\ {}_{G}^{T}\boldsymbol{T}$，故

$$ {}_{T}^{B}\boldsymbol{T} = {}_{G}^{B}\boldsymbol{T}\ {}_{G}^{T}\boldsymbol{T}^{-1} \tag{5-2}$$

接下来的问题是如何由 ${}_{T}^{B}\boldsymbol{T}$ 确定机器人的关节角 $\boldsymbol{\theta}=[\theta_1 \quad \theta_2 \quad \cdots \quad \theta_n]^{\mathrm{T}}$ 的值。

因为工具坐标系{T}相对于法兰坐标系{F}的位姿 ${}_{T}^{F}\boldsymbol{T}$ 已知，法兰坐标系{F}相对于末端关节坐标系{n}的位姿 ${}_{T}^{n}\boldsymbol{T}$ 也已知，且 ${}_{T}^{B}\boldsymbol{T} = {}_{n}^{B}\boldsymbol{T}\ {}_{T}^{n}\boldsymbol{T} = {}_{n}^{0}\boldsymbol{T}\ {}_{T}^{n}\boldsymbol{T}$ ，故

$$ {}_{n}^{0}\boldsymbol{T} = {}_{n}^{B}\boldsymbol{T}\ {}_{T}^{n}\boldsymbol{T}^{-1} \tag{5-3}$$

由此可以求得末端关节坐标系{n}相对应的位姿，再把它作为已知量代入前面章节所述的机器人运动学方程的右端，利用运动学方程就可以逐点求出关节角 $\boldsymbol{\theta}=[\theta_1 \quad \theta_2 \quad \cdots \quad \theta_n]^{T}$。

在此基础上，才能应用轨迹规划的方法，完成机器人末端执行器作业的运动规划。

5.2.2　协作机器人的轨迹规划

所谓轨迹，是指机器人在运动过程中的位移、速度和加速度等运动参数。轨迹规划就是根据作业任务的要求，计算出满足目标的预期运动轨迹。协作机器人的轨迹规划，就是协作机器人根据任务要求从起始状态移动到某个规定的目标状态时，在运动学和动力学的基础上，讨论在关节空间或笛卡儿空间中，对机器人运动的时间、速度和经过的路点等进行设计的方法。按照规划所在空间的不同，协作机器人轨迹规划可以分为关节空间规划和笛卡儿空间规划，后者也称为操作空间规划或直角坐标空间规划。所谓关节空间是指机器人关节运动所构成的空间，而笛卡儿空间是指末端工具平移和旋转运动所构成的空间。

关节空间和笛卡儿空间这两种描述都很有用，但也都有其长处和不足。由于笛卡儿空间轨迹在常见的直角坐标空间中表示，因此非常直观，人们能很容易地看到机器人末端执行器的轨迹。然而，笛卡儿空间轨迹计算量大，需要较快的处理速度才能得到类似于关节空间轨迹的计算精度。此外，虽然在笛卡儿空间的轨迹非常直观，但难以确保不存在奇异点。例如，由于机器人在轨迹规划之前无法知晓其位姿，在笛卡儿空间规划的轨迹可能会穿过机器人本身，或轨迹到达工作空间之外。此外，两点间的运动轨迹有可能存在使机器人关节值发生突变的情况，这也是不可能实现的。对于上述问题，可以指定机器人必须通过的中间点来避开障碍物或其他奇异点。

关节空间的轨迹规划对应点到点的运动，即从一个点运动到另一个点，不考虑点与点之间的运动轨迹。假设协作机器人要从位置 A 运动到位置 B，机器人末端工具在位置 A 处的位姿为 $\boldsymbol{T}_{\mathrm{i}}$ ，在位置 B 处的位姿为 $\boldsymbol{T}_{\mathrm{f}}$ ，末端位姿 $\boldsymbol{T}_{\mathrm{i}}$ 和 $\boldsymbol{T}_{\mathrm{f}}$ 分别对应一组关节角 θ_{i} 和 θ_{f} 。关节空间的轨迹规划是对关节运动进行设计，使得关节从初始位置 P_{i} 运动到终止位置 P_{f} ，那么末端工具就从初始位置 A 运动到终止位置 B 了。

在进行机器人的轨迹规划时，起始点的关节角 θ_{i} 可通过关节角度传感器获得，终止点一般会给出期望末端位姿 $\boldsymbol{T}_{\mathrm{f}}$ ，根据运动学进行逆解，可计算出相应的终止关节角 θ_{f} 。关节从 θ_{i} 运动到 θ_{f} ，可用初始关节角和终止关节角的插值函数 $\theta(t)$ 来表示。若该插值函数 $\theta(t)$ 在初始时刻 $t_{\mathrm{i}}=0$ 的值 $\theta(t_{\mathrm{i}})=\theta_{\mathrm{i}}$ ，在终止时刻 $t_{\mathrm{f}}=T$ 的值为 $\theta(t_{\mathrm{i}})=\theta_{\mathrm{f}}$, T 为运动时间，则

$$\begin{cases}\theta(t_{\mathrm{i}})=\theta(0)=\theta_{\mathrm{i}}\\ \theta(t_{\mathrm{f}})=\theta(T)=\theta_{\mathrm{f}}\end{cases} \tag{5-4}$$

通常情况下，机器人或机械臂的运动可被分为自由运动和制御运动组成的片段。从初始点离开和即将到达目标点时的这两段运动为制御运动，中间的过程为自由运动。这样既保证了协作机器人运行时的安全，也是提高了到达目标点位的准确性，同时也在一定程度上保证了运行效率。

在自由运动过程中，由于附近没有障碍物，所以机器人可以快速移动；但在运动的开始和结束阶段，必须小心以避开障碍物。考虑机器人的实际性能，关节的运动轨迹必须光滑，否则会给机器人带来冲击，影响机器人的正常运行。由于三次多项式和五次多项式为二阶连续，足够满足机器人运动的需要，因此可用于构造插值函数 $\theta(t)$ 。

三次多项式插值除了对位置有约束，一般还在初始和终止时刻具有速度约束。机器人的初始速度 $\dot{\theta}(0)$ 是机器人的初始状态，为已知项。终止速度一般与

作业任务密切相关，如对于码垛而言，要求终止速度为 0。因此，除了式（5-4），平滑插值函数 $\theta(t)$ 还需要满足速度约束

$$\begin{cases}\dot{\theta}(t_{\mathrm{i}}) = \dot{\theta}(0) = \dot{\theta}_{\mathrm{i}} \\ \dot{\theta}(t_{\mathrm{f}}) = \dot{\theta}(T) = \dot{\theta}_{\mathrm{f}}\end{cases} \tag{5-5}$$

式（5-4）和式（5-5）总共包含 4 个约束。若采用三次多项式对机器人的关节运动进行插值，则关节角 $\theta(t)$ 可表示为

$$\theta(t) = a_0 + a_1 t + a_2 t^2 + a_3 t^3 \tag{5-6}$$

式中，$a_i(i=0,1,2,3)$ 为多项式待定系数，需根据约束方程式（5-4）和式（5-5）求解。

对式（5-6）进行微分，可得到关节速度表达式

$$\dot{\theta}(t) = a_1 + 2a_2 t + 3a_3 t^2 \tag{5-7}$$

结合约束方程式（5-4）和式（5-5），可得到四元一次方程组

$$\begin{cases}a_0 = \theta_i \\ a_0 + a_1 T + a_2 T^2 + a_3 T^3 = \theta_{\mathrm{f}} \\ a_1 = \dot{\theta}_{\mathrm{i}} \\ a_1 + 2a_2 T + 3a_3 T^2 = \dot{\theta}_{\mathrm{f}}\end{cases} \tag{5-8}$$

求解式方程组可得到各系数的值

$$\begin{cases}a_0 = \theta_{\mathrm{i}} \\ a_1 = \dot{\theta}_{\mathrm{i}} \\ a_2 = \dfrac{3}{T^2}(\theta_{\mathrm{f}} - \theta_{\mathrm{i}}) - \dfrac{2}{T}\dot{\theta}_{\mathrm{i}} - \dfrac{1}{T}\dot{\theta}_{\mathrm{f}} \\ a_3 = -\dfrac{2}{T^3}(\theta_{\mathrm{f}} - \theta_i) + \dfrac{1}{T^2}(\dot{\theta}_{\mathrm{i}} + \dot{\theta}_{\mathrm{f}})\end{cases} \tag{5-9}$$

将式（5-9）代回至式（5-6）中即可得到需要的平滑插值函数 $\theta(t)$。如果初始和终止的速度均为 0，则三次多项式插值的运动特性曲线如图 5-8 所示。从图中可看出：角位移和角速度曲线光滑；速度曲线为抛物线，从初始速度 0 逐渐加速，到达峰值后逐渐减速，最后在终止时刻回到 0，没有突变；角加速度曲线为直线，在初始时刻和终止时刻不为 0，因此在起动和最后制动时会带来较大的冲击。

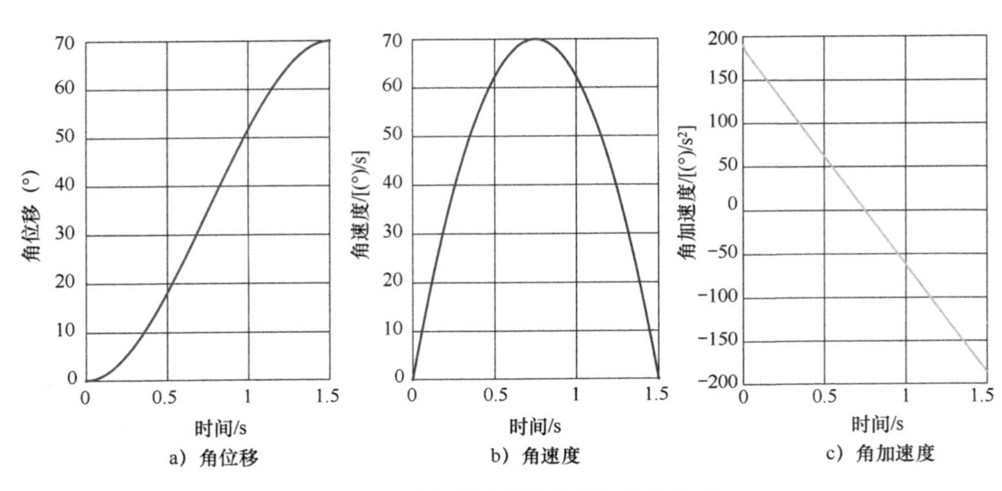

图 5-8　三次多项式插值的运动特性曲线

采用三次多项式对关节运动进行插值会给机器人的起动和制动带来冲击。为了消除这一现象，可采用更高阶的五次多项式进行插值，将加、减速的限制要求包含进来。若要约束初始和终止时刻的加速度，则有

$$\begin{cases}\ddot{\theta}(t_i) = \ddot{\theta}(0) = \ddot{\theta}_i \\ \ddot{\theta}(t_f) = \ddot{\theta}(T) = \ddot{\theta}_f\end{cases} \tag{5-10}$$

采用五次多项式进行插值可满足上述要求，即

$$\theta(t) = a_0 + a_1 t + a_2 t^2 + a_3 t^3 + a_4 t^4 + a_5 t^5 \tag{5-11}$$

对式（5-11）进行求导，可分别得到速度和加速度

$$\dot{\theta}(t) = a_1 + 2a_2 t + 3a_3 t^2 + 4a_4 t^3 + 5a_5 t^4 \tag{5-12}$$

$$\ddot{\theta}(t) = 2a_2 + 6a_3 t + 12a_4 t^2 + 20a_5 t^3 \tag{5-13}$$

综合式（5-10）、式（5-12）和式（5-13），可得到方程组为

$$\begin{cases}a_0 = \theta_i \\ a_0 + a_1 T + a_2 T^2 + a_3 T^3 + a_4 T^4 + a_5 T^6 = \theta_f \\ a_1 = \dot{\theta}_i \\ a_1 + 2a_2 T + 3a_3 T^2 + 4a_4 T^3 + 5a_5 T^4 = \dot{\theta}_f \\ 2a_2 = \ddot{\theta}_i \\ 2a_2 + 6a_3 T + 12a_4 T^2 + 20a_5 T^3 = \ddot{\theta}\end{cases} \tag{5-14}$$

求解式（5-14），可得到各系数的值为

$$\begin{cases}a_0=\theta_i\\ a_1=\dot{\theta}_i\\ a_2=\dfrac{\ddot{\theta}_i}{2}\\ a_3=\dfrac{20(\theta_f-\theta_i)-(8\dot{\theta}_f+12\dot{\theta}_i)T+(\ddot{\theta}_f-3\ddot{\theta}_i)T^2}{2T^3}\\ a_4=\dfrac{-30(\theta_f-\theta_i)+(14\dot{\theta}_f+16\dot{\theta}_i)T-(2\ddot{\theta}_f-3\ddot{\theta}_i)T^2}{2T^4}\\ a_5=\dfrac{12(\theta_f-\theta_i)-6(\dot{\theta}_f+\dot{\theta}_i)T+(\ddot{\theta}_f-\ddot{\theta}_i)T^2}{2T^5}\end{cases} \tag{5-15}$$

将式（5-15）各系数的值代回式（5-11），即可得到需要的平滑插值函数。如果初始和终止的速度和加速度均为 0，则五次多项式插值的运动特性曲线如图 5-9 所示。从图中可以看出，角位移、角速度和角加速度的曲线均连续光滑；角速度曲线从初始速度 0 开始，在逐渐加速和逐渐减速之间反复交替，最后使角速度在终止时刻前平滑过渡回到 0，没有突变；虽然在初始时刻和终止时刻角加速度为 0，但角加速度增减交替自然，因此在起动和最后制动时不会带来很大的冲击。

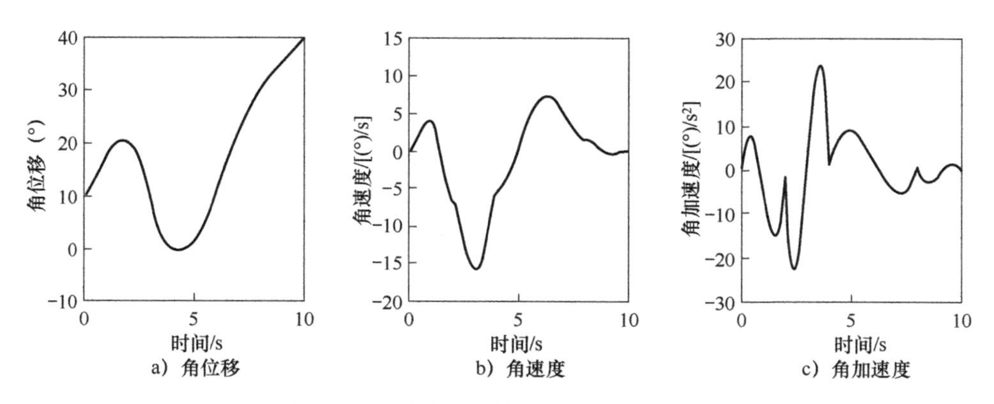

图 5-9　五次多项式插值的运动特性曲线

笛卡儿空间的轨迹规划对协作机器人的限制更大一些，除了要保证末端从一个点运动到另一个点，还对如何运动做出了要求。例如，在激光焊作业中，需要让焊枪沿工件轮廓运动。笛卡儿空间轨迹规划的基础是直线轨迹规划和圆弧轨迹规划，复杂的轨迹可以通过它们的组合来实现。

直线轨迹规划是指让机器人的末端沿着直线从初始点 P_i 运动到终止点 P_t 。末端在某一时刻 t 的位置向量 $\boldsymbol{p}(t)$ 可表示为

$$\boldsymbol{p}(t)=\boldsymbol{p}_i+s(t)\overline{P_iP_t} \tag{5-16}$$

其中，$s(t)$ 为沿直线运动的位移，是时间 t 的函数；$\overline{P_iP_t}$ 为从起始点指向终止点的单位向量。通过对 $s(t)$ 进行设计，可控制末端在直线上的运动规律。直线轨迹规划示意如图 5-10 所示。

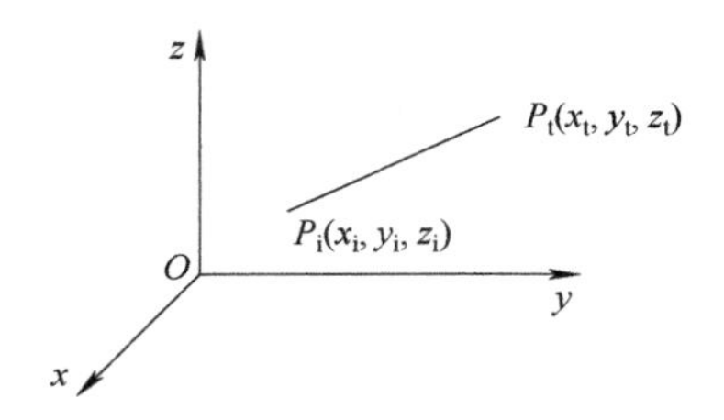

图 5-10　直线轨迹规划示意

圆弧轨迹规划是指让机器人的末端沿着圆弧运动。圆弧的指定方式有多种，一般采用三个点来确定，即依据“空间中的三个点确定一个圆”。其中，第一个点表示圆弧的起点，第二个点表示圆弧的路径点，第三个点表示圆弧的终点。末端沿圆弧运动，相当于绕过圆心、垂直于圆所在平面的轴线转动。因此，可以圆心角 θ 为参数，对末端的位置进行插补。

圆弧轨迹规划又可分为基坐标平面上的圆弧插补和空间圆弧插补。在基坐标平面上的圆弧插补中，基坐标平面包括 xOy 平面、xOz 平面和 yOz 平面。以 xOy 平面上的圆弧为例，已知不在一条直线上的三个点 P_1、P_2、P_3（图 5-11），以及与这些点对应的工件坐标系 TCS（tool coordinate system）的姿态，并假定圆弧圆心位于基坐标系的原点。

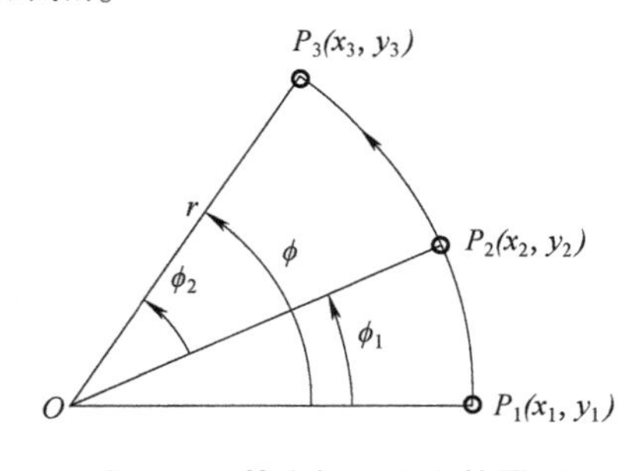

图 5-11　基坐标平面上的圆弧

设 v 为沿圆弧运动的速度，t_s 为插补时间间隔，则圆弧插补计算步骤为：

1）由 P_1、P_2、P_3 三点确定圆弧半径 r。

2）确定总的圆心角 $\phi=\phi_1+\phi_2$，其中

$$\begin{cases}\phi_1 = \arccos \dfrac{2r^2-(x_2-x_1)^2-(y_2-y_1)^2}{2r^2} \\ \phi_2 = \arccos \dfrac{2r^2-(x_3-x_2)^2-(y_3-y_2)^2}{2r^2}\end{cases} \tag{5-17}$$

3）计算 t_s 内的角位移量 $\Delta\theta=\dfrac{t_s v}{r}$。

4）计算总插补步数（取整）$N=\text{int}\left(\dfrac{\phi}{\Delta\theta}\right)+1$。

据图 5-12 所示的几何关系求出各插补点坐标。

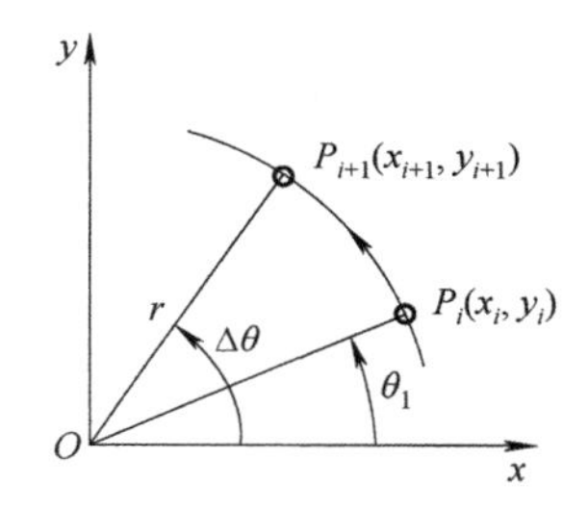

图 5-12　基坐标平面上的圆弧插补

p_{i+1} 点的坐标为

$$\begin{cases}x_{i+1} = r\cos(\theta_i + \Delta\theta) = x_i\cos(\Delta\theta) - y_i\sin(\Delta\theta) \\ y_{i+1} = r\sin(\theta_i + \Delta\theta) = x_i\sin(\Delta\theta) + y_i\cos(\Delta\theta)\end{cases} \tag{5-18}$$

其中，$x_i=r\cos\theta_i$，$y_i=r\sin\theta_i$。由 $\theta_{i+1}=\theta_i+\Delta\theta$ 可以判断是否到达插补终点。当 $\theta_{i+1}\leqslant\phi$ 时，则继续插补下去；当 $\theta_{i+1}>\phi$ 时，则修正最后一步的步长 $\Delta\theta$，并以 $\Delta\theta'=\phi-\theta_i$ 表示，故平面圆弧位置插补的表达式为

$$\begin{cases}x_{i+1} = r\cos(\theta_i + \Delta\theta) = x_i\cos(\Delta\theta) - y_i\sin(\Delta\theta) \\ y_{i+1} = r\sin(\theta_i + \Delta\theta) = x_i\sin(\Delta\theta) + y_i\cos(\Delta\theta) \\ \theta_{i+1} = \theta_i + \Delta\theta\end{cases} \tag{5-19}$$

应该指出的是，当基坐标平面上圆弧的圆心不在基坐标系的原点时，可在其圆心处建立一个局部坐标系，从而可以利用上述插值方法计算出插值点的坐标，之后再利用坐标变换，将这些坐标值变换到基坐标系中。

另外，空间圆弧插补是指对三维空间中不在基坐标平面上的圆弧进行插补，该圆弧插补问题可以转化成平面圆弧插补问题。空间圆弧插补可以按如下步骤进行：

1）确定圆弧所在平面。设圆弧所在平面与基坐标系平面的交线分别为 AB、BC、CA，则圆弧所在平面为面 ABC，如图 5-13 所示。由不在同一直线上的三个点 P_1、P_2、P_3 可确定一个圆及三点间的圆弧，其圆心为 O_r，半径为 r。

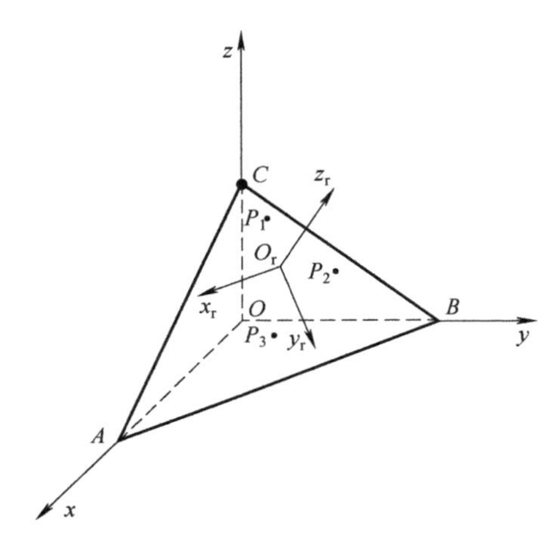

图 5-13　确定圆弧所在平面

建立圆弧平面上的插补坐标系，即以圆心 O_r 为坐标系 $\{x_r y_r z_r\}$ 的原点，z_r 为平面 ABC 的外法线方向；取过 O_r 点且平行于直线 AB 的直线为 x_r 轴，即 x_r 轴 $//AB$；由向量积 $\boldsymbol{y}_r=\boldsymbol{z}_r\times\boldsymbol{x}_r$ 可以确定 y_r 轴（图 5-13）。

2）在空间平面上利用二维平面插补算法求出插补点坐标(ξ_{i+1},η_{i+1})。在平面 ABC 上依据基坐标平面圆弧插补表达式（5-17）~式（5-19）完成圆弧插补，确定插补点坐标(ξ_{i+1},η_{i+1})。

3）把空间平面圆弧上的插补点坐标(ξ_{i+1},η_{i+1})变换为在基坐标系中的三维坐标$(x_{i+1},y_{i+1},z_{i+1})$。为实现上述目标，需要建立坐标系 $\{x_r y_r z_r\}$ 与基坐标系 $\{xyz\}$ 的坐标变换关系，即确定如图 5-14 所示的由圆弧所在平面坐标系 $\{x_r y_r z_r\}$ 到基坐标系 $\{x_0 y_0 z_0\}$ 的坐标变换矩阵。

设直线 AB 与 x 轴的夹角为 α，因为 x_r 轴 $//AB$，故 x_r 轴与基坐标系 x 轴的夹角也为 α，它与 y 轴的夹角为 $\pi/2-\alpha$；因为 z 轴 $\perp AB$，故 x_r 轴与 z 轴的夹角为 $\pi/2$。x_r 轴的单位向量 $\boldsymbol{n}$ 在基坐标系 x 轴、y 轴、z 轴的投影为 $\boldsymbol{n}=[\cos\alpha\quad -\sin\alpha\quad 0]^{\mathrm{T}}$。$z_r$ 轴为平面 ABC 的外法向量，设 z_r 轴与基坐标系 z 轴的夹角为 θ。

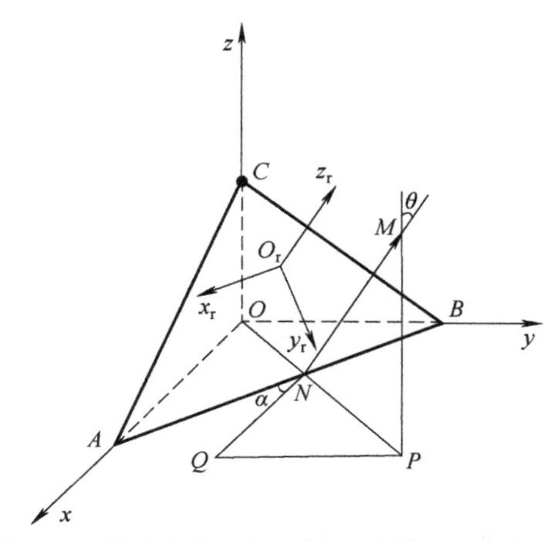

图 5-14　圆弧所在平面坐标系和基坐标系的关系

如图 5-14 所示，过基坐标系原点 O 作直线 $OP\perp AB$，OP 交 AB 于点 N；把向量 z_r 在平面 ABC 内平移，使得 O_r 与点 N 重合，并取 NM 为单位长度，即 $NM=1$；过点 M 作 $MP\perp xOy$ 平面，垂足为 P，可以证明点 P 在直线 ON 上（因为 $AB\perp NM$，$AB\perp MP$，故 $AB\perp NMP$ 平面，所以 $AB\perp NP$；由于 $AB\perp ON$，且点 O、N、P 共面，故点 O、N、P 共线）。过点 N 作 $NQ/\!/x$ 轴；过点 P 作 $PQ/\!/y$ 轴，两线相交于 Q 点。

因为 AB 与 x 轴的夹角为 α，故 $\angle PNQ=\pi/2-\alpha$，$NP=NM\sin\theta=\sin\theta$，$NQ=NP\cos\angle PNQ=\sin\theta\sin\alpha$，$QP=NP\sin\angle PNQ=\sin\theta\cos\alpha$，$MP=NM\cos\theta=\cos\theta$，即 z_r 轴的单位向量 $\boldsymbol{a}$ 在基坐标系 x 轴、y 轴、z 轴的投影分别为 $\sin\theta\sin\alpha$、$\sin\theta\cos\alpha$、$\cos\theta$；即 $\boldsymbol{a}=[\sin\theta\sin\alpha\quad\sin\theta\cos\alpha\quad\cos\theta]^{\mathrm{T}}$。因为 x_r、y_r、z_r 为右手正交坐标系，y_r 轴的单位向量 $\boldsymbol{o}$ 可以由 z_r 轴的单位向量 $\boldsymbol{a}$ 和 x_r 轴的单位向量 $\boldsymbol{n}$ 的向量积确定，即 y_r 轴的单位向量 $\boldsymbol{o}$ 在基坐标系 x 轴、y 轴、z 轴的投影为

$$\boldsymbol{o}=\boldsymbol{a}\times\boldsymbol{n}=\begin{bmatrix} e_1 & e_2 & e_3\\ \cos\alpha & -\sin\alpha & 0\\ \sin\theta\sin\alpha & \sin\theta\cos\alpha & \cos\theta\end{bmatrix}^{\mathrm{T}}=[-\cos\theta\sin\alpha\quad -\cos\theta\cos\alpha\quad \sin\theta]^{\mathrm{T}} \tag{5-20}$$

其中，e_1、e_2、e_3 分别表示 x_r、y_r、z_r 方向上的单位向量。再由坐标变换矩阵可得坐标系$\{x_r\ y_r\ z_r\}$相对于基坐标系$\{x\ y\ z\}$的位姿矩阵 $\boldsymbol{T}_r$

$$\boldsymbol{T}_r=\begin{bmatrix}\cos\alpha & -\cos\theta\sin\alpha & \sin\theta\cos\alpha & p_xO_r\\ -\sin\alpha & -\cos\theta\cos\alpha & \sin\theta\cos\alpha & p_yO_r\\ 0 & \sin\theta & \cos\theta & p_zO_r\\ 0 & 0 & 0 & 1\end{bmatrix} \tag{5-21}$$

式中，p_xO_r、p_yO_r、p_zO_r 为圆心 O_r 在基坐标系下的坐标值。

所以，由齐次坐标位姿变换矩阵可得坐标系 $\{x_ry_rz_r\}$ 中圆弧上的 C 点坐标 $[\xi_{i+1}\quad \eta_{i+1}]^{\mathrm{T}}$ 与 C 点在坐标系 $\{xyz\}$ 中的坐标 $[x_{i+1}\quad y_{i+1}\quad z_{i+1}]^{\mathrm{T}}$ 之间的坐标变换为

$$\begin{bmatrix} x_{i+1} \\ y_{i+1} \\ z_{i+1} \\ 1 \end{bmatrix} = {}_r^0\boldsymbol{T}\begin{bmatrix} x_r \\ y_r \\ z_r \\ 1 \end{bmatrix} = \begin{bmatrix} \cos\alpha & -\cos\theta\sin\alpha & \sin\theta\cos\alpha & p_xO_r \\ -\sin\alpha & -\cos\theta\cos\alpha & \sin\theta\cos\alpha & p_yO_r \\ 0 & \sin\theta & \cos\theta & p_zO_r \\ 0 & 0 & 0 & 1 \end{bmatrix}\begin{bmatrix} \xi_{i+1} \\ \eta_{i+1} \\ 0 \\ 1 \end{bmatrix} \tag{5-22}$$

5.3 协作机器人轨迹的实时生成

5.2 节介绍了协作机器人轨迹规划相关的基础知识，它们是机器人各种轨迹规划的通用方法。对于协作机器人而言，轨迹生成的实时性也是尤为重要的，特别是在进行在线示教和拖动示教等工作时，需要协作机器人可以进行穿过一系列位形的路径规划，即找出通过一系列中间点的轨迹。

我们把协作机器人通过中间点的运动过程进行简化，假设，一条轨迹由三个点 q_0、q_1 和 q_2 确定，并分别在 t_0、t_1 和 t_2 时刻依次到达这些点。在这三个约束之外，如果我们对起点和终点的速度和加速度施加约束，将会得到下面一组约束：

$$\begin{cases} q(t_0) = q_0 \\ \dot{q}(t_0) = v_0 \\ \ddot{q}(t_0) = \alpha_0 \\ q(t_1) = q_1 \\ q(t_2) = q_2 \\ \dot{q}(t_2) = v_2 \\ \ddot{q}(t_2) = \alpha_2 \end{cases} \tag{5-23}$$

采用六次多项式来生成一条轨迹，可以满足上述约束（见式 5-23）。

$$q(t) = a_0 + a_1t + a_2t^2 + a_3t^3 + a_4t^4 + a_5t^5 + a_6t^6 \tag{5-24}$$

这种方法的一个优点是，由于 $q(t)$ 连续可微，只需要注意中间点 q_1 处的速度或加速度的间断。但是，为了确定该多项式的系数，就必须求解一个七维的线性系统。该方法的明显缺点是，随着中间点数目的增多，对应线性系统的维度也会相应增加，致使该方法的计算难度增加。

对于上述这种对整个轨迹使用高阶多项式的方法，一种替代方法是，对中间点之间的轨迹线段使用低阶多项式。这些多项式有时被称为内插多项式或混合多项式。在使用这种方法时，需要使中间点处的速度和加速度约束都能得到满足，即确保从一个多项式切换到另一个多项式间的运动平稳。

对于第一段轨迹，假设起始和终止时间分别为 t_0 和 t_f，则起点和终点的速度约束为

$$\begin{cases} q(t_0) = q_0 \\ q(t_1) = q_1 \\ \dot{q}(t_0) = v_0 \\ \dot{q}(t_f) = v_1 \end{cases} \tag{5-25}$$

这段轨迹所需的三次多项式可计算如下

$$q(t) = q_0 + a_1(t - t_0) + a_2(t - t_0)^2 + a_3(t - t_0)^3 \tag{5-26}$$

其中

$$\begin{cases} a_0 = q_0 \\ a_1 = v_0 \\ a_2 = \dfrac{3(q_1 - q_0) - (2v_0 + v_1)(t_f - t_0)}{(t_f - t_0)^2} \\ a_3 = \dfrac{2(q_0 - q_1) + (v_0 + v_1)(t_f - t_0)}{(t_f - t_0)^3} \end{cases} \tag{5-27}$$

使用上述公式可以规划一个运动序列，其中第 i 个运动的终止条件 q_f 和 v_f 可被用作后续运动的初始条件。

5.4　协作机器人拖动示教的实现

协作机器人的拖动示教功能极大地简化了操作人员对机器人的调试过程，实现类似对人进行动作教授时的“手把手”示教。那么，拖动示教技术的实现，是依托于哪些原理和技术？有哪些实现方法？它们各自有什么利弊？拖动示教后对轨迹如何进一步修正？以及示教过程中的步骤是什么样的？应该注意哪些方面？在本节中将进行详细的介绍。

5.4.1　协作机器人拖动示教的实现技术

在 5.1 节中我们简要介绍过，协作机器人拖动示教的实现技术主要分为基

于多轴力矩传感器的伺服级接通示教，以及基于零力控制的功率级脱离示教。下面针对这些示教中所运用的技术展开说明。

基于多轴力矩传感器的伺服级接通示教技术主要基于力矩传感器的精度，并且由于在力矩传感器之后往往会安装末端执行器，如夹爪等，这些负载会干扰传感器的反馈值。此外，力矩传感器各轴之间的耦合，以及装配中螺钉的拧紧程度等，也都会对力矩传感器的数值造成影响。因此，我们需要通过标定与辨识算法，剔除这些干扰因素的影响，以便更精确地获取与环境的接触力信息。

标定与辨识算法可分为静态标定和动态标定。在静态标定中，让机器人运动到几个姿态并停止，根据稳定时力矩传感器的数值与最小二乘法来标定负载参数及传感器自身参数。这种方式忽略了运动惯性的影响。动态标定即考虑负载运动速度等对力矩传感器的影响。这种处理方式与机器人的动力学参数辨识类似，让机器人的数个轴连续运动，采集力矩传感器的数值与关节角度，完成对负载及零漂的辨识。

基于零力控制的功率级脱离示教技术，即机器人顺应外力作用运动，模拟其处在一个不受重力和摩擦力的环境下接受拖动控制。零力控制的本质是补偿机器人示教过程中的重力和摩擦力，控制基础是前面章节提到的协作机器人动力学方程。零力控制又可分为基于位置控制的零力控制和基于力矩控制的零力控制。

一种基于位置控制的零力控制系统结构如图 5-15 所示。其中，K_P 为伺服控制器的位置环增益，K_V 为伺服控制器的速度环增益，K_T 为伺服控制器的转矩常量，M_g 为各关节对应的重力矩，M_f 为各关节对应的摩擦力矩，M_F 为外力等效到各关节的力矩，q_d 为各关节的位置指令值，q 为关节坐标，其一阶微分为关节角速度。电动机输出转矩 T_s 为

$$T_s = K_T K_V [K_P(q_d - q) - \dot{q}] \tag{5-28}$$

零力控制时，各关节的位置指令为

$$q_d = K_P^{-1}[K_V^{-1}K_T^{-1} \times (M_f + M_g + M_F) + \dot{q}] + q \tag{5-29}$$

以实时计算所得的 q_d 作为关节指令位移，即可实现基于位置控制的零力控制算法。

除上述位置控制方式，力矩控制是一种更为直接的补偿方式。一种基于力矩控制的零力控制系统结构如图 5-16 所示。

机器人控制器直接输出力矩指令 T_s，使得

$$T_s = D\dot{q} + \mu \mathrm{sgn}(\dot{q}) + g(q) \tag{5-30}$$

其中，D 表示机械臂关节的黏滞摩擦系数，$g(q)$ 表示重力矩。这样，电动机的输出转矩直接克服了机械系统的自重和机械系统的摩擦力。当有外力作用

于机器人末端时，操作力项 M_F 只需要克服机器人的惯性力和非线性耦合项，机器人便可以顺应外力作用移动。

$$M_F = H(q)\ddot{q} + h(q,\dot{q}) \tag{5-31}$$

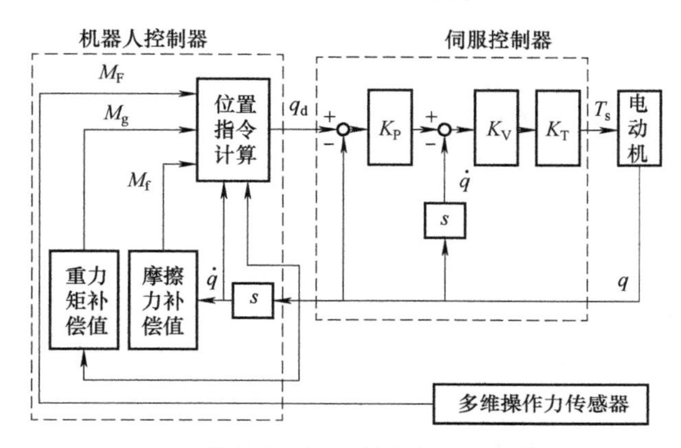

图 5-15　基于位置控制的零力控制系统结构

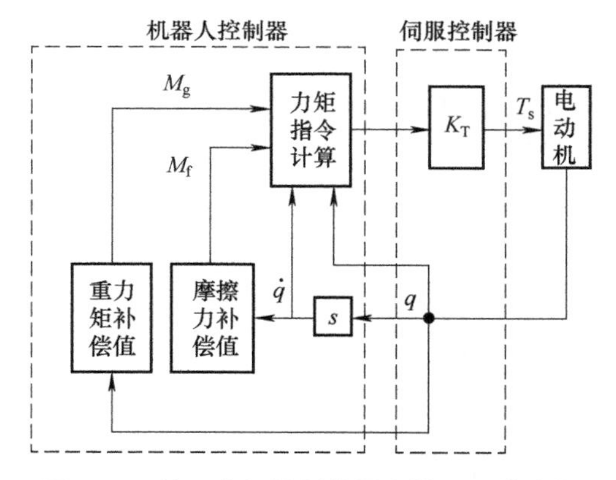

图 5-16　基于力矩控制的零力控制系统结构

下面对上述两种方法在用于拖动示教中的性能进行比较。

1）基于位置控制的零力控制系统是一个位置控制系统，无法通过直接操作进行示教，必须借助力传感器感受示教力；而基于力矩控制的零力控制系统是一个力矩控制系统，其关节位置、转速不作控制，便于示教操作，但系统稳定性不如前者。

2）在基于位置控制的零力控制系统中，机器人的运动轨迹是根据力传感器的反馈、位置、速度等信息计算获得，示教效果会受力传感器性能影响；而在基于力矩控制的零力控制系统中，机器人运动是由操作者的作用力直接驱使，因而后者具有更好的灵活性和准确性。

3）从系统成本上来看，多维力传感器在基于位置控制的零力控制系统中必不可少；而基于力矩控制的零力控制系统无需任何传感器，因而成本较低。

4）从运算量来看，对比式（5-28）和式（5-30）可知，基于力矩控制的零力控制系统的计算量小于基于位置控制的零力控制系统的计算量。

5）由式（5-31）可知，在基于力矩控制的零力控制系统中，机器人的惯性力须由操作力克服。而随着机器人的自重增加，惯性力也相应增加，因而该算法不宜用于自重较大的机器人。

5.4.2 协作机器人示教轨迹的修正

在对协作机器人进行示教时，特别是在进行拖动示教的情况下，操作人员或工程师将机器人按照理想的轨迹拖动至目标点位，协作机器人通过学习操作者的示教轨迹形状，可根据新目标点生成新的轨迹，从而在一定程度上达到了人机协作的友好性要求。但对于协作机器人而言，由于通常工作在动态复杂的人机协作工程环境中，机器人需要具有灵活的轨迹修正能力来保证操作系统的高效、可靠和安全。

基于人机协作的思想，在生成轨迹附近加入可调节交互点。依靠直观感觉，操作人员可通过调整交互点的位置，使初次生成的轨迹得到调整，让协作机器人的轨迹得到优化，从而辅助机器人完成障碍物环境下的路径规划。该轨迹调整方法主要分为三个过程：

1）调整轨迹点布局，使其分布均匀。

2）在生成轨迹上提取离交互点最近的点作为调整点，并计算调整点与交互点之间的距离。

3）基于步骤2）中调整点与交互点之间的距离，采用抛物线差值算法实现轨迹的修正。

示教轨迹点通常分布不均匀，若轨迹点分布相对离散，数目少，则轨迹调整的过程比较快；反之，若轨迹点分布非常密集，数目多，则轨迹调整缓慢，会造成轨迹点聚集的情况。若在修正轨迹生成前，先对轨迹点的分布进行调整，则生成轨迹相对平滑。图5-17所示为示教轨迹与轨迹调整，插入交互点沿 x 轴正方向逐次移动5次。其中，轨迹调整点是调整前轨迹上距离此刻交互点位置最近的点，点状线为基于该交互点位置修正后的轨迹。

通过上述方法，使操作人员能够在对协作机器人示教后再次调整已生成的轨迹。通过移动已插入交互点的位置来改变轨迹形状，以适应不同的工作环境，同时保持了轨迹的基本形状特性，提高了系统的应用灵活性和实用性。

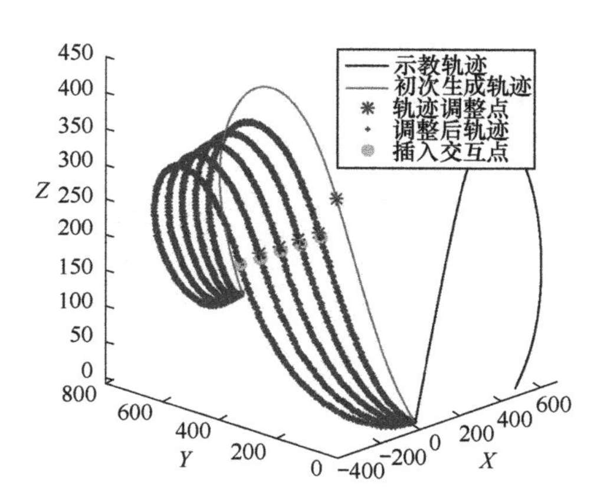

图 5-17　示教轨迹与轨迹调整

5.4.3　协作机器人拖动示教的过程举例

下面以遨博 i5 协作机器人为例，介绍协作机器人示教的实际操作过程。

大部分协作机器人都会提供机器人的离线仿真编程环境与在线示教编程环境，可以根据不同操作人员的需求进行多种方式的编程。

拖动示教实例介绍。拖动示教是协作机器人的特有功能，可以通过人为拖拽机器人末端执行器，利用机器人的轨迹记录功能，实现对机器人的运动控制，具体步骤如下：

1）将拖动把手工具安装在机器人末端的快换装置上，将轴承物料摆放在平面料盘上。

2）将机器人运行到一个方便拖动的安全姿态，并新建一个控制过程文件。

3）选择“在线编程”标签，打开其界面，加载“配置”下的“记录轨迹”选项，示教轨迹记录界面如图 5-18 所示。

4）单击“开始”按钮后，按下示教盒上的力控开关，此时机械臂处于可拖动状态，可由操作者按照希望的运行轨迹拖动机械臂。需要注意的是，拖动时机械臂仍对各个关节的速度和力矩进行实时监测，检测到超限即进入安全模式，无法再进行示教，因此要以合适的速度拖动机械臂，并确保在机械臂的有效工作空间内活动。在拖动轨迹完成后，松开力控开关，单击“完成”按钮，轨迹记录停止。

5）为轨迹输入自定义名称，单击“保存”后，轨迹文件得以存储。

6）如果想要检查轨迹记录情况，可选中轨迹文件并单击“加载”按钮，接着单击下方的“运行”按钮，通过示教盒显示屏上展示的模拟运动情况检查路径。若在轨迹开始和结尾处存在无效时间或多余路径，则可以通过“剪切头部”和“剪切尾部”按钮进行路径裁剪，剪切位置以运行点所在的位置为参考，轨迹编辑界面如图 5-19 所示。

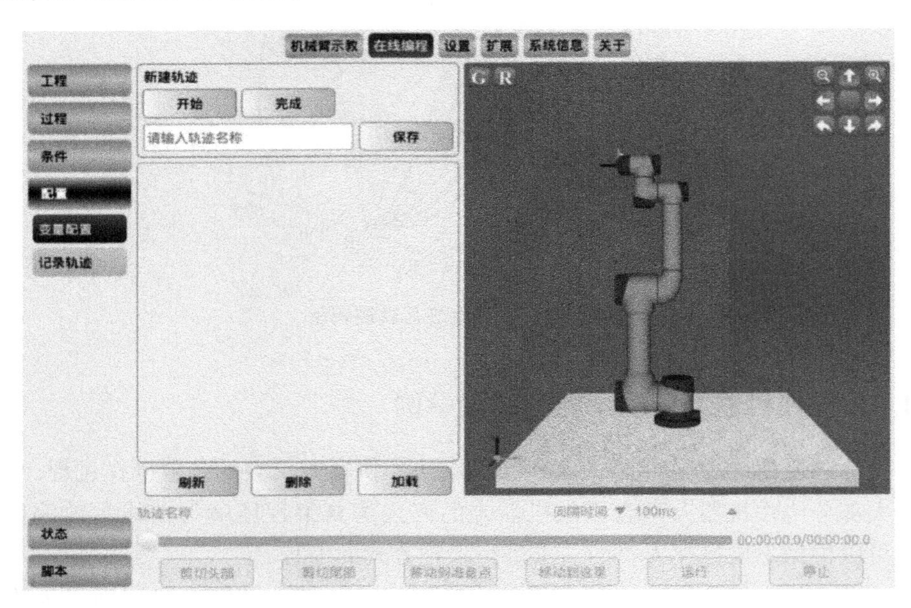

图 5-18　示教轨迹记录界面

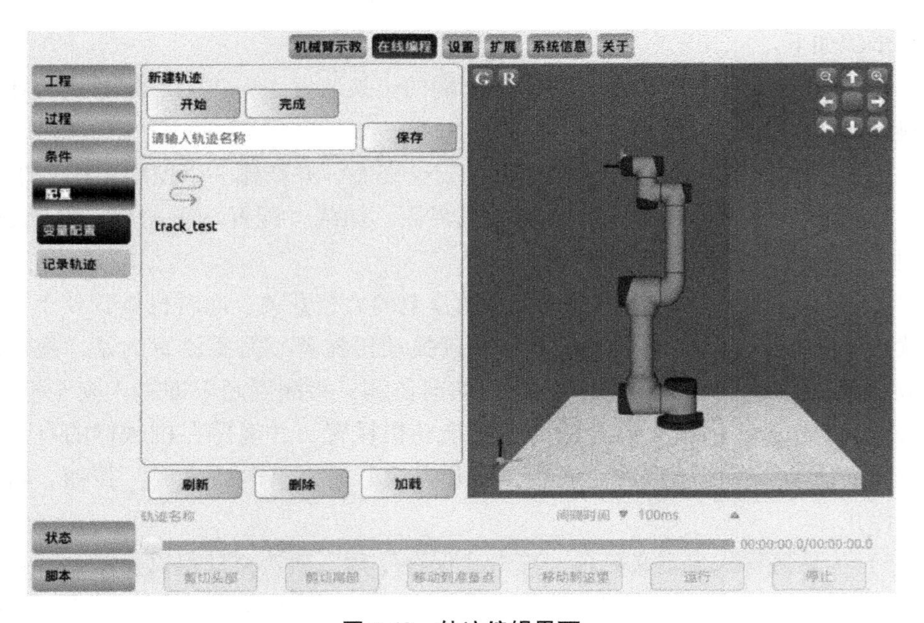

图 5-19　轨迹编辑界面

7）轨迹裁剪完成后，若希望将轨迹添加到工程文件中，可以打开“工程”选项，找到之前创建的工程文件；接着在“高级条件”下选择“记录轨迹”指令，并编辑指令属性；然后选择创建的轨迹文件，单击“确认”按钮，保存工程并运行。

协作机器人的离线编程界面如图 5-20 所示，操作人员可以在计算机上进行对机器人的示教，并可以通过 3D 仿真界面进行机器人模拟状态的观测，进而预知机器人的运动状态是否符合目标要求。

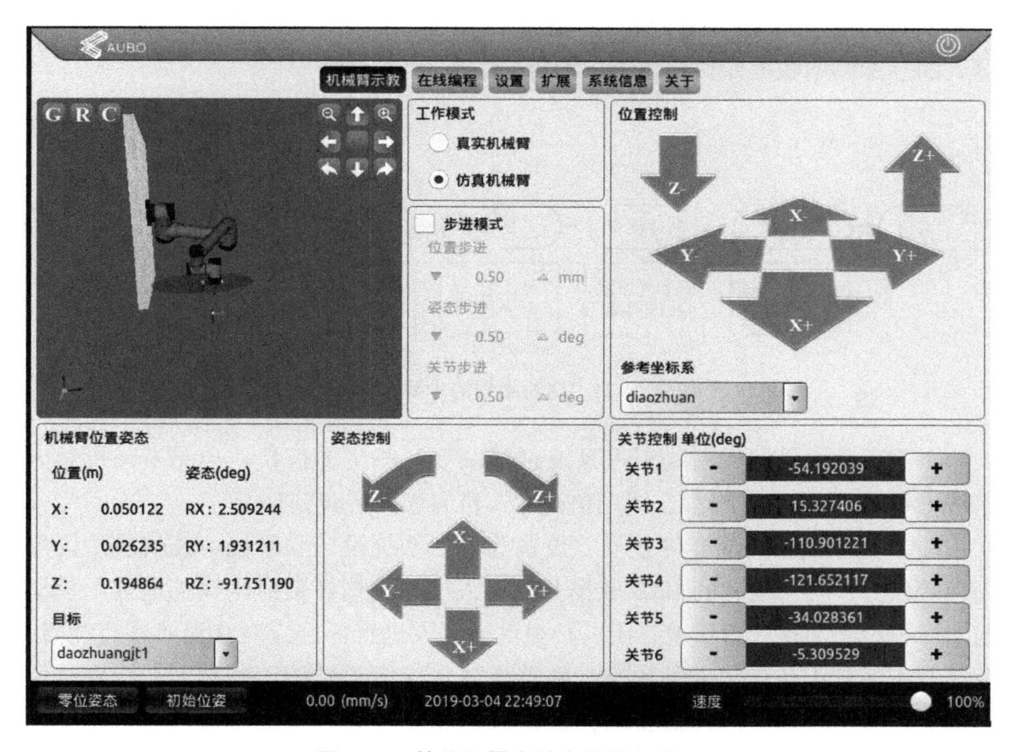

图 5-20　协作机器人的离线编程界面

5.5　协作机器人的离线编程

操作人员在现场对协作机器人进行拖动示教后，可以把复杂的运动轨迹方便、灵活地赋予机器人，而在实际应用中，协作机器人具有了复杂的运动轨迹后，还需要进一步优化其轨迹的精度，一般的拖动示教难以实现对轨迹的精确复现，而且操作人员在拖动示教过程中对于机器人的定位也并不精确，因此最好可以让示教后的机器人具备在运行状态下及时修正轨迹的能力。为了可以使机器人在运行的同时对其运动状态进行修正或对其赋予新的任务，需要协作机器人具有离线编程功能。

协作机器人离线编程系统不仅要在计算机上建立机器人系统的物理模型，还要对其进行编程和动画仿真以及对编程结果后置处理。离线编程的主要流程如图 5-21 所示。首先，建立待加工产品的 CAD 模型，以及机器人和产品之间的几何位置关系，然后根据特定的工艺进行轨迹规划和离线编程仿真，确认无误后再下载到机器人控制器中执行。目前，国内外不少协作机器人厂商均提供机器人的三维模型数据库，用户可以根据需要下载。

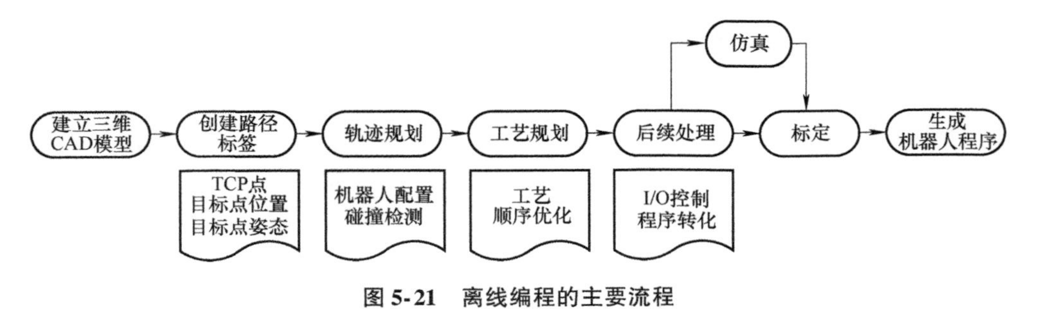

图 5-21　离线编程的主要流程

一般而言，机器人离线编程系统包括以下一些主要模块：传感器、机器人系统 CAD 建模、离线编程、图形仿真、人机界面及后置处理等。

CAD 建模需要完成零件建模、设备建模、系统设计和布置、几何模型图形处理等任务。利用现有的 CAD 数据及机器人理论结构参数所构建的机器人模型与实际模型之间存在着误差，所以必须对机器人进行标定，对其误差进行测量、分析并不断校正初步建立的模型。随着机器人应用领域的不断扩大，特别是协作机器人对于人机协同性的要求，机器人作业环境的不确定性对机器人作业任务有着十分重要的影响，固定不变的环境是不够的，极有可能导致协作机器人作业失败，甚至发生危险。因此，如何对环境的不确定性进行抽取，并以此动态修改环境模型，是机器人离线编程系统实用化的一个重要问题。

离线编程系统的一个重要作用是离线调试程序，而离线调试最直观有效的方法是在不接触实际机器人及其工作环境的情况下，利用图形仿真技术模拟机器人的作业过程，提供一个与机器人进行交互作用的虚拟环境。计算机图形仿真是机器人离线编程系统的重要组成部分，它将机器人仿真的结果以图形的形式显现出来，直观地显示了机器人的运动状况，从而可以得到从数据曲线或数据本身难以分析出来的许多重要信息，离线编程的效果正是通过这个模块来验证的。

编程模块一般包括机器人及设备的作业任务描述、建立变换方程、求解未知矩阵及编写任务程序等。在进行图形仿真后，应根据动态仿真的结果，对程序进行适当的修正，以达到令人满意的效果，最后在线控制机器人运动以完成作业任务。面向任务的机器人编程是高度智能化机器人编程技术的理想目标，使用最适合用户的类自然语言形式描述机器人作业，通过机器人装备的智能设施实时获取环境信息，并进行任务规划和运动轨迹规划，最后实现机器人作业的自动控制。面向对象的机器人离线编程系统所定义的机器人编程语言把机器人的几何特性和运动特性封装在了一起，并为之提供了通用的接口。基于这种接口，机器人可以方便地与各种对象，包括传感器对象打交道。由于编程语言能对几何信息直接进行操作且具有空间推理功能，因此它能方便地实现机器人动作的自动规划和编程。此外，编程模块还可以进一步实现对象化任务级编程语言，这是机器人离线编程技术的又一大提高。

近年来，随着协作机器人技术的不断发展，传感器在协作机器人中发挥着越来越重要的作用，对传感器的仿真已成为离线编程系统中必不可少的一部分，并且也是离线编程能够实用化的关键。利用传感器的信息能够减少协作机器人仿真模型与实际模型之间的误差，增加系统操作的稳定性和程序的可靠性，提高编程效率。对于有传感器驱动的协作机器人系统，由于传感器产生的信号会受到多方面因素的干扰，如光线条件、物体几何形状及运动过程的不稳定等，使得基于传感器的运动不可预测。传感器技术的应用使机器人系统的智能性大大提高，机器人的作业任务已经离不开传感器的引导。因此，离线编程系统应能对传感器进行建模，并生成传感器的控制策略，对基于传感器的作业任务进行仿真。

后置处理的主要任务是把离线编程的源程序编译为机器人控制系统能够识别的目标程序，即当作业程序的仿真结果完全达到作业要求后，将该机器人程序转换成目标机器人的控制程序和数据，并通过通信接口输入到目标机器人控制柜，驱动机器人去完成指定的任务。由于机器人控制柜的多样性，要设计通用的通信模块比较困难，因此一般采用后置处理将离线编程的最终结果翻译成目标机器人控制柜可以接受的代码形式，然后实现加工文件的上传和下载。在机器人离线编程中，仿真所需的数据与机器人控制柜中的数据是存在差异的，所以离线编程系统中生成的数据有两套：一套供仿真调用，另一套归控制柜使用，这些都是由后置处理进行操作的。

5.6 本章小结

本章从协作机器人拖动示教技术的基本概念展开，重点分析了实现示教所必须的机器人坐标系设定和轨迹规划，探究了协作机器人轨迹实时生成的原理，介绍了拖动示教技术的具体实现过程，最后对于优化示教结果所涉及的离线编程技术进行了介绍，构建了对于协作机器人拖动示教与编程的基本知识框架。

协作机器人拖动示教可通过直接拖动机器人各关节使机器人按理想轨迹运动并记录和复现轨迹，操作灵活、更加直观，弥补了传统示教方式的不足，符合协作机器人应用领域广泛、操作灵活便捷的特点。

机器人坐标系的设定和轨迹规划是协作机器人拖动示教、编程控制等功能的基础，因此有必要掌握各坐标系的空间特征并了解其相互转化过程，熟悉在关节空间或笛卡儿空间的轨迹求解和路径规划方法。

协作机器人轨迹的实时生成技术关系到拖动示教形成轨迹的精度。轨迹实时生成技术结合实现拖动示教的其他技术，以及示教轨迹的修正过程，再通过具体过程实例，可以加深读者对于拖动示教技术的整体理解。

协作机器人的离线编程不仅可以在机器人不停机的情况下把复杂的运动轨迹方便、灵活地赋予机器人，还可以对协作机器人示教生成的复杂运动轨迹进一步优化，是协作机器人必不可少的功能。

综上，拖动示教与多种编程方式赋予了协作机器人更多操作上的便捷性和功能上的灵活性，是协作机器人的关键核心技术之一。希望通过本章的介绍，能够帮助读者更全面地认识协作机器人的特性，了解其背后的技术应用。

思考与练习

1. 相比于其他示教方式，协作机器人的拖动示教有什么优点？
2. 拖动示教比较适用的场景有哪些？请至少列举 3 种。
3. 拖动示教的实现原理有几类？分别有什么优点和缺点？
4. 协作机器人常用的坐标系有哪几种？各自之间的转化关系是怎样的？
5. 关节空间的轨迹规划用到了哪些插补方法？为什么采用这些插补方法？
6. 为什么要对示教轨迹进行修正？轨迹修正的过程是怎样的？
7. 总结协作机器人离线编程的主要流程及关键技术。
8. 观察几种协作机器人的使用场景，思考其最适合的示教方式分别是什么样的。

第6章 协作机器人控制系统和控制方法

协作机器人具有质量轻、安全性高、对环境的感知适应性好、人机交互能力强等优点，能满足任务多样性和环境复杂性的要求，可用于执行与未知环境及人发生交互作用的操作任务，是新一代机器人的重要发展方向，其柔顺运动控制技术对于实现安全稳定的协作和操作至关重要。

本章针对协作机器人与环境及人交互协作的柔顺性需求，将重点阐述基于阻抗控制的协作机器人柔顺运动控制方法，主要对阻抗控制器的设计方法、阻抗控制基本架构选择及其与其他控制方法的结合，以及协作机器人建模、外界交互环境建模、力感知等关键问题进行介绍。

6.1 协作机器人的控制系统与控制方式简介

控制系统是协作机器人的主要组成部分，是决定机器人功能及性能的主要因素，它的机能类似于人的大脑。协作机器人要与外围设备协调动作，共同完成作业任务，就必须具备一个功能完善、灵敏可靠的控制系统。协作机器人控制系统的主要任务是控制协作机器人在工作空间中的运动位置、姿态和轨迹、操作顺序及动作的时间等。协作机器人的控制可分为两大部分，即位置控制和力控制。

如果仅有感官和肌肉，人的四肢还是不能完成特定的动作。一方面是因为来自感官的信号没有器官去接收和处理，另一方面也是因为没有器官发出神经信号，驱使肌肉发生收缩或舒张。同样，如果机器人只有传感器和驱动器，机械臂也不能正常工作；原因是传感器输出的信号没有发挥作用，驱动电动机也得不到伺服驱动信号、驱动电压和电流，所以机器人需要有一个由硬件和软件组成的控制系统或控制器，来作为机器人的“大脑”进行感知和决策处理。

协作机器人控制系统的功能是接收来自传感器的检测信号，根据操作任务的要求，驱动机械臂中的各个关节或各台电动机进行运动和执行作业，就像我们人的活动需要依赖自身的感官一样，机器人的运动控制离不开传感器和控制器。

控制器、电动机驱动器和伺服驱动器组成了协作机器人的控制系统。控制器一般由四个部分组成，即输入、输出、控制元件和算法。控制器根据作业要求接收程序发出的指令控制和协调运动，并根据环境信息协调运动。伺服驱动器控制机器人各关节的电动机驱动器，使其按照一定的速度、加速度和轨迹要求进行运动。

协作机器人控制系统按其控制方式可分为集中控制系统、主从控制系统和分布式控制系统。集中控制系统用一台计算机/工控机/服务器实现全部的控制功能，结构简单，成本低，但实时性差，难以扩展，在早期的机器人中常采用这种结构。基于 PC 的集中控制系统充分利用了 PC 资源开放性的特点，可以实现很好的开放性，多种控制卡、传感器设备等都可以通过标准 PCI 插槽或通过标准串口、并口集成到控制系统中。集中式控制系统的优点是硬件成本较低，便于信息的采集和分析，易于实现系统的最优控制，整体性与协调性较好，基于 PC 的系统硬件扩展较为方便。但其缺点也显而易见，系统控制缺乏灵活性，控制危险容易集中，一旦出现故障，其影响面广，后果严重；由于协作机器人的实时性要求很高，当系统进行大量的数据计算时，会降低系统实时性，系统对多任务的响应能力也会与系统的实时性相冲突；此外，系统连线复杂，会降低系统的可靠性。

随着信息技术的进步和机器人控制性能的提高，集中控制系统已很难满足现场的控制需求，取而代之的是主从控制系统和分布式控制系统。

现代机器人控制系统大部分采用分布式结构，即上一级主控计算机负责整个系统管理及坐标变换和轨迹插补运算等，下一级由许多微处理器/DSP 组成，一个微处理器控制一个关节运动，它们并行地完成控制任务，因而提高了工作速度和处理能力，各层级之间的联系通过总线形式的紧耦合实现。

协作机器人的核心部件是控制器，机器人控制系统要求很高的实时性，但控制器并没有标准化的开发流程，它由各协作机器人厂商根据自己的实际情况进行开发，所以市场上协作机器人的控制系统大部分并不通用，大多数是难以兼容的。

传统的脉冲加方向的集中式机器人关节控制模式布线复杂，不易扩展，在高速控制模式下容易丢失脉冲，抗干扰能力较差，并且局部的故障可能造成系统整体失效，系统的稳定性和可靠性得不到保障，这种控制模式不适用于安全性要求较高、传感器多样、追求结构紧凑和布线简洁的协作机器人。

随着现场总线技术的发展，凭借其易扩展、高性能、高可靠性、低成本的特点，广泛应用于工业现场控制。总线控制方案的各项特性很好地契合了协作机器人的控制需求，因此目前协作机器人控制系统一般以嵌入式工业计算机/工控机为控制平台，通过工业现场总线实现协作机器人各关节的协同控制。

例如，遨博 i 系列协作机器人基于 Linux 操作系统，采用 CAN 总线通信接口，驱动器采用 STM32 系列单片机，采用开放式控制系统，提供二次开发的应用程序接口（API）；泰科的 TA6 系列和 TB6 系列机器人采用 Linux 操作系统，基于 Ether CAT 总线技术，驱动器采用现场可编程门阵列（FPGA），有利于进行高速运算。但是，操作人员要花费大量的时间熟悉某种产品，这会浪费大量的人力、物力和财力。此外，控制器的开放性不够，机器人的实时性也有待提高。

6.1.1　协作机器人控制系统的特点

协作机器人从结构上讲属于空间开链机构，其中各个关节的运动是独立的，为了实现机器人末端点的运动轨迹，需要多关节的运动协调，其控制系统较普通的控制系统要复杂得多。具体来讲，机器人控制系统主要具有以下特点。

（1）运动描述复杂，机器人的控制与机构的运动学和动力学密切相关　描述机器人状态和运动的数学模型是一个非线性模型，随着状态的变化，其参数也在变化，各变量之间还存在耦合。因此，仅仅考虑位置闭环是不够的，还要利用速度闭环，甚至加速度闭环。在控制过程中，应根据给定的任务，选择不同的基准坐标系，并作适当的坐标变换，这经常需要求解机器人正运动学问题和逆运动学问题。此外，还要考虑各关节之间的惯性力、科氏力等的耦合作用及重力负载的影响，因此系统中还经常采用一些控制策略，如重力补偿、前馈、解耦或自适应控制等。

（2）机器人控制系统是一个多变量控制系统　目前，市面上绝大部分协作机器人有 6 个自由度，少数有 7 个自由度。机器人的每个自由度一般包含一个伺服机构，多个独立的伺服系统必须有机地协调起来，如机器人的手部运动是所有关节的合成运动，要使机器人手部按照一定的轨迹运动，就必须控制各个关节协调运动，包括运动轨迹、动作时序等多方面的协调。

（3）需要采用加（减）速控制　过大的加（减）速度都会影响机器人运动的平稳，甚至使其发生抖动，因此在机器人起动或停止时采取加（减）速控制策略。通常采用匀加（减）速运动指令进行实现；此外，机器人不允许有位置超调，否则将可能与工件发生碰撞。因此，要求控制系统位置无超调，动态响应时间尽可能短。

（4）具有较高的重复定位精度　除了直角坐标机器人，机器人关节上的位置检测元件不能安装在机器人的末端执行器上，而应安装在各自的驱动轴上，是位置半闭环系统。机器人的重复定位精度较高，一般为±1mm。此外，由于机器人运动时要求运动平稳，不受外力干扰，为此系统应具有较好的刚性。

（5）可以实现示教再现控制　当需要协作机器人完成某项作业时，可预先移动协作机器人的手臂，示教该作业的顺序、位置及其他信息，在此过程中把相关的作业信息储存在内存中，在执行任务时，依靠协作机器人的动作再现功能，并可重复进行该作业。此外，从操作的角度，要求机器人控制系统具有良好的人机交互界面，尽量降低对操作者的要求。因此，大多数情况要求控制器的设计人员不仅要完成底层伺服控制器的设计，还要完成规划算法的编程。

（6）计算量大　协作机器人的动作往往可以通过不同的方式和路径来完成，因此存在一个“最优”的问题，高一级的机器人可以采用人工智能的方法，用计算机建立起庞大的数据库，借助数据库进行控制、决策管理和操作。协作机器人控制系统需要根据传感器进行数据采集、模式识别等获得对象及环境的工况，并按照给定的指标要求，自动选择最佳的控制规律。

综上所述，协作机器人的控制系统是一个与运动学和动力学原理密切相关的、有耦合的、非线性的多变量控制系统。因为其具有的特殊性，所以经典控制理论和现代控制理论都不能照搬使用。到目前为止，协作机器人控制理论还不够完整和系统。

6.1.2 协作机器人控制系统的基本功能

协作机器人控制系统作为机器人的核心部件和主要组成部分之一，通常用于对协作机器人操作和作业的控制，以完成特定的工作任务，其基本功能如下。

（1）示教再现功能　机器人控制系统可以实现离线编程、在线示教及间接示教等功能，在线示教又包括示教盒示教和导引示教两种。在示教过程中，可存储作业顺序、运动路径、运动方式、运动速度及与生产工艺有关的信息；在再现过程中，可控制机器人按照示教好的加工信息执行特定的作业。

（2）安全保护功能　由于协作机器人是在人机共融的工作空间中工作，因此控制系统需要实时判断机器人和人的相对位姿，并预测人的运动趋势，进行轨迹预测和碰撞检测，从而满足人机协作的安全性要求。

（3）坐标设置功能　一般的协作机器人控制器设有关节坐标系、绝对坐标系、工具坐标系及用户坐标系，用户可以根据作业要求选用不同的坐标系并进行坐标系之间的转换。

（4）位置伺服功能　机器人控制系统可实现多轴联动、运动控制、速度和加速度控制、力控制及动态补偿等功能。在运动过程中，还可以实现状态监测、故障诊断下的安全保护和故障自诊断等功能。

（5）具有与外围设备联系的功能　机器人控制器设有输入和输出接口、通信接口、网络接口和同步接口，并设有示教盒、操作用板及显示屏等接口。此外，还设有多种传感器接口，如视觉、触觉、碰撞检测、力觉传感器等多种传感器接口。

6.1.3　协作机器人的控制方式

协作机器人的控制方式有多种分类标准，根据工作方式的不同，主要可以分为点到点控制方式（point to point，PTP）、连续轨迹控制方式（continuous path，CP）、速度控制方式、力/力矩控制方式和智能控制方式等。

（1）点到点控制方式　在点到点的控制模式下，协作机器人末端的运动是由一个给定点 A 到另一个给定点 B，而点 A 与点 B 之间的轨迹却无关紧要。因此，这种控制方式的特点是只控制协作机器人末端执行器在作业空间中某些规定的离散点上的位姿。控制时只要求协作机器人快速、准确地实现相邻各点之间的运动，而对达到目标点的运动轨迹则不做任何限制。这种控制方式的主要技术指标是定位精度和运动所需的时间，控制方式比较简单，但要达到较高的定位精度则比较困难。

（2）连续轨迹控制方式　连续轨迹指“指定点与点之间的运动轨迹为所要求的曲线”，如直线或圆弧。该控制模式实现了对机器人末端执行器在工作空间的连续控制。它要求在一定精度范围内严格按照预定的轨迹和速度运动；并且速度可控，运动轨迹流畅，能够完成任务。在机器人中，关节的连续同步运动可以由末端执行器构成连续轨迹。其主要技术指标为轨迹跟踪精度和机器人末端执行器位置的稳定性。这种控制方式通常用于弧焊、喷漆、去边和检测机器人。

（3）速度控制方式　对机器人的运动控制来说，在位置控制的同时，还要进行速度控制，即对于机器人的方程，要求遵循一定的速度变化曲线。例如，在连续轨迹控制方式下，机器人按照预设的指令控制运动部件的速度和实现加、减速，以满足运动平稳、定位精确的要求。由于协作机器人是一种工况复杂、负载多变、惯性负载大的运动机械，在控制过程中必须处理好快速与平稳的矛盾，必须注意起动加速和停止前减速这两个过渡运动阶段。

（4）力/力矩控制方式　在进行抓放操作、去毛刺、研磨和组装等作业时，除了要求准确定位，还要求使用特定的力/力矩传感器对末端执行器施加在操作对象上的力进行控制。这种控制方式的原理与位置伺服控制的原理基本相同，但输入量和输出量不是位置信号，而是力/力矩信号，因此系统中必须有力/力矩传感器，有时还使用接近、滑行等传感器功能来实现自适应控制。

（5）智能控制方式　通过传感器来获取其周围环境的知识，以实现机器人的智能控制，并基于机器人的内部知识库做出相应的决策。智能控制技术应用于协作机器人，使其具有良好的环境适应性和学习能力。协作机器人智能控制技术的发展离不开人工神经网络、遗传算法、专家系统等人工智能技术的迅速发展。也许这一控制方式将使协作机器人具有真正的人工智能意识且难以控制。除了算法，智能控制还依赖于组件的精确度。

6.1.4　协作机器人控制系统的基本组成

机器人本体结构作为整个控制系统的控制对象，其结构形式直接决定着控制系统方案的选择。一套合理高效的硬件环境能够极大减少软件开发的工作量。同时，良好的硬件设计能够简化操作者的操作步骤，为用户带来更多的便捷。

本小节所介绍的协作机器人控制系统由控制器、示教盒、伺服驱动系统的硬件及I/O扩展硬件四部分组成，其基本组成如图6-1所示。

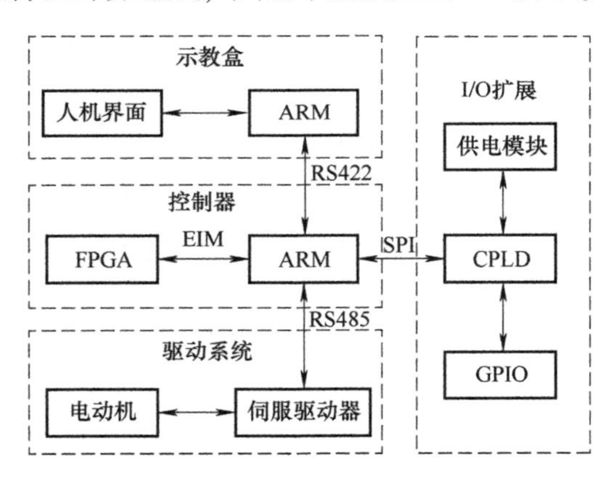

图6-1　协作机器人控制系统的基本组成

其中，控制器硬件是整套控制系统的核心部分，同时也是最为复杂的部分。控制系统硬件的设计应综合考虑性能、成本、可靠性等因素，并根据用户在实际应用中所要面对的问题进行合理的硬件布局，从而使整套系统高效易用。

（1）示教盒　协作机器人在轻型化和增强安全性后，允许操作者进入机器人的工作空间，操作者需要频繁与机器人进行物理接触，因此协作机器人的示教盒需要结构简单、易于操作。

（2）控制器　控制器采用ARM+FPGA的架构，支持RS485、CAN及USB

等多种通信接口。支持 Ethernet 接口，通过该接口能够与 PC 进行通信，便于仿真、调试和参数设置。控制器内部运行实时 Linux 操作系统，能够很好地进行任务调度和文件管理。通过加入 FPGA 增强了控制器的 PWM 脉冲处理能力，使控制器能够兼容传统的脉冲化方向的机器人控制模式，拓宽了控制器的适用范围。

（3）驱动系统　驱动单元与关节电动机一起内嵌于机器人关节之中，驱动单元通过接收来自控制的控制信号，生成相应的 PWM 控制信号，进而控制逆变电路，实现对电动机的驱动。由于协作机器人体积较小，关节内部空间十分有限，因此关节内部的反馈电路与驱动电路集成在一起。关节内部的反馈单元由磁编码器、光电编码器、惯性传感器、电流传感器及力矩传感器组成，反馈信息十分丰富，能够有效提升控制精度。磁编码器为绝对编码器，用于检测减速后电动机轴的位置和转速，并检测刚上电时电动机轴的位置信息。光电编码器为增量式编码器，用于检测减速前电动机轴的位置和转速。惯性传感器用于检测关节的姿态和加速度，并可以根据加速度信息检测出碰撞信息，从而触发急停，保障操作者的安全。电流传感器与力矩传感器均能间接或直接得到关节电动机当前的力矩，从而辅助控制器对机器人进行力矩控制。

（4）I/O 扩展　I/O 扩展单元用于对机器人末端工具的控制和支持，同时与外部辅助机构及外部传感器进行对接，从而将外部反馈信号输入至控制器，并能够将控制器的输出控制信号传达至外部机构。I/O 扩展单元可根据应用需求灵活部署，为用户提供更高的自由度。

6.2　协作机器人的位置控制

协作机器人位置控制是为了确保机器人能够没有偏差的到达期望的位置，是协作机器人非常重要的功能。协作机器人的关节通常由电动机进行驱动，操作者可以通过控制器控制关节中的电动机，从而实现对整个机械臂的控制。由于电动机通过控制增量进行移动，因此可以使机器人以准确的方式进行重复移动，具有高精度和可靠性。机器人位置控制示意如图 6-2 所示，将关节位置给定值与当前值相比较得到的误差作为位置控制器的输入量，经过位置控制器的运算后，将输出作为关节速度控制的给定值。因此，协作机器人每个关节的控制系统均为闭环控制系统。此外，对于协作机器人的位置控制，位置检测元件是必不可少的。关节位置控制器常采用 PID 算法、模糊控制算法等。

位置控制可分为点位控制和连续轨迹控制两类。点位控制的特点是仅控制在离散点上机器人末端的位置和姿态，要求尽快而且无超调地实现机器人在相邻点之间的运动，但对相邻点之间的运动轨迹一般不做具体规定。点位控制的主要技术指标是定位精度和完成运动所需要的时间。连续轨迹控制的特点是连续控制机器人末端的位置和姿态轨迹。一般要求速度可控、运动轨迹光滑且运动平稳。连续轨迹控制的技术指标是轨迹精度和平稳性。

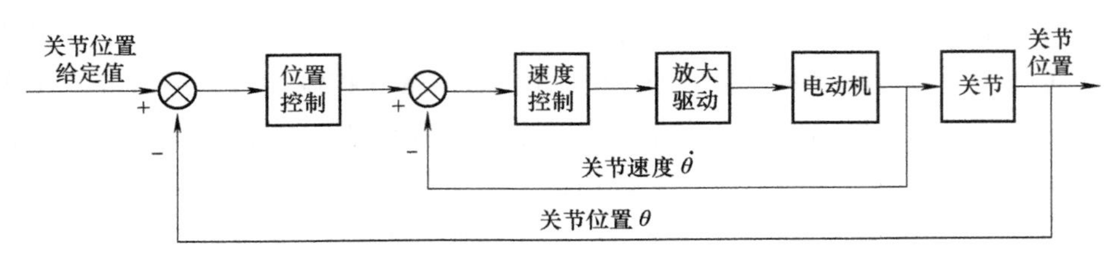

图 6-2　机器人位置控制示意

关于协作机器人的运动控制，在位置控制的同时，有时还需要进行速度控制。例如，在连续轨迹控制方式的情况下，机器人按照预定的指令控制运动部件的速度和实行加、减速，以满足运动平稳、定位准确的要求。由于协作机器人是一种工作情况多变、惯性负载大的运动机械，要处理好快速与平稳的矛盾，必须控制起动加速和停止前减速这两个过渡运动区段。

速度控制通常用于对目标跟踪的任务中，机器人的关节速度控制如图 6-3 所示。对于机器人末端笛卡儿空间的位置、速度控制，其基本原理与关节空间的位置和速度控制类似。

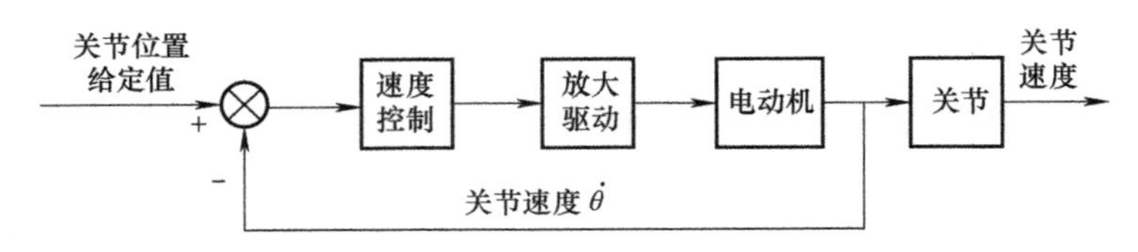

图 6-3　机器人的关节速度控制

实际应用中的协作机器人几乎都是采用反馈控制的，利用各关节传感器得到的反馈信息，计算所需的力矩，发出相应的力矩指令，以实现所要求的运动。

6.2.1　单关节位置控制

1. 单关节位置控制的基本原理

单关节控制器指在不考虑关节之间相互影响的情况下，对其中一个关节独立设置的控制器。在单关节控制器中，机器人的机械惯性影响常常被作为扰动项考虑。把机器人看作刚体结构，图 6-4 给出了机器人单关节电动机负载模型。

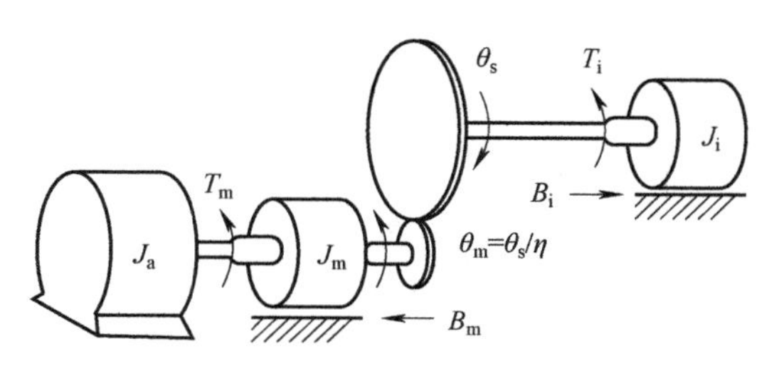

图 6-4　机器人单关节电动机负载模型

其中：

J_a—— 单关节驱动电动机转动惯量；

T_m——直流伺服电动机输出转矩；

J_m——单关节夹手负载在传动端的转动惯量；

B_m——传动端的阻尼系数；

η ——齿轮减速比；

θ_m——传动端角位移；

θ_s ——负载端角位移；

T_i ——负载端总转矩；

J_i ——负载端总转动惯量；

B_i ——负载端阻尼系数。

下面研究负载端角位移 θ_s 与电动机电枢电压 U 之间的传递函数。

电动机的输出转矩为

$$T_m = K_C I \tag{6-1}$$

式中，K_C 为电动机的转矩常数，单位为 N · m/A；I 为电枢绕组电流，单位为 A。

电枢绕组的电压平衡方程为

$$U - K_b \frac{d\theta_m}{dt} = L\frac{dI}{dt} + RI \tag{6-2}$$

式中，θ_m 为传动端角位移单位为 rad；K_b 为电动机反电动势常数，单位为 V/(rad/s)；L 为电枢电感，单位为 H；R 为电枢电阻，单位为 Ω。

对式（6-1）和式（6-2）进行拉氏变换，经整理后可得

$$T_m(s) = K_C \frac{U(s) - K_b s\theta_m(s)}{Ls + R} \tag{6-3}$$

电动机输出轴的转矩平衡方程为

$$T_m = J_a + J_m \frac{d^2\theta_m}{dt^2} + B_m \frac{d\theta_m}{dt} + iT_i \tag{6-4}$$

负载端的转矩平衡方程为

$$T_i = J_i \frac{d^2\theta_s}{dt^2} + B_i \frac{d\theta_s}{dt} \tag{6-5}$$

对式（6-4）和式（6-5）分别进行拉氏变换可得

$$T_m(s) = (J_a + J_m)s^2\theta_m(s) + B_m s\theta_m(s) + iT_i(s) \tag{6-6}$$

$$T_i(s) = (J_i s^2 + B_i s)\theta_s(s) \tag{6-7}$$

联立式（6-6）和式（6-7），并考虑 $\theta_m(s) = \theta_s(s)/\eta$ ，可导出

$$\frac{\theta_m(s)}{U(s)} = \frac{K_C}{s[J_{eff} Ls^2 + (J_{eff} R + B_{eff} L)s + B_{eff} R + K_C K_b]} \tag{6-8}$$

式中，J_{eff} 为电动机轴上的等效转动惯量，$J_{eff}=J_a+J_m+\eta^2 J_i$；$B_{eff}$ 为电动机输出轴上的等效阻尼系数，$B_{eff}=B_m+\eta^2 B_i$。

式（6-8）描述了输入控制电压 U 与驱动轴角位移 θ_m 之间的关系。等式右侧分母中括号外的 s 表示从施加电压 U 开始为 0 时刻，θ_m 是对时间 t 的积分；而中括号内的部分，表明该系统是一个二阶控制系统。将式（6-8）左右同乘 s 后得到

$$\frac{s\theta_m(s)}{U(s)} = \frac{\omega_m(s)}{U(s)} = \frac{K_C}{J_{eff} Ls^2 + (J_{eff} R + B_{eff} L)s + B_{eff} R + K_C K_b} \tag{6-9}$$

为了构成对负载轴的位移控制器，必须进行负载轴的角位移反馈，即用某一时刻 t 所需要的角位移 θ_d 与实际角位移 θ_s 之差所产生的电压来控制该系统。用光学编码器作为实际位置的传感器，可以求取位置误差，误差电压为

$$U(t) = K_\theta(\theta_d - \theta_s) \tag{6-10}$$

式中，K_θ 为转换常数，单位为 V/rad。

同时，令 $E(t)=\theta_d(t)-\theta_s(t)$，$\theta_s(t)=\eta\theta_m(t)$，对这三个表达式分别进行拉氏变换可得

$$\begin{aligned} U(s) &= K_\theta[\theta_d(s) - \theta_s(s)] \\ E(s) &= \theta_d(s) - \theta_s(s) \\ \theta_s(s) &= \eta\theta_m(s) \end{aligned} \tag{6-11}$$

此控制器的结构框图如图 6-5a 所示。从理论上讲，式（6-9）表示的二阶系统是稳定的。通过调整系统的增益（如增大 K_θ ），可以提高系统响应速度；若将电动机传动轴等部位的阻尼作为系统负反馈的一部分，从而加强反电动势的

作用效果，也可以提高系统响应速度。

图 6-5b 为具有速度反馈的位置控制系统，其中 K_t 为测速发电机的传递系数，K_1 为速度反馈信号放大器的增益。由于电动机电枢回路的反馈电压已经由 $K_b\theta_m(t)$ 增加为 $K_b\theta_m(t)+K_1K_t\theta_m(t)=(K_b+K_1K_t)\theta_m(t)$，所以其对应的开环传递函数为

$$\frac{\theta_s(s)}{E(s)}=\frac{iK_\theta K_C}{s[LJ_{eff}s^2+(RJ_{eff}+LB_{eff})s+RB_{eff}+K_CK_b]} \tag{6-12}$$

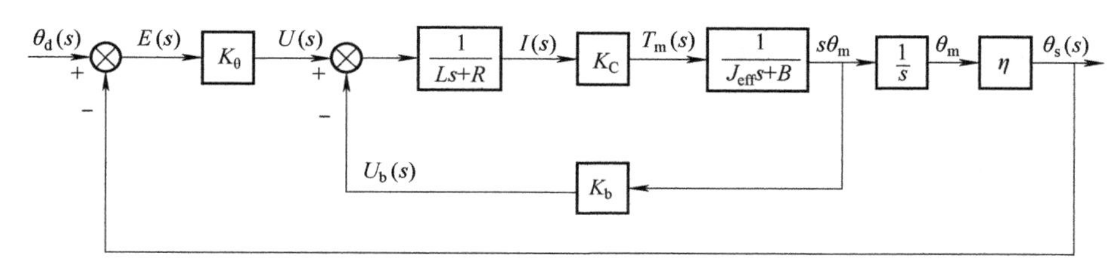

a）单关节位置控制器

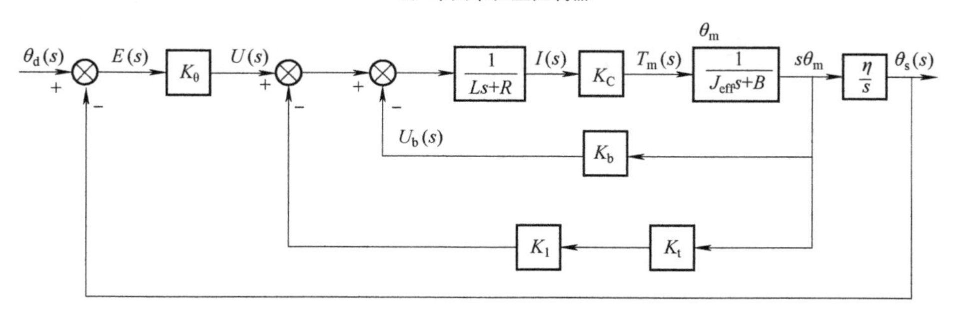

b）具有速度反馈功能的位置控制系统

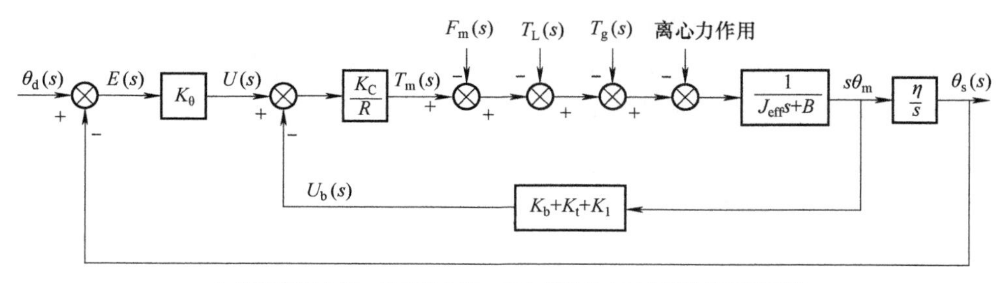

c）考虑摩擦力矩、外负载力矩、重力矩及向心工作的位置控制系统

图 6-5　单关节机械手位置控制系统结构框图

考虑到机器人驱动电动机的电感 L 一般很小（10mH 左右），而电阻约为 1Ω，所以可以略去式（6-12）中的电感 L，整理可得

$$\frac{\theta_s(s)}{E(s)}=\frac{iK_\theta K_C}{s(RJ_{eff}s+RB_{eff}+K_CK_b)} \tag{6-13}$$

图 6-5a 的单位反馈位置控制系统的闭环传递函数为

$$\frac{\theta_s(s)}{\theta_d(s)}=\frac{\theta_s/E(s)}{1+\theta_s/E(s)}=\frac{iK_\theta K_C}{RJ_{eff}s^2+(RB_{eff}+K_CK_b)s+iK_CK_b} \tag{6-14}$$

图 6-5c 考虑了摩擦力矩、外负载力矩、重力矩及向心力的作用。以任一干扰动作作为干扰输入，可写出干扰的输出与传递函数。利用拉氏变换中的终值定理，即可求得因而干扰引起的静态误差。

2. 带力矩闭环的关节位置控制

本小节所介绍的力矩闭环的单关节位置控制系统是一个三闭环控制系统，由位置环、力矩环和速度环构成，其结构示意如图 6-6 所示。

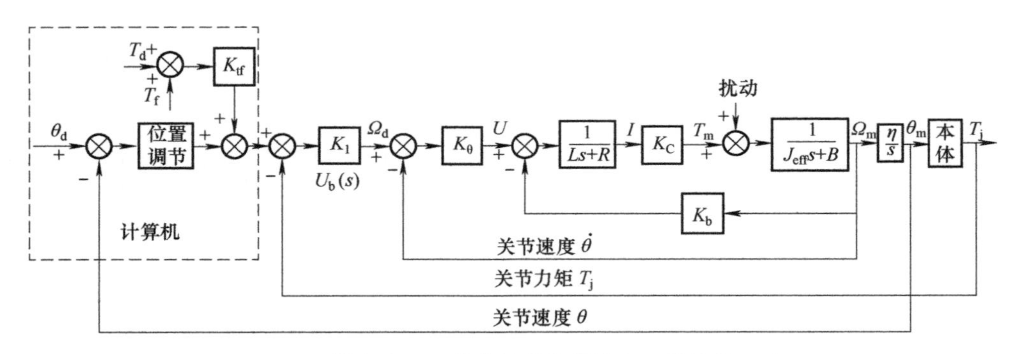

图 6-6　带有力矩环的单关节位置控制系统结构示意

速度环为控制系统内环，其作用是通过对电动机电压的控制使电动机表现出期望的速度特性，速度环的给定是力矩环偏差经过放大后的输出（电动机角速度 Ω_d），速度环的反馈是关节角速度 Ω_m，Ω_d 与 Ω_m 的偏差作为电动机电压驱动器的输入，经过放大后成为电压 U，其中 K_θ 表示转换常数（比例系数）。电动机在电压 U 的作用下，以角速度 Ω_m 旋转。$1/(Ls+R)$ 为电动机的电磁惯性环节，其中 L 为电枢电感，R 为电枢电阻，I 为电枢电流。考虑到一般情况下可以忽略电感 L 的影响，环节 $1/(Ls+R)$ 可用 $1/(L_{eff}s+R)$ 代替。$1/(L_{eff}s+R)$ 为电动机的机电惯性环节，K_C 为电流力矩常数，即电动机力矩 T_m 与电枢电流 I 之间的系数。

力矩环为控制系统内环，介于速度环和位置环之间，其作用是通过对电动机电压的控制使电动机表现出期望的力矩特性。力矩环的给定由两部分组成，一部分是位置环位置调节器的输出，另一部分由前馈力矩 T_f 和期望力矩 T_d 组

图 6-8b 所示，柱销与操作机器人之间设有类似弹簧的机械结构，当柱销插入孔内遇到阻力时，弹簧系统就会产生变形，使阻力减小，以使柱销轴与孔轴重合，保证柱销顺利地插入孔内。由于被动柔顺控制存在各种各样的缺点和不足，主动柔顺控制、力控制逐渐成为主流的研究方向。

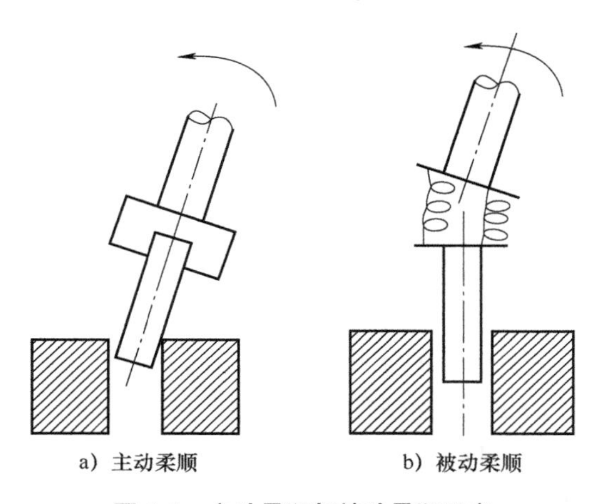

a）主动柔顺　　b）被动柔顺

图 6-8　主动柔顺与被动柔顺示意

6.3.2　柔顺力控制的实现方法

早在 20 世纪 70 年代，Drake 就提出了采用被动装置（遥操作柔顺中心装置）实现柔顺控制的方法。当今，柔性执行器的设计已成为一个热点的研究领域，GA. Pratt 提出了系列弹性执行器（SEA），并且这一执行器已大量应用于商业领域。然而，早期的 SEA 具有固定柔顺性的特点，为了解决这一问题，在过去的十几年里，学者对变阻尼、变刚度执行器的设计进行了大量研究，柔性执行器的提出相比控制算法实现柔顺性具有抗冲击、与外界环境接触稳定性好等特点，一定程度上保证了人机协作的鲁棒性和安全性。但是，采用柔性装置实现机器人的柔顺性具有明显的缺陷，最大的缺陷是柔顺装置的采用降低了机器人的精度，使机器人的控制问题变得更加困难，且机器人的柔顺区域受到严重限制。其次，软控制器的采用多数注重于关节刚度的变化，而将关节阻尼固定。在实际中，这样的设计会导致欠阻尼或过阻尼系统的产生，最终导致极差的轨迹跟踪效果。即使当前学者对于变阻尼软执行器进行了一定研究，但仍然存在变化速度慢、效率低等问题，无法满足随机变化的接触式人机协作系统中机器人柔顺性快速响应的要求。

机器人与外界环境产生交互、实现机器人的柔顺控制一直是学术界和技术界的难题，尤其随着对协作机器人需求的不断增加，对机器人协作柔顺性也提出了越来越高的要求，因此解决人机协作中机器人的柔顺控制问题更显重要和紧迫。

关于机器人柔顺性问题的研究已经历了数十年的历史，其相应控制算法的研究也一直是学者研究的重要内容。早期在机器人的自由控制问题（未与外界交互）研究工作中，学者关注的是逆运动学控制、自适应运动控制和独立关节 PID 控制等理论框架的完善，这些问题的研究也一直持续到了今天。与此同时，机器人与外界环境交互问题的研究工作逐渐趋于形成一种特定的控制方法，即阻抗控制。随着阻抗控制的提出与完善，人们发现在很多接触式人机协作领域中，传统的高速、高精度控制方法无法实现的场景，阻抗控制框架可提升人机协作的表现。例如，L. Villani 证明了在不确定运动目标和接触位置的任务中，采用阻抗控制可对这些不确定的干扰做出适当的响应，这些响应有利于目标任务的完成。为了使传统的阻抗控制更具实用性，DE. Whitney 提出了基于力反馈的自适应阻抗控制方法。MT. Mason 针对同时控制力与位置的矛盾，提出了将空间分为正交的力控制方向和位置控制方向，MH. Raibert 提出的力-位混合控制思想也属于这一控制策略的扩展。然而，当运动方向变化时，这类力-位混合控制方法失效。

阻抗控制不仅局限于基础控制算法的应用，它也可被当作一种基础理论方法，面对不同的控制对象和需求推广出多种控制方法。J. Won 对这些控制方法进行了研究，指出了扭矩控制的应用环境。在实际协作机器人控制中，存在机器人动力学复杂、非线性、动力学参数难以估计等问题，采用扭矩控制存在系统不稳定等因素。为此，通常对交互力进行测量，根据期望的阻抗控制方程计算运动轨迹，并将这一轨迹信息赋予高性能位置控制器，实现基于位置的阻抗控制。上述采用的扭矩控制和位置控制通常分别称为阻抗控制和导纳控制。阻抗控制的应用具有更好的鲁棒性和严格的接触条件，而导纳控制通常具有更广泛的应用，尤其在机器人的自由运动状态具有更好的表现。为了实现阻抗控制，机器人关节处的执行器须实现扭矩控制。在 20 世纪 80 年代~20 世纪 90 年代，一些科研机构开始搭建扭矩控制平台，自此出现了若干采用精确扭矩控制的机器人控制器，如 Albu Schaffer 在机器人关节处添加扭矩传感器，高性能的扭矩控制实现了机器人的阻抗控制。这一成果在 KUKA 的 LWR 轻型机器人中得到应用，这一代表性机器人如今被广泛应用于科研领域和工业环境。

在阻抗控制中，虽然恒定的阻抗参数在某些特定的情景中已是比较合理的解决方案，但变化的阻抗参数可以使机器人更加灵活，尤其在接触式人机协作中能够大大提高机器人的柔顺性。变阻抗参数控制可被理解为一种特殊的增益调整控制方式。M Kalakrishnan 采用变阻抗参数的方式实现了机器人划火柴。在机器人的仿生实验中，E. Burdet 采用了基于任务的机器人变阻抗控制。在接触式人机协作中，多变的运动任务特性对变阻抗控制的要求更加严格，而合理的变阻抗参数控制方式使人机协作更加自然，提高了人机协作的安全性，使合作者更加轻松。然而，在实际的人机协作系统中，具有强烈的非线性特征，当前的非线性系统常采用线性控制的设计方法进行研究，但效果并不太令人满意。另外，协作任务的多样性、环境的复杂性、阻抗参数变化的规律无穷尽。因此，仅采用变阻抗参数的方式实现柔顺控制，并不能从根本上实现接触式人机协作中机器人像人一样自然、柔顺的运动。

基础的阻抗控制或导纳控制作为两种经典的柔顺控制方法，是开展机器人柔顺性研究工作的基石，给机器人领域的研究工作带来了丰硕的成果。当前，人们为了实现机器人的柔顺控制，关注最多的方面仍然是如何在任务执行过程中，改变机器人的阻抗和导纳参数。采用的方法包括预先设定阻抗法、机器学习变阻抗法、模糊控制变阻抗法、自适应变阻抗法等。另外，还有研究人员从机器人的动力学出发研究机器人的柔顺控制方法，这些方法对于机器人的柔顺控制起到了一定的作用，但仍未彻底解决人机协作中机器人的柔顺控制问题。

6.4　协作机器人经典力控制算法

协作机器人在受限空间运动的控制与在自由空间运动的控制相比，主要增加了对其作用端与外界接触作用力（包括力矩）的控制要求，因此受限空间运动的控制一般称为力控制。在实际应用中，如果对这种作用力控制得不当，不仅可能达不到控制要求，还可能使工件之间产生过强的碰撞而导致工件变形、损伤甚至报废，还可能造成机器人的损伤，因此这时对作用力的控制是至关重要的。由于在受限空间，改变运动轨迹的同时会改变作用力的大小，而力控制既要求机器人沿一定的轨迹运动，又要求作用力在一定的范围内，这两者相互矛盾，控制时必须兼而顾之。

力控制的主要目的就是碰撞检测，在发生碰撞时能够识别碰撞并使碰撞带来的不良后果达到最小。目前，实现力控制的方法一般有两种，在有些如装配等作业中，可简单地采用轨迹控制方法，间接达到控制力的目的。但显而易见，此时将要求机器人的轨迹和加工工件的位置都有很高的精度，特别是对精度要求较高（如配合公差小）的作业。而要提高轨迹控制精度则是一个苛刻的要求，也是有一定限度的，并且经济代价高。

另一种是直接的力控制算法，它在轨迹控制的基础上给机器人提供力或触觉等传感器，使机器人在受限方向上运动时能检测到与外界之间的作用力，并根据检测到的力信号按一定的控制规律对作用力进行控制，从而对作业施加的限制产生一种依从性运动，保证作用力为恒值或在一定的范围内变化。所谓依从性运动，就是从轨迹控制的角度而言，控制器对外界施加的作用力干扰不是像常规位置控制器那样对其抵抗或消除，而是进行一定程度的“妥协”，即顺应或依从，从而以一定的位置偏差为代价来满足力控制的要求。这种方法由于力信号的引入而提高了轨迹控制的精度和控制器对外界条件变化的适应能力。本章提到的力控制通常指的也是这种控制方式。

阻抗控制和力-位混合控制是经典力控算法中最具有典型意义的两种结构，为协作机器人力控制研究打下了坚实的基础。

6.4.1　协作机器人的阻抗控制

1. 力反馈型阻抗控制

机器人末端执行器所受的力或力矩，可用多种 6 维力或力矩传感器测量。将利用力或力矩传感器测量的力信号引入到位置控制系统，可构成力反馈型阻抗控制，力反馈型阻抗控制原理如图 6-9 所示。

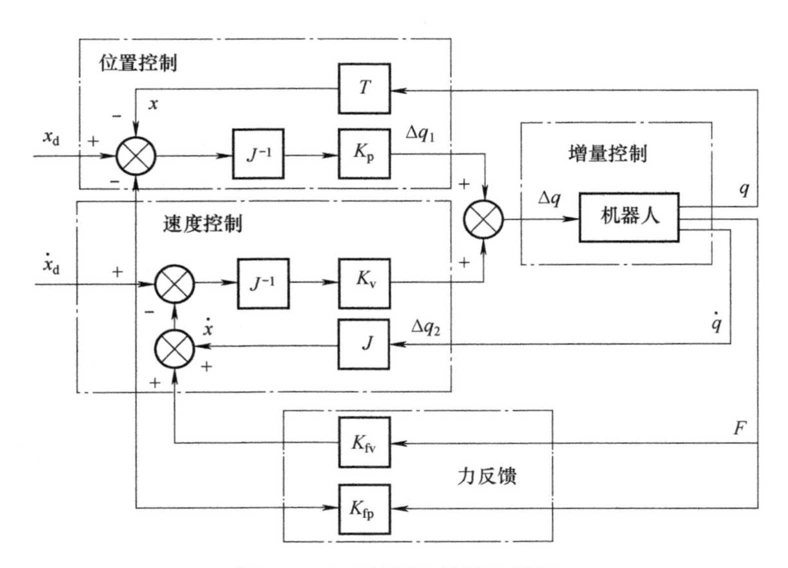

图 6-9　力反馈型阻抗控制原理

在不考虑力反馈通道时，图 6-9 所示系统是一个基于雅可比矩阵的增量式控制系统，由位置控制和速度控制两部分组成。位置控制部分以期望的位置 x_d 为输入，位置反馈由关节位置利用正运动学方程 T 计算获得。速度控制部分以期望的速度 $\dot{x}_d$ 为输入，速度反馈由关节位置利用雅可比矩阵计算获得。力反馈引入位置控制和速度控制后，机器人末端执行器表现出一定的柔顺性，刚度降低，并具有黏滞阻尼特性。

对于位置控制，根据图 6-9，可以计算其输出

$$\Delta q_1 = K_p J^{-1}[x_d - T(q) - K_{fp}F] \tag{6-17}$$

式中

F——机器人末端执行器所受的广义力，单位为 N；

K_{fp}——位置控制部分的力与位置变换系数；

K_p——位置控制系数。

对于速度控制，根据图 6-9，可以计算对应的输出

$$\Delta q_2 = K_v J^{-1}(\dot{x}_d - Jq - K_{fv}F) \tag{6-18}$$

式中

$\dot{q}$——关节速度矢量，单位为 m/s；

K_{fv}——速度控制部分的力与位置变换系数；

K_v——速度控制系数。

一般地，雅可比矩阵 J 是关节位置矢量的函数。在有关位置矢量的小邻域内，可以认为 J 是常量，根据第 5 章速度运动学的知识，广义位置矢量 x 的微分运动量 dx 与关节坐标矢量 q 的微分运动量 dq 之间的关系为 $dx = J(q)dq$ ，对该式求一阶导数，可得

$$d\dot{q} = J^{-1}(\dot{x}_d - \dot{x}) = J^{-1}(\dot{x}_d - J\dot{q}) \tag{6-19}$$

通过比较式（6-18）和式（6-19），可以看出，速度控制也是以微分运动为基础的，而且以 J 在关节位置矢量的小邻域内是常量为前提的。因此，速度控制的周期不应过长，以免使式（6-19）不成立，从而导致速度估计不准确；另外，力反馈的引入增加了机器人末端的速度控制的黏滞特性。当末端受到外力或力矩时，力反馈的引入使得速度可以存在一定的偏差，从而使机器人末端表现出柔顺性。K 越大，机器人末端的黏滞阻尼越大。

位置控制部分的输出 Δq_1 和速度控制部分的输出 Δq_2 相加，作为机器人的关节控制增量 Δq ，用于控制机器人的运动。因此，图 6-9 所示的力反馈型阻抗控制，本质上是以位置控制为基础的。需要注意的是，对于该力反馈型阻抗控制，机器人末端的刚度在一个控制周期内是不受控制的，即机器人的末端在一个控

制周期内并不具有柔顺性。

2. 位置型阻抗控制

接下来介绍协作机器人位置型阻抗控制的控制原理，如图 6-10 所示。

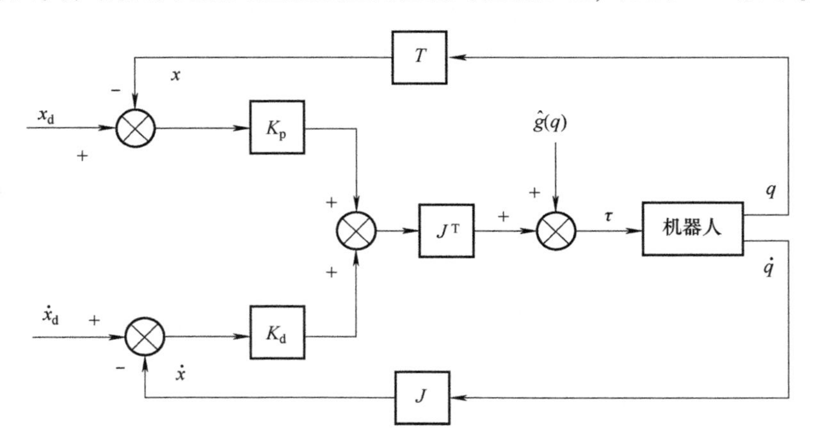

图 6-10 位置型阻抗控制原理

假设机器人的动力学方程如下

$$\tau = H\ddot{q} + C\dot{q} + g(q) \tag{6-20}$$

式中

T——关节空间的力或力矩矢量；

H——机器人惯量矩阵；

C——阻尼矩阵；

$g(q)$——重力项。

位置型阻抗控制指机器人末端没有受到外力作用时，通过位置与速度的协调而产生柔顺性的控制算法，该控制算法利用位置偏差和速度偏差产生笛卡儿空间的广义控制力，转换为关节空间的力或力矩后，控制机器人的运动。

位置型阻抗控制的控制率为

$$\tau = \hat{g}(q) + J^T[K_p(x_d - x) + K_d(\dot{x}_d - \dot{x})] \tag{6-21}$$

式中

$\hat{g}(q)$——重力补偿项；

K_p——刚度系数矩阵；

K_d——阻尼系数矩阵。

将式（6-21）代入式（6-20），可以获得位置型阻抗控制的动力学方程如下

$$H\ddot{q} + C\dot{q} + g(q) = \hat{g}(q) + J^T[K_p(x_d - x) + K_d(\dot{x}_d - \dot{x})] \tag{6-22}$$

若重力项补偿 $\hat{g}(q)$ 能完全补偿重力项 $g(q)$，则上述动力学方程简化为

$$H\ddot{q} + C\dot{q} = \hat{g}(q) + J^{\mathrm{T}}[K_{\mathrm{p}}(x_{\mathrm{d}} - x) + K_{\mathrm{d}}(\dot{x}_{\mathrm{d}} - \dot{x})] \tag{6-23}$$

由式（6-23）可知，当机器人的当前位置 x 达到期望位置 x_{d}，当前速度 $\dot{x}$ 达到期望速度 $\dot{x}_{\mathrm{d}}$ 时，$x_{\mathrm{d}}-x=0$，$\dot{x}_{\mathrm{d}}-\dot{x}=0$，此时有 $H\ddot{q}+C\dot{q}=0$，机器人各个关节不再提供除重力项以外的力或力矩，机器人处于无激励的平衡状态。

另外，当机器人处于奇异位置时，$J=0$，此时机器人也处于无激励的平衡状态，但位置和速度均可能存在误差。

3. 柔顺型阻抗控制

柔顺型阻抗控制指协作机器人末端受到环境的外力作用时，通过位置与外力的协调产生柔顺性的控制算法。该控制算法根据环境外力、位置偏差和速度偏差产生笛卡儿空间的广义控制力，转换为关节空间的力或力矩后，控制协作机器人的运动。与上述的位置型阻抗控制相比，柔顺型阻抗控制只是在笛卡儿空间的广义控制力中增加了环境力，其控制原理如图 6-11 所示。

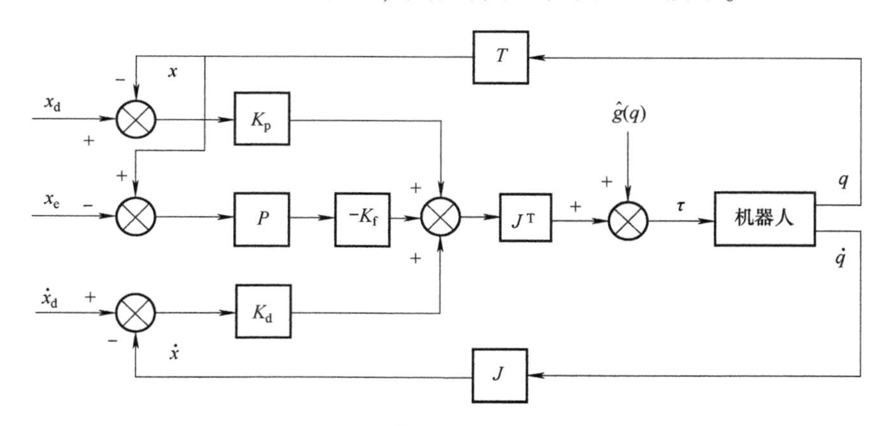

图 6-11　柔顺型阻抗控制原理

当机器人的末端执行器接触弹性目标时，目标会由于弹性变形而产生弹力，作用于机器人的末端执行器。在弹性目标被机器人末端执行器挤压时，机器人末端执行器的位置与弹性目标原来表面位置的偏差即为变形量。显然，当机器人末端执行器尚未达到弹性目标时，虽然机器人末端执行器的位置与弹性目标表面位置之间存在偏差，但弹性目标的表面变形量为零。为了便于描述目标的弹性变形量，这里首先定义一个正定函数

$$\boldsymbol{P}(x) = \begin{cases} x, & x > 0 \\ 0, & x \leqslant 0 \end{cases} \tag{6-24}$$

在式（6-21）的基础上，将弹力引入机器人的阻抗控制，得到阻抗型柔顺控制的控制率如下

$$\tau = \hat{g}(q) + J^{\mathrm{T}}[K_{\mathrm{p}}(x_{\mathrm{d}} - x) + K_{\mathrm{d}}(\dot{x}_{\mathrm{d}} - \dot{x}) - K_{\mathrm{f}}P(x - x_{\mathrm{e}})] \quad (6\text{-}25)$$

式中

K_{f}——环境力系数矩阵；

x_{e}——弹性目标表面原来的位置，单位为 m。

将式（6-25）代入式（6-20）中，若重力项补偿 $\hat{g}(q)$ 能完全补偿重力项 $g(q)$，则上述动力学方程简化为

$$H\ddot{q} + C\dot{q} = J^{\mathrm{T}}[K_{\mathrm{p}}(x_{\mathrm{d}} - x) + K_{\mathrm{d}}(\dot{x}_{\mathrm{d}} - \dot{x}) - K_{\mathrm{f}}P(x - x_{\mathrm{e}})] \quad (6\text{-}26)$$

由式（6-26）可知，当机器人的当前位置 x 到达期望位置 x_{d} 时，当前速度 $\dot{x}$ 达到期望速度 $\dot{x}_{\mathrm{d}}$，弹性目标无变形时，$x_{\mathrm{d}} - x = 0$，$\dot{x}_{\mathrm{d}} - \dot{x} = 0$，此时有 $H\ddot{q} + C\dot{q} = 0$，机器人各个关节不再提供除重力项以外的力或力矩，机器人处于无激励的平衡状态。与位置型阻抗控制类似，当机器人处于奇异位置时，$J = 0$，此时机器人也处于无激励的平衡状态，但位置和速度均可能存在误差，弹性目标也可能存在变形。

6.4.2 协作机器人的力-位混合控制

1. 力-位混合控制概述

按末端执行器是否与外界环境发生接触，可把机器人的运动分为两类。一类是不受任何约束的自由空间运动，如喷漆、搬运、点焊等作业。这类作业可用位置控制去完成。另一类是机器人末端与外界环境发生接触，在作业过程中，机器人末端有一个或几个自由度不能自由运动；或者要求机器人末端在某一个或几个方向上与工件（或外部环境）保持给定大小的力，如协作机器人完成旋曲柄、上螺钉、擦玻璃、精密装配和打毛刺等作业。这类作业仅仅采用位置控制已无法完成，必须考虑机器人末端与外界环境之间的作用力。这是由于环境和机器人本体非理想化，无法消除误差的存在，位置控制方式下的机器人在从事这类工作时将不可避免地产生环境接触力，太大的作用力可能损坏机器人及其加工工件，而制造更为精密的机器人与改变操作环境的方法可以避免这种现象的发生，但又极其困难且代价昂贵。为此，人们考虑在位置控制的基础上引入力控制环，这样就出现了力-位混合控制。

力-位混合控制是将任务空间划分为两个正交互补的子空间，即力控制空间和位置控制空间，在力控制空间中应用力控制策略进行力控制，在位置控制空

间应用位置控制策略进行位置控制。其核心思想是分别用不同的控制策略对力和位置直接进行控制，即首先通过选择矩阵确定当前接触点的力控和位控方向，然后应用力反馈信息和位置反馈信息分别在力控制回路和位置控制回路中进行闭环控制，最终在受限运动中实现力和位置的同时控制，力-位混合控制的基本原理如图 6-12 所示。

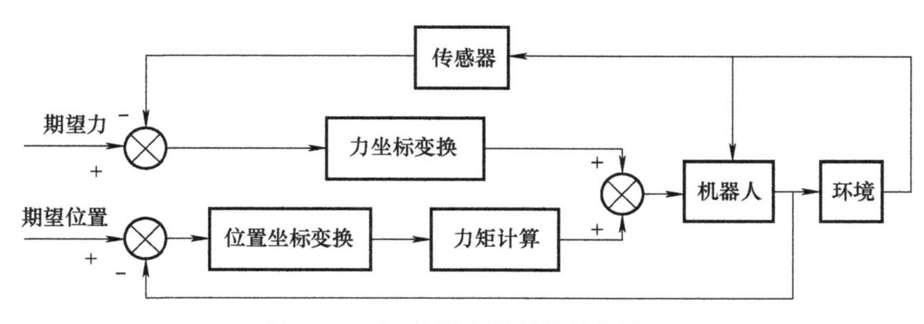

图 6-12 力-位混合控制的基本原理

从图 6-12 可以看出，协作机器人力-位混合控制过程可分成两个基本运动状态及这两个状态之间的转换：接触状态、非接触状态、两种运动状态之间的转换。从非接触状态到接触状态或从接触状态到非接触状态，控制模式都要切换。此类力控制方法可控制作用力跟随期望值变化，但控制器的结构依赖于机器人与接触环境的动力学特性，当机器人在接触环境不同的空间之间运动时，控制器必须变换。

2. 力-位混合控制方案

机器人末端执行器的 6 个自由度为笛卡儿空间的 6 个变量提供控制，当执行器的某个自由度受到约束时，再试图驱动所有关节将会导致机器人或接触表面损坏。对此，Mason 于 1979 年最早提出同时非矛盾地控制力和位置的概念和关节柔顺的思想，该方法的基本思想是对机器人的不同关节根据具体的任务要求，分别独立地进行力控制和位置控制，这种方法显然有一定的局限性。Raibert 和 Craig 根据 Mason 提出的依从运动任务描述的规范理论进一步发展了自由关节思想，进行了机器人力-位混合控制的重要试验，取得了良好的效果，并最终形成力-位混合控制理论，后来称这种控制器为 R-C 型控制器，具体的控制器结构如图 6-13 所示。

R-C 型力-位混合控制在笛卡儿空间中描述约束、区分位置控制与力控制，在一些方向上控制力，在另外的方向上控制位置，用两组平行互补的反馈环控制一个共同的目标。这种方法将测量到的关节位置 q 经过正运动学方程 T 转换

成笛卡儿坐标位置 x，与期望的笛卡儿坐标位置 X_d 比较，产生笛卡儿坐标下的位置误差，在转换到关节坐标之前，把力控制方向上的位置误差置成零，然后用一个雅可比逆变换 J^{-1} 转换到关节坐标，此误差经过 PID 控制器用以降低位置方向的误差。类似地，把经过力变换矩阵 K_{fb} 转换后的检测力 F 与期望力 F_d 相比较，得到笛卡儿坐标下的力误差，在此误差被转换成关节力矩之前，任何位置控制方向上的力误差都被置成零，变换后的误差经过 PID 控制器用以消除力控制方向上的误差。

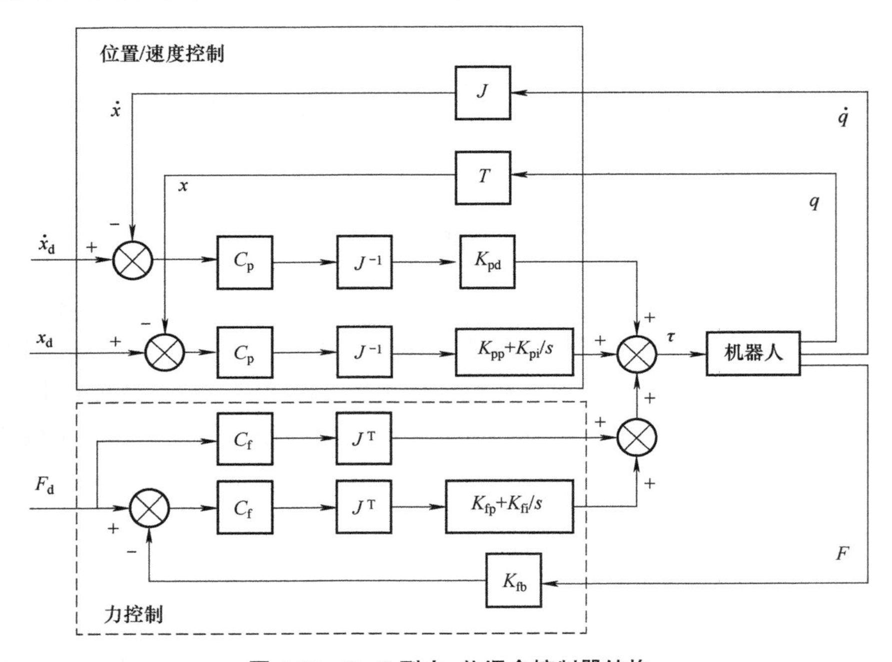

图 6-13　R-C 型力-位混合控制器结构

位置/速度控制部分由位置和速度两个通路构成。位置通路以末端执行器期望的笛卡儿位置坐标 x_d 作为输入，位置反馈由关节位置 q 利用正运动学方程 T 计算得到。利用雅可比矩阵的逆矩阵 J^{-1}，把笛卡儿空间的位置偏差转换为关节空间的位置偏差。

位置/速度控制部分经过 PI 处理后作为关节控制力或力矩的一部分。速度通路以末端执行器期望的笛卡儿空间速度 $\dot{x}_d$ 作为输入，速度反馈由关节速度 $\dot{q}$ 经过雅可比矩阵 J 计算获得。类似地，速度通路利用雅可比矩阵的逆矩阵 J^{-1}，将笛卡儿空间的速度偏差转换为关节空间的速度偏差。然后，经过比例计算，其结果作为关节控制力或力矩的一部分。其中，C_p 为位置/速度控制部分各个分量的选择矩阵，用来对各个分量的作用大小进行选择，表现为机器人末端各个分量的柔顺性不同。位置/速度控制部分产生的关节空间力或力矩的大小为

$$\tau_{\mathrm{p}} = (K_{\mathrm{pp}} + K_{\mathrm{pi}}/s)J^{-1}C_{\mathrm{P}}[x_{\mathrm{d}} - T(q)] + K_{\mathrm{pd}}J^{-1}C_{\mathrm{p}}(\dot{x}_{\mathrm{d}} - J\dot{q}) \tag{6-27}$$

式中

K_{pp}——位置通道的比例系数；

K_{pi}——位置通道的积分系数；

K_{pd}——速度通道的比例系数；

C_{p}——位置通道和速度通道的选择矩阵。

力控制部分由 PI 和力前馈通道组成。PI 通道以机器人末端执行器期望的笛卡儿空间力 F_{d} 作为输入，利用雅可比矩阵的转置 J^{T}，将笛卡儿空间的力偏差转换为关节空间的力偏差，经过 PI 运算处理后成为关节控制力或力矩的一部分。力前馈通道直接利用雅可比矩阵的转置 J^{T}，将期望力转换到关节空间，作为整个关节控制力或力矩的一部分。力前馈通道的作用是加快系统对期望力 F_{d} 的响应速度。C_{f} 为力控制部分各个分量的选择矩阵，用来对各个分量的作用大小进行选择。力控制部分产生的关节空间力或力矩为

$$\tau_{\mathrm{f}} = (K_{\mathrm{fp}} + K_{\mathrm{fi}}/s)J^{\mathrm{T}}C_{\mathrm{f}}[F_{\mathrm{d}} - K_{\mathrm{fb}}F] + J^{\mathrm{T}}C_{\mathrm{f}}F_{\mathrm{d}} \tag{6-28}$$

式中

K_{fp}——力通道的比例系数；

K_{fi}——位置通道的积分系数；

C_{f}——力控制部分的选择矩阵；

$K_{\mathrm{fb}}F$——测量得到的力。

综合前两个部分（位置/速度控制部分和力控制部分）的力或力矩，可得到总的力或力矩

$$\tau = \tau_{\mathrm{p}} + \tau_{\mathrm{f}} \tag{6-29}$$

3. 改进的 R-C 型力-位混合控制方案

Raibert 和 Craig 提出的 R-C 型力-位控制混合控制方案不够完善，为此 R. Zhang 等提出了把操作空间的位置环用等效的关节位置环代替的改进方法，但这种方法必须根据精确的环境约束方程来实时确定雅可比矩阵并计算其坐标系，需要用实时反映任务要求的选择矩阵来确定力控和位控方向。Khatib 引入一个平行的力控制环到原有的位置控制系统，实现了力-位混合控制，当笛卡儿坐标下的位置误差被检测到时，末端执行器在笛卡儿坐标下的一个 PID 控制实现会产生一个校正加速度，通过一个笛卡儿空间中的惯性矩阵转换成校正力，再被转换成力矩，控制末端执行器。从以上具有代表性的 Mason、Raibert、Craig 及

Khatib 等人的研究，可看出 R-C 型力-位混合控制的发展过程。

前面介绍的 R-C 型力-位混合控制没有考虑机器人动态耦合的影响，会导致机器人在工作空间某些非奇异位形上出现不稳定，在对该控制的不足之处进行深入分析后，研究人员提出了如下改进措施：

1）在力-位混合控制器中考虑机械手的动态响应，并对机械手所受的重力、科氏力和向心力进行补偿，如图 6-14 中的 $C(q,\dot{q})+g(q)$，以及位置/速度/加速度控制部分增加的惯量矩阵 $\hat{H}(q)$。

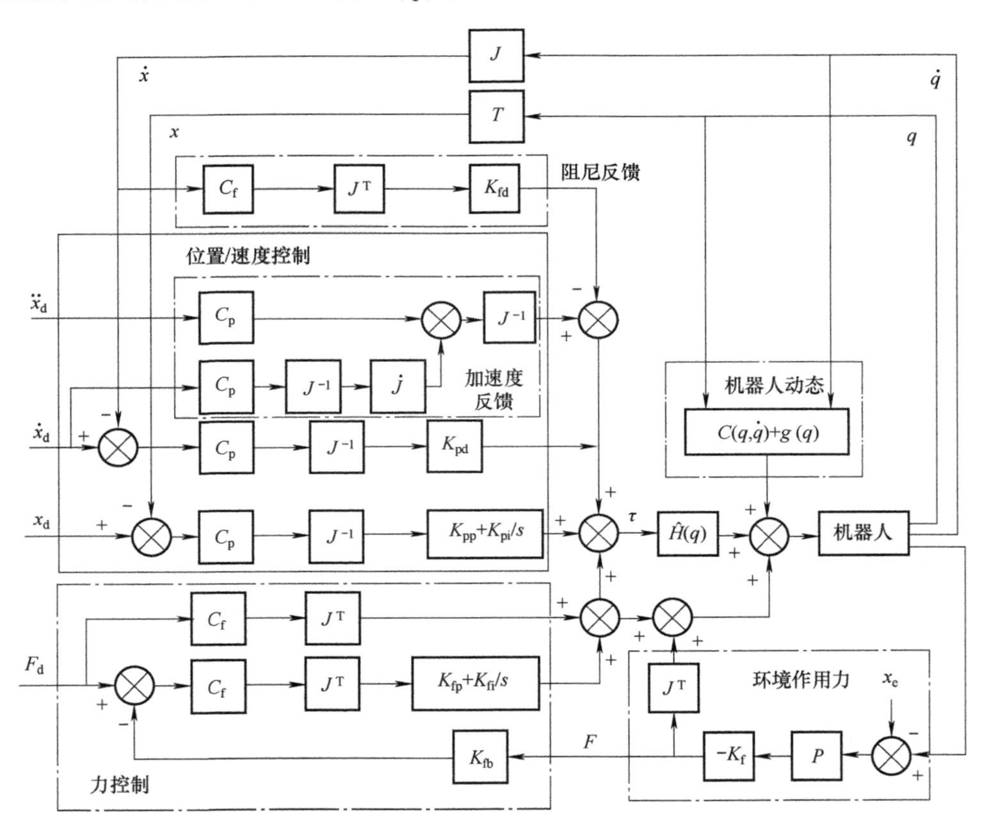

图 6-14　改进的 R-C 型力-位混合控制器结构

2）考虑力控制系统中的欠阻尼特性，在力控制回路中，加入阻尼反馈来削弱振荡因素的影响。在图 6-14 中，$K_{fd}J^{T}C_{f}$ 通道，其信号来自于机器人的当前速度 $\dot{x}$。

3）引入加速度反馈，以满足作业任务对加速度的要求，也可以使速度平滑过渡。考虑到雅可比矩阵 J 的时变性，可以把第 4 章的式（4-3）改写成 $\dot{x} = J(q)\dot{q}$，进一步地，有 $\ddot{x} = J(q)\ddot{q} + \dot{J}J^{-1}\dot{x}$，将 x 用 x_d 代替，整理后有

$$\ddot{q}d = J^{-1}(\ddot{x}_d - \dot{J}J^{-1}\dot{x}_d) \tag{6-30}$$

因此，加速度反馈部分，在图 6-14 中由 2 个通道组成，即 $J^{-1}C_p\ddot{x}_d$ 和 $J^{-1}\dot{J}J^{-1}C_p\dot{x}_d$ 通道。

4）考虑环境作用力的影响，以适应弹性目标对机器人刚度的要求，如图 6-14 所示的 $J^T K_f P$ 通道。

如图 6-14 所示，改进后的 R-C 型力-位混合控制方案由三大部分组成，即位置/速度/加速度控制部分、力控制部分和动态补偿部分。位置/速度/加速度控制部分由 4 个通道组成，即位置通道、速度通道、加速度前馈通道和阻尼通道，前 3 个通道采用 C_p 作为选择矩阵，阻尼通道采用 C_f 作为各个分量的选择控制矩阵。这 4 个通道产生的关节空间力或力矩的表达式为

$$\tau_p = \hat{H}\{(K_{pp} + K_{pi}/s)J^{-1}C_p[x_d - T(q)] + K_{pd}J^{-1}C_p(\dot{x}_d - J\dot{q}) + J^{-1}(C_p\ddot{x}_d - \dot{J}J^{-1}C_p\dot{x}_d) - K_{fd}J^T C_f J\dot{q}\} \tag{6-31}$$

式中

K_{fd}——阻尼通道的比例系数。

力控制部分由期望力前馈通道、PI 通道和环境作用力通道组成，该部分产生的关节空间力或力矩表达式为

$$\tau_f = (K_{fp} + K_{fi}/s)J^T C_f(F_d - K_{fb}F) + J^T C_f F_d - J^T K_f P(x - x_e) \tag{6-32}$$

动态补偿部分产生的力或力矩的表达式为上述几个部分在机器人关节空间产生的总的力或力矩

$$\tau_h = C(q,\dot{q}) + g(q) \tag{6-33}$$

$$\tau = \tau_p + \tau_f + \tau_h \tag{6-34}$$

4. 力-位混合控制存在的问题

力-位混合控制是一种思路非常清晰的控制方案，但实施起来却有诸多困难与问题。虽然力-位混合控制理论一直在不断地被改进和完善，但尚难以应用在复杂的实际生产中。

1981 年，Mason 提出了柔顺运动的一种控制方法，并使用精确的语言来描述力的控制[63]，为之后的力-位混合控制提供了理论基础。1984 年，Neville Hogan 指出仅控制位移和力等矢量是不充分的，提出了统一化方法的阻抗控制概念。1988 年，Anderson 和 Spong 提出了混合阻抗控制方法，把阻抗控制和力-位

混合控制结合成一种控制策略，这种策略能够承受更复杂的阻抗。目前，国外已经利用力-位混合控制原理，应用在美国斯坦福大学的PUMA560机器人上，实现了擦洗玻璃这样简单的任务。国内也有一些高校和科研机构进行力-位混合控制方面的研究，但对复杂的作业任务，尚停留在理论研究与仿真实验阶段，与实际应用还有一段距离。总之，力-位混合控制之所以难以应用在复杂的实际工作场合，是因为还存在以下问题：

① 作业环境空间的精确建模。作业环境空间的建模对力-位混合控制的影响较大，环境空间建模的不精确，使力-位混合控制难以完成既定的任务，对作业空间的精确建模也是十分困难的。

② 接触的转换。接触的转换不仅指从自由空间运动到约束空间运动的转换，更广泛的指从一个约束曲面到另一个约束曲面的转换，这种转换大部分存在不可避免的碰撞，刚性末端执行器与刚性环境的接触尚无完整的定义，碰撞瞬间产生的极大相互作用力，其相互作用的时间是微秒级的，若响应时间跟不上这个速度，则控制器可能在做出响应之前已经产生损害。

③ 控制策略的生成。对于每项任务采用何种控制策略，其指导性原则和理论贫乏，如何根据在线的传感器信息自动生成控制策略更是一道难题。

6.5 协作机器人拖动示教的零力控制

在“工业4.0”和“中国制造2025”的背景下，为了适应现代工业快速、多变的特点以及满足日益增长的复杂性要求，协作机器人不仅要能长期稳定地完成重复性工作，还要具备智能化、网络化、开放性、人机友好的特点。

作为协作机器人创新发展的一个重要方面，示教技术正在向利于快速示教编程和增强人机协作能力的方向发展。机器人示教方式分为传统示教和直接示教。

直接示教，又称手动示教或拖动示教，是人机协作的主要方式之一，即人直接通过手动拖动的方式完成对机器人的示教编程工作。传统示教方式主要依赖于示教盒，这样的示教方式工作效率较低、过程烦琐不直观、对操作人员的知识水平要求较高。采用直接示教的方式比较直观，且对现场操作人员的要求大大降低，从而提高了示教的友好性、高效性。

一个良好的直接示教控制方案的实现依赖于零力控制、示教轨迹记录及再现、安全技术等核心技术。

本小节主要对协作机器人的零力控制技术进行简要介绍，同时对比各类零

力控制技术实现方案的优缺点。当前，零力控制技术主要有两种实现方式：基于位置控制的零力控制技术和基于直接转矩控制的零力控制技术。图 6-15 所示为基于力传感器的零力控制方案。

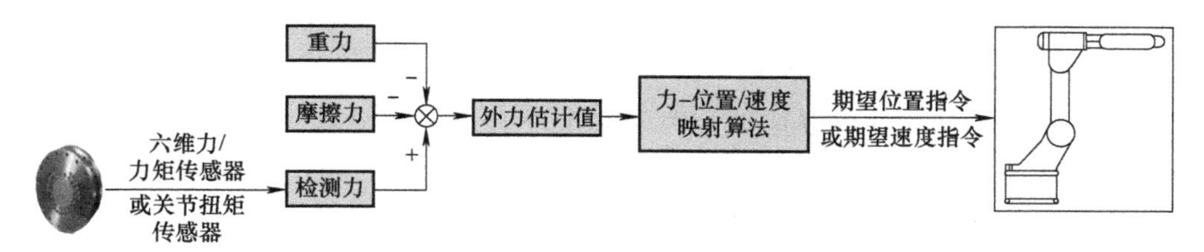

图 6-15　基于力传感器的零力控制方案

基于位置控制的零力控制技术，其核心是将外力的大小及方向转换为对应的位置指令，伺服驱动器一般工作在位置模式下，并通过对位置指令的跟踪实现直接示教功能。外力信息的获取主要有两种方式，一种是通过腕部力/力矩传感器抑或关节力矩传感器实现对外力的检测；另一种是采用估计的方法，将反馈力矩与经动力学模型计算的力矩做差，该差值即为所估计外力的大小。采用传感器的实现方案，相对于采用估计的实现方案，其优点是：

1）能够比较精确地检测外力的大小，系统的灵敏度较高。

2）由于有传感器作为外部绝对反馈，系统稳定性有更好的保证。

其缺点是：

1）采用了力传感器，提高了系统的成本。

2）采用了力传感器的情况下，若采用的是关节力传感器，则需要对关节重力进行补偿以提取出外力信息，若采用的是末端腕部力/力矩传感器，则仍需要对末端重力补偿以提取末端所受外力信息，系统的复杂性仍较高。

3）可以预见的是，虽然在直接示教模式下，机器人不会运动过快，但若机器人加速度较大，尤其是针对轻量型机器人，传感器所检测的力矩信息就不仅限于重力信息，还包括惯性力甚至科氏力和离心力，在这种情况下，很难有效地将外力从这些复合力的信息中提取出来，力传感器的作用也就被大幅弱化了。

4）示教系统性能的优良受限于传感器的性能，如温漂特性、灵敏度、抗噪性等。

以估计的方式获取外力信息的方案，其优点是由于未采用传感器，降低了系统的成本。但是，它也有如下缺点：

1）外力估计的准确性完全依赖于动力学模型的精确性，想要获取精确的动力学模型十分困难。

2）外力估计的正确性无法保证，虽然动力学模型能在较大程度上反映机器人系统的动态特征，但动力学的本质仍是将机器人系统看成一个二阶物理系统，它无法定量表示包括机械柔性，甚至一些非动力学因素，如装配问题、磨损问题在内的影响，因此仅以动力学模型作为外力估计的根本模型，所估计的外力甚至连正确性都无法得到保证。

3）系统的稳定性难以保证，由于完全没有外部信息作为反馈，系统无法闭环。

基于直接转矩控制的零力控制技术，其原理是通过计算各关节对应的重力及摩擦力，伺服控制器工作在转矩控制模式下，通过控制各关节伺服驱动器输出对应大小的力矩，则机器人在外力的作用下克服惯性力即可运动，如图 6-16 所示。

图 6-16　基于直接转矩控制的零力控制技术

相对于基于位置控制的零力控制技术，这样的实现方案有以下优点：

1）由于仅需要对重力和摩擦力做补偿，降低了系统的成本和复杂性。

2）不易受系统非动力学特性的影响。

3）计算量小。

其缺点主要有：

1）由于直接对力矩进行控制，系统对位置环和速度环的保护被弱化，如对故障状态下急停的处理。系统安全性设计的困难提高。

2）受机器人惯性大小影响显著，由于外力需要克服惯性力而运动，对于那些惯性较大的机器人，需要的外力也就越大。

通过上述对比可以看出，无论采用哪种实现方案，都存在这样或那样的缺点，在构建实际的零力控制系统时，需要多方权衡。

6.6　本章小结

本章从协作机器人的控制系统与控制方式出发，介绍了协作机器人的位置控制和力控制等相关内容。针对协作机器人与环境和人交互协作的柔顺性需求，本章重点阐述了基于阻抗控制的协作机器人柔顺控制方法，对阻抗控制器的设计方法、阻抗控制基本架构的选择及其与其他控制方法的结合、协作机器人建模、外界交互环境建模、力感知等关键问题的研究现状进行了介绍。

思考与练习

1. 协作机器人的控制系统具有哪些特点？

2. 协作机器人控制系统的基本功能有哪些？

3. 协作机器人的控制系统一般由哪些部分组成？各部分的作用分别是什么？

4. 进一步查阅相关资料，总结国内外典型协作机器人的控制系统分别由哪些部分组成，各有什么优缺点？

5. 在总结国内外协作机器人控制系统的基础上，尝试自己动手设计一套协作机器人控制系统，并画出控制系统的基本组成图。

6. 何为协作机器人的位置控制？何为力控制？

7. 何为主动柔顺控制？何为被动柔顺控制？

8. 进一步查阅相关资料，试回答协作机器人位置控制和力控制适用的场景有何不同？各有什么优缺点？

9. 何为协作机器人力-位混合控制？这种控制方式相较于单一的控制方式有什么优缺点？

10. 协作机器人拖拽示教有哪几种实现方式，其原理分别是什么？

第 7 章 协作机器人+机器视觉的融合与应用

机器视觉相当于机器人的眼睛，为机器人提供视觉感知、距离定位等重要信息，在协作机器人的实际应用中发挥着极其重要的作用。近些年，随着与协作机器人相关的制造业、服务业蓬勃发展，应用于协作机器人辅助控制的机器人视觉技术也发展得非常迅速。越来越多应用于协作机器人的模块化、一体化、易部署的机器视觉技术成为相关领域的技术热点。基于应用于协作机器人的机器视觉技术，本章主要介绍协作机器人和机器视觉的融合与应用情况，对协作机器人相关的机器视觉概念、基本应用原理及应用案例进行介绍。对于机器视觉相关的更详细的原理、理论及图像处理技术等知识，感兴趣的读者可参考相关书籍、文献等资料进一步学习。

7.1 视觉应用简介

7.1.1 基本概念

机器视觉指通过图像摄取装置将被摄目标转换成相应的图像或点云信息，传送给专用的计算机图像处理系统，得到被摄目标的形态信息，然后将采集到的像素分布、亮度、颜色或点云分布等信息，转变成相应的数字信号。图像处理系统对这些信号进行运算处理来抽取目标的特征，进而根据判别结果控制相应设备的动作，即通过机器视觉的应用，可以方便地对协作机器人进行目标动作的控制，实现指定的动作。

7.1.2 机器视觉系统的构成和分类

机器视觉系统主要由摄像头图像采集模块和图像处理模块组成。各模块的主要技术组成及分类如图 7-1 所示。其中，摄像头图像采集模块按照图像采集的特征类型，可分为 2D 图像采集摄像头和 3D 视觉摄像头。2D 图像采集摄像头指利用 CCD（电荷耦合器件）或 CMOS（互补金属氧化物半导体）这类感光元器件将获取到的图像信息转换成电信号，主要包含颜色、大小、轮廓形状等平面图像所能包含的信息。3D 视觉摄像头主要指利用双目摄像头或点云深度摄像头等技术手段，获取平面图像信息，以及目标物的距离、3D 轮廓形状、点位距离等空间信息。

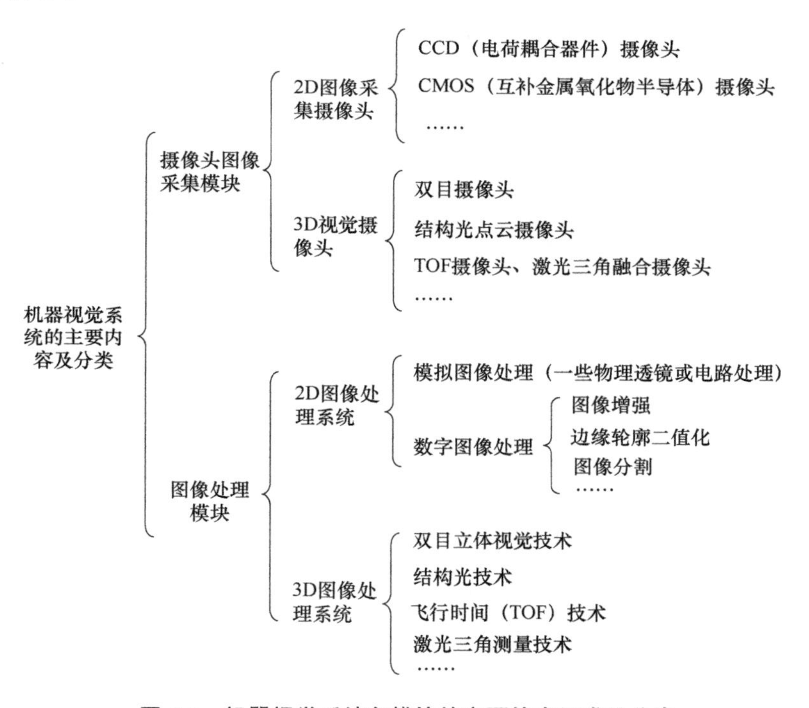

图 7-1　机器视觉系统各模块的主要技术组成及分类

按照机器视觉系统对视觉信息处理类型的不同，其图像处理系统可分为 2D 图像处理系统和 3D 图像处理系统两大类。2D 图像处理系统指对单目摄像头进行信息处理的计算机视觉处理系统。根据图像处理的前、后期环节，可分为模拟图像处理和数字图像处理两大类，图 7-2 所示为模拟图像和数字图像之间的关系。模拟图像处理主要指利用一些物理的方法对摄像头采集图像信息的过程进行处理，其处理的图像物理量是连续变化的。通常可以通过改变光圈大小和镜头焦段、在镜头上安装偏振片、安装辅助照明灯等方式对图像采集的过程进行处理。数字图像处理，又称计算机图像处理，是将图像信号转换成数字信号并利用计算机对其进行处理的过程。它主要利用计算机对数字图像进行去除噪声、增强、复原、分割、提取特征等处理。

近些年，随着计算机软硬件技术的发展、应用数学的发展和工业、医学、农牧业等行业的实际需要，涌现出一大批成熟的 2D 图像处理系统方案。例如，德国 MVTec 公司开发的 HALCON 视觉处理模块，包含了各类滤波、色彩以及几何、数学转换、形态学计算分析、校正、分类辨识、形状搜寻等基本的几何及影像计算功能；国内的有海康威视公司发布的 VisionMaster 系列机器视觉方案，以及来自奥普特视觉、天准科技、创科视觉等企业的视觉处理方案，都有着很广泛的实际应用。

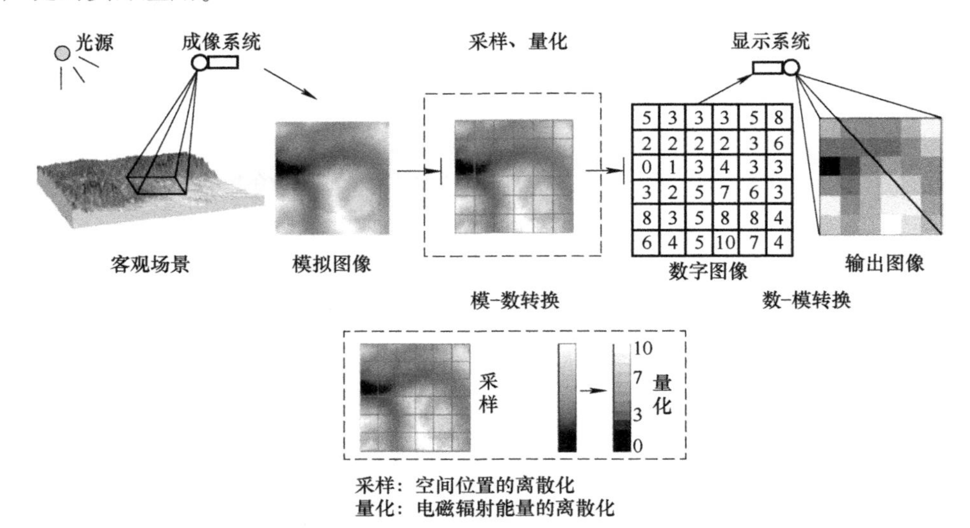

图 7-2　模拟图像和数字图像之间的关系

3D 图像处理系统，指对 3D 点云信息处理或者对双目或多目摄像头信息处理的计算机视觉处理系统。常见的有双目立体视觉、结构光系统、飞行时间（TOF）、激光三角测量四种 3D 图像处理技术。目前，这四种 3D 图像处理技术在实际的工业生产中都已有很多的实际应用。其中，双目立体视觉技术和结构光技术得益于成本相对较低、易部署、可靠性高、使用场景宽泛等特点，广泛应用于制造、服务等行业。

双目立体视觉技术的工作原理与人眼类似（图 7-3）。需要使用两个 2D 相机从两个不同位置为被测量物体拍摄图像，并使用激光三角测量技术计算 3D 深度信息。但是，当需要观察均匀的表面，以及当照明条件不良时，可能难以进行计算，因为这些情况通常数据过于混乱，无法得出确定的结果。这个问题可通过结构光技术解决，从而为图像生成清晰的预定义结构。

激光三角测量技术使用的是 2D 相机和激光光源。激光会将光线投射到目标区域，然后再使用 2D 相机进行拍摄。光线在接触被测物体的轮廓时会发生弯曲，因此可以根据多张照片中的光线位置坐标，计算出被测物体和激光光源之间的距离。激光三角测量技术的实现速度相对较慢，难以适应现代生产环境中不断加快的速度。在扫描过程中，此技术要在被测物体保持静止时才能记录激光线的改变情况。激光三角测量技术原理如图 7-4 所示。

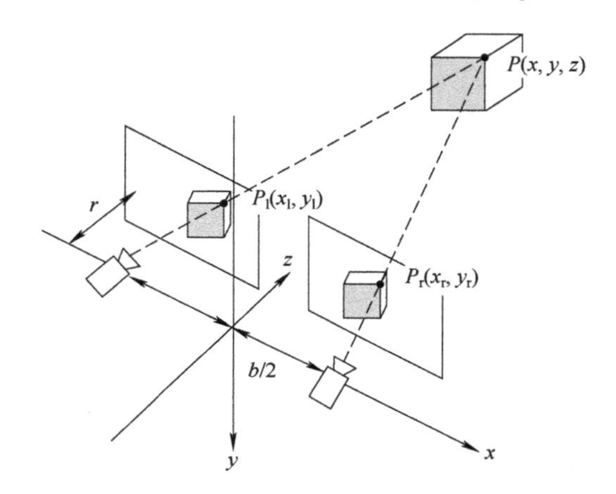

图 7-3　双目立体视觉技术的工作原理

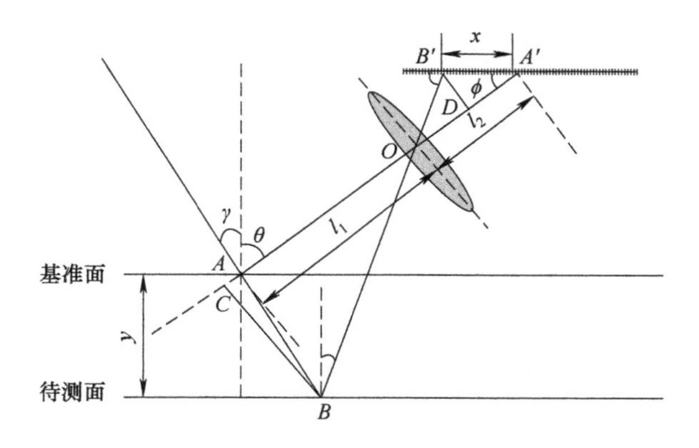

图 7-4　激光三角测量技术原理

结构光技术基于光学三角测量原理，将光线结构化，使其具有一定的结构特征（图 7-5）。这里面需要用到红外激光发射器和采集摄像机，红外激光发射器发出的光经过预定的光栅或其他设备产生具有结构特征的光线，并投射向被测物体表面，再由一组或多组摄像头从被测物体的表面获取图像信息，由计算机系统对采集的信息进行深入处理成像。

飞行时间（TOF）技术，顾名思义就是测量光在空中飞行的时间的技术，指由 TOF 传感器向目标物体发射经调制的脉冲型近红外光，在被目标物体反射后，再由 TOF 传感器接收反射回的光线，通过计算光线发射和反射的时间差或相位差，确定被拍摄物体和镜头、环境之间的距离，以产生深度信息，再结合计算机处理来呈现 3D 影像。飞行时间技术原理如图 7-6 所示。

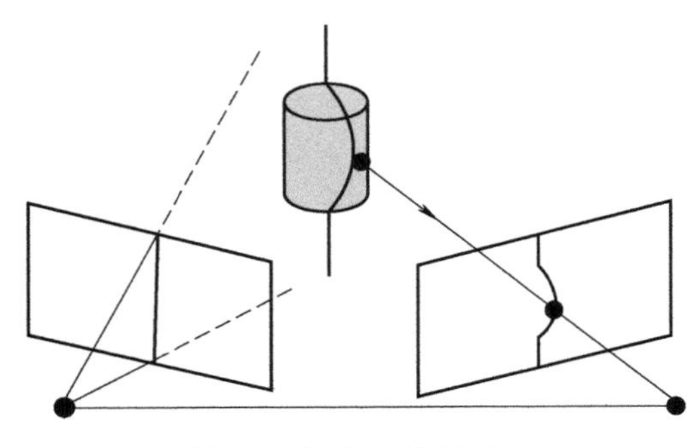

图 7-5　结构光技术原理

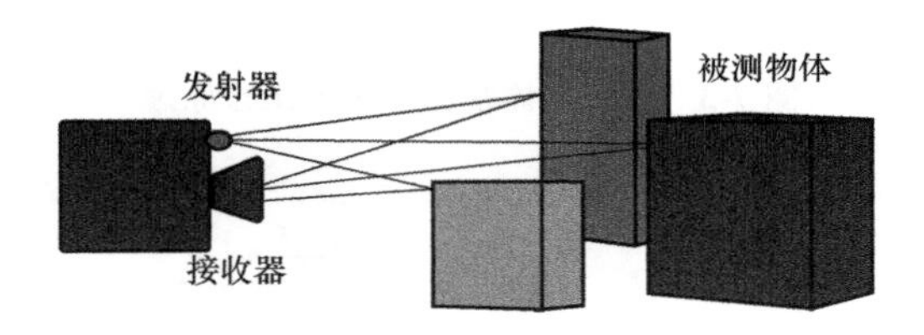

图 7-6　飞行时间技术原理

7.1.3　数字图像处理技术简介

数字图像处理技术在整个机器视觉系统中发挥着重要的核心作用，是机器视觉应用技术的心脏。随着相机技术的发展和实际应用场景的需要，数字图像处理技术已不仅仅是对传统 2D 图像的处理，越来越多的 3D 图像处理技术逐渐成为发展热点。无论是 2D 图像数字处理，还是 3D 图像数字处理，其背后运用的图像处理的基本算法是类似的。典型的数字图像处理有：

- 图像滤波、图像增强、边缘检测。
- 图像恢复与重构。
- 小波变换与多分辨率处理。
- 图像压缩。
- 欧几里得几何变换，如放大、缩小和旋转。
- 颜色校正，如亮度与对比度调整、定量化，或颜色变换到一个不同的色彩空间进行图像配准（两幅或多幅图像的排列）。

- 图像对准（两个或两个以上图像的对准）。
- 图像识别（如使用某些人脸识别算法从图像中抽取人脸）。
- 图像分割（根据颜色、边缘或其他特征，将图像划分成特征区）等。

上述仅为图像处理技术中一些常见的图像处理方法，这些技术的细节远超本书所阐述的核心知识范畴。本小节主要针对协作机器人视觉应用中常用的图像滤波、边缘检测和图像分割进行介绍。对于其他常用的图像处理技术，感兴趣的读者可以参考相关的文献和书籍进一步深入了解与学习。

1. 图像滤波

在数字图像的采集和传输过程中，往往会受到多种噪声信号的污染，对图像信号产生干扰，如产生亮点、暗点，对图像的复原、分割、特征提取、图像识别等后续工作都会带来影响。图像滤波就是利用一些滤波算法来消除图像中混入的噪声，从噪声图像中提取出需要的图像信息。常见的图像滤波算法有非线性滤波、中值滤波、形态学滤波、双边滤波等。

（1）非线性滤波　一般说来，当信号频谱与噪声频谱混叠时或当信号中含有非叠加性噪声时（如由系统非线性引起的噪声或存在非高斯噪声等），传统的线性滤波技术（如傅里叶变换）在滤除噪声的同时，总会以某种方式模糊图像细节（如边缘等），进而导致像线性特征的定位精度及特征的可抽取性降低。而非线性滤波器的功能是基于对输入信号的一种非线性映射关系，通常可以把某一特定的噪声近似地映射为零而保留信号的特征，因而其在一定程度上能克服线性滤波的不足之处，也是现在复杂滤波场景中最常用的滤波方法。

（2）中值滤波　中值滤波由 Tukey 在 1971 年提出，最初用于时间序列分析，后来用于图像处理，并在去噪复原中取得了较好的效果。中值滤波器是基于次序统计完成信号恢复的一种典型的非线性滤波器，其基本原理是把图像或序列中心点位置的值用该域的中值替代，具有运算简单、速度快、除噪效果好等优点。然而，在实际应用中，中值滤波因不具有平均作用，在滤除诸如高斯噪声时会严重损失信号的高频信息，使图像的边缘等细节模糊；另一方面，中值滤波的滤波效果常受到噪声强度及滤波窗口的大小和形状等因素制约，为了使中值滤波器具有更好的细节保护特性及适应性，后期人们提出了许多中值滤波器的改进算法。图 7-7 所示为采用改进中值滤波对图像的噪点进行滤波处理的效果。

（3）形态学滤波　随着数学各分支在理论和应用上的逐步深入，以数学形态学为代表的非线性滤波在保护图像边缘和细节方面取得了显著进展。形态学滤波器是近年来出现的一类重要的非线性滤波器，它由早期的二值形态滤波器发展为后来的多值（灰度）形态滤波器，在形状识别、边缘检测、纹理分析、图像恢复和增强等领域得到了广泛的应用。形态学滤波方法充分利用了形态学运算所具有的几何特征和良好的代数性质，主要采用形态学开、闭运算进行滤波操作。

图 7-7　图像中值滤波改进效果

（4）双边滤波　双边滤波是结合图像的空间邻近度和像素值相似度的一种折中处理，同时考虑了空域信息和灰度相似性，以达到保留边缘且去除噪声的目的，具有简单、非迭代、局部的特点。双边滤波器的好处是可以做边缘保存，过去常用的维纳滤波或高斯滤波在去噪或降噪时都会较明显地模糊边缘，对于高频细节的保护效果并不明显。

2. 边缘检测

边缘检测是一类方法和技术的统称，主要用于确定图像的轮廓线。这些线条用来表示平面交界线，纹理、线条、色彩的交错，以及阴影和纹理差异导致的数值变化。在这些技术中，有些是基于数学推理的，有些是直观推断得出的，还有些是描述性的。但是，所有的技术都是通过使用掩模或阈值对像素或对像素之间的灰度进行差分操作。最后得到的结果是一幅线条图形或类似的简单图形，这种图形只需要很少的存储空间，其形式也更易于进行处理，因此可以节约机器人控制器和存储方面的开支。这种边缘检测在后续操作（如图像分割、物体识别）中是必须的。如果不进行边缘检测，可能就无法发现重叠的部分，也无法计算物体的某些特征（如直径和面积），更无法通过区域增长技术来确定图像的各个部分。常用的图像边缘检测方法有 Canny 边缘检测、梯度边缘检测、灰度直方图边缘检测等。

（1）Canny 边缘检测　Canny 边缘检测是一种多级检测算法，由 John F.

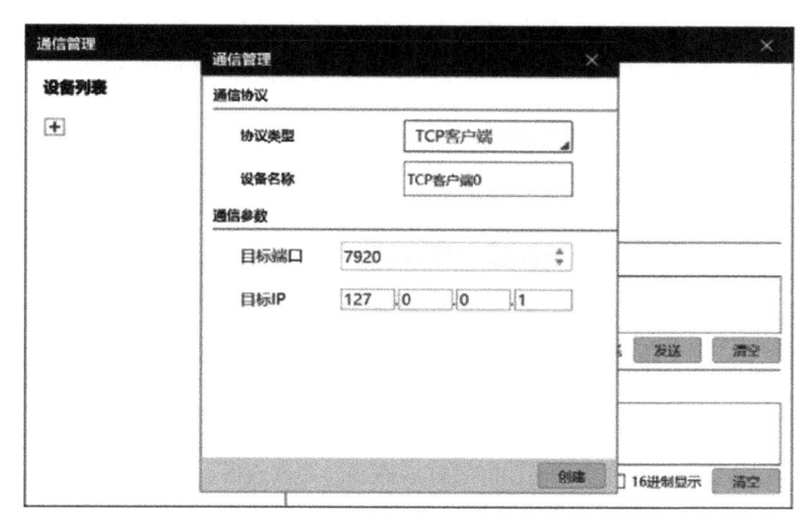

图 7-11　设置“目标端口”和“目标 IP”

2）在 VisionMaster 3.1.0 想要输出信息的模块后面连接“发送数据”模块，同时在其输出配置中选择“通信设备”，并且绑定相应的通信设备，即对应的协作机器人的 IP 地址，再选择想要发送的数据，如图 7-12 所示。

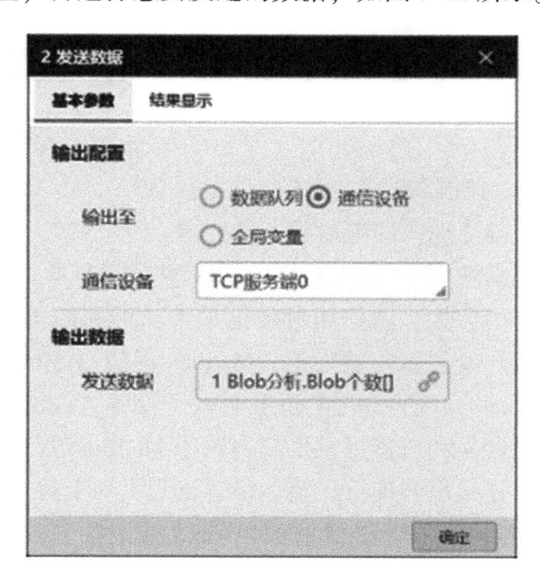

图 7-12　“发送数据”模块

3）在完成机器视觉端的通信设置后，利用遨博 i5 协作机器人的示教盒对协作机器人进行相应的通信设置，在机器人示教盒上按照机器视觉传输数据类型进行变量的配置，并在“在线编程”工具中创建工具坐标系并编写机器人程序，便携程序界面如图 7-13 所示。自此，即可完成机器视觉与协作机器人之间的 TCP/IP 通信配置。

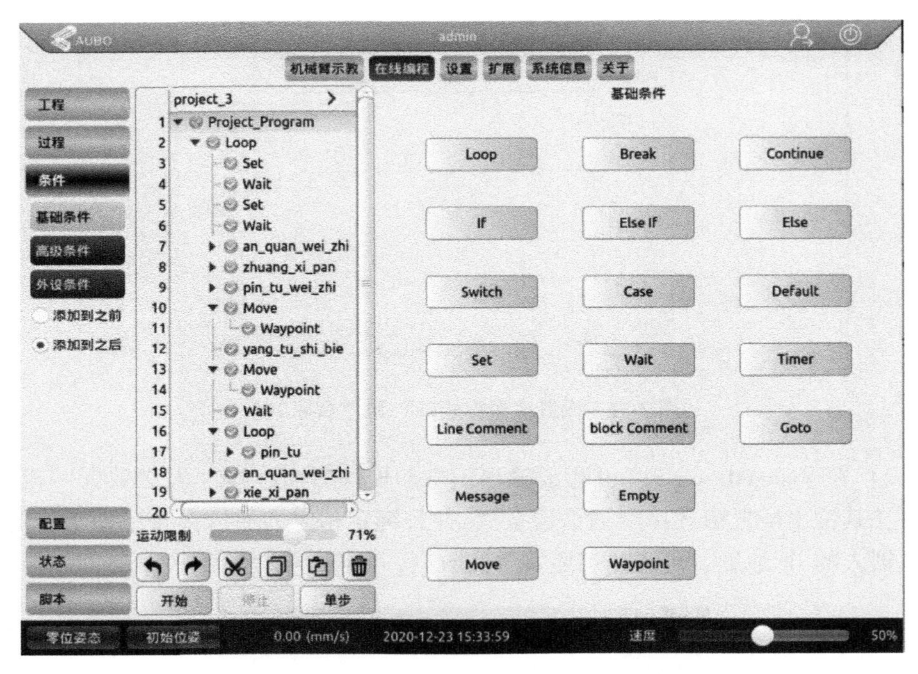

图 7-13　在机器人示教盒上按照机器视觉传输数据类型进行变量的配置

（2）协作机器人与机器视觉之间的 ModBus 通信　Modbus 是一种串行通信协议，由 Modicon 公司（现在的施耐德电气公司）于 1979 年为使用可编程逻辑控制器（PLC）通信而发表。由于 Modbus 协议采用开源形式无需版权要求、易部署和维护、开发自由度大、通信相对数据量大，可利用 TCP 网络或 485 通信等多种网络进行链接，经过多年的发展，Modbus 通信已经成为工业领域通信协议的业界标准（De facto），并且现在是工业电子设备之间常用的连接方式。目前，许多工业协作机器人和机器视觉也都内置了 ModBus 协议，实际使用时，只要按照相应协议说明连接部署即可，整体设置流程类似上述的 TCP/IP 协议。

（3）协作机器人与机器视觉之间的 I/O 通信　I/O 通信也是协作机器人和机器视觉系统常用的一种通信方式，在工业自动化流水线、AGV 小车等工业设备中有着极其广泛的应用。I/O 通信是利用 I/O 接线端子（Input 输入口与 Output 输出口）的高低电平进行数据传输的一种通信方式。目前，主流机器人厂家的协作机器人控制柜和机器视觉模块都配有多个程序可编辑的 I/O 端口。通过控制和监测机器人和视觉模块 I/O 端口的电平状态，可以实现简单的状态信息传送与控制。该方式相对于其他标准数据协议通信来说，更易操作和部署，应用门槛也更低，在一些小规模的协作机器人融合视觉的示教工作场景中有着广泛的应用。但 I/O 通信同时伴随着接收和发送数据量有限（不易于传送坐标位置等数据信息）、I/O 接线端口规则标准不易统一等问题，不适用于大规模协作机器人和机器视觉融合工作的场景，在大规模协作机器人与机器视觉的应用部署上，更多的是采用 TCP/IP、ModBus 等标准通信协议进行控制。

此外，随着各协作机器人和机器视觉厂家的发展，一些协作机器人公司和机器视觉公司联合开发了一些特殊的内置通信功能插件或通信协议供用户使用，以方便用户更快、更好地进行机器视觉融合协作机器人运动控制的功能开发或部署。例如，国内的遨博机器人、越疆机器人、艾利特机器人等协作机器人公司，均提供了开发接口，允许机器视觉的厂家将他们的视觉控制程序直接内嵌在协作机器人的示教盒中，大大简化了机器视觉系统与协作机器人之间通信部署的难度和复杂程度。

2. 机器人手眼标定

为了实现协作机器人与机器视觉之间的手眼协同，需要将协作机器人的坐标系与机器视觉的坐标系进行标定，建立起固定的关联关系，这个过程就称为机器人的手眼标定。为了实现由图像目标点到实际物体上抓取点之间的坐标转换，就必须拥有准确的摄像机内、外参信息。其中，内参信息是摄像机内部的基本参数，包括镜头焦距、畸变等。一般摄像机出厂时内参信息已标定完成，保存在摄像机内部。摄像机外参信息表示机器人与摄像机之间的位姿转换关系（即手眼关系，因此摄像机外参的标定称为机器人手眼标定）。机器人与摄像机在不同的使用场景下其相对位姿不固定，需要在工作现场进行标定才能获得摄像机与机器人之间的手眼关系。

根据摄像机相对于机器人的安装方式，机器人手眼标定的分类方式各不相同，常用的手眼标定分为以下两种：

1）摄像机独立于机器人固定在支架上，称为 ETH（eye to hand）标定。

2）摄像机固定于机器人末端法兰上，称为 EIH（eye in hand）标定。

对标定点的添加设置一般可使用多个随机标定板位姿或 TCP 尖点触碰两种方式。两者的主要区别在于：

1）多个随机标定板位姿，使用软件自动生成的轨迹点或手动添加的多个位姿，在每个位姿拍照并识别标定板角点，建立标定板、摄像机及机器人三者之间的关系，其过程简单，标定精度高。

2）TCP 尖点触碰，利用三点法确定标定板位姿后，建立标定板、摄像机及机器人三者之间的关系，适用于机器人活动空间局促、标定板无法安装等情况。

手眼标定的分类如图 7-14 所示。

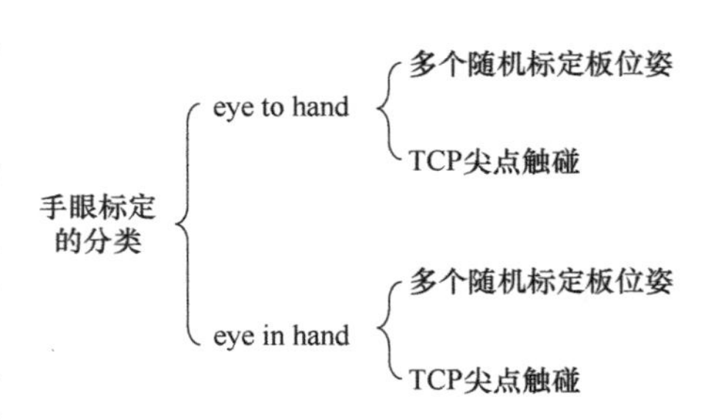

图 7-14　手眼标定的分类

① ETH 标定的基本原理。机器人末端通过法兰连接已知尺寸的标定板，可得到标定板上每个标志点相对于机器人基坐标的坐标 A；通过摄像机拍照获得标定板上每个圆点的图像，可以得到摄像机光心相对于标定板上每个标志点的坐标 B；摄像机光心和机器人基坐标之间的位姿关系 X 为待求量。A、B 和 X 构成闭环，形成等式，可以在等式中求解未知数 X。标定板到法兰末端的位置关系 C 未知，通过标定板在标定过程中的一系列相对移动，使用数值方法计算得到标定板到法兰末端的位置关系，进而计算得到坐标 A。通过移动机器人，变换标定板摄像对于摄像机的位姿，可以得到多组等式，对这些等式的值进行拟合优化计算，最终得到最优的 X 的值，其位姿关系如图 7-15 所示。

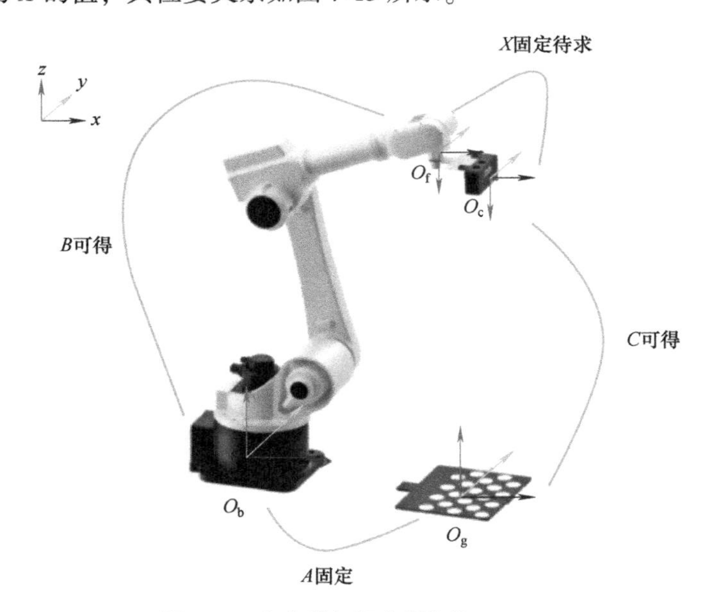

图 7-15　多个随机标定板位姿（ETH）

使用 TCP 尖点触碰法标定时，标定板放置在工作平面，机器人末端加装已知尺寸的尖点，以触碰标定板圆点，其原理如图 7-16 所示，其中 A、B 已知，求

解 X 的值。标定板与机器人末端不固定，通过已知 TCP 坐标的尖点对标定板标志点进行触碰的方式可以计算得到 A 的数值。

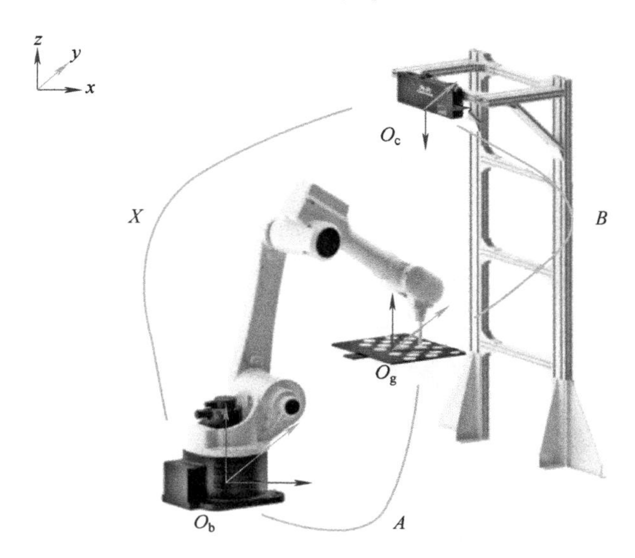

图 7-16　TCP 尖点触碰（ETH）

② EIH 标定的基本原理。机器人末端通过固定架将摄像机固定，此时机器人末端法兰中心与摄像机光心之间的位姿相对固定，即图 7-17 中的未知变量 X；机器人末端法兰中心相对于机器人基坐标系的位姿为已知量 B。摄像机通过对标定板进行拍照，可以获得摄像机光心和标定板上每个圆点之间的位姿关系，可得已知量 C；标定板平放在摄像机视野可达区域，其相对于机器人基坐标之间的位姿关系为固定值 A；这样变量 A、B、C、X 构成闭环关系。在下列等式中，由于 A 为固定值，将前两个等式合并，得到的新等式中只有 X 为未知待求量。变换机器人末端位姿进行不同角度拍照，可以得到多组 A、B、C 的值，利用这些数值进行拟合计算，最终得到最优的 X 的值。

$$B_1XC_1 = A$$

$$B_2XC_2 = A$$

$$B_1XC_1 = B_2XC_2$$

使用 TCP 尖点触碰法标定时，标定板放置在工作平面，机器人末端加装已知尺寸的 TCP 尖点，以触碰标定板圆点，其原理如图 7-18 所示，其中 A、B、C 已知，则 X 的值也可求得。

EIH 标定的是摄像机光心和机器人末端法兰中心之间的位姿关系。如果摄像机相对于机器人末端法兰中心坐标发生移动，对应的外参就会相应发生变化，此时需要重新标定外参。

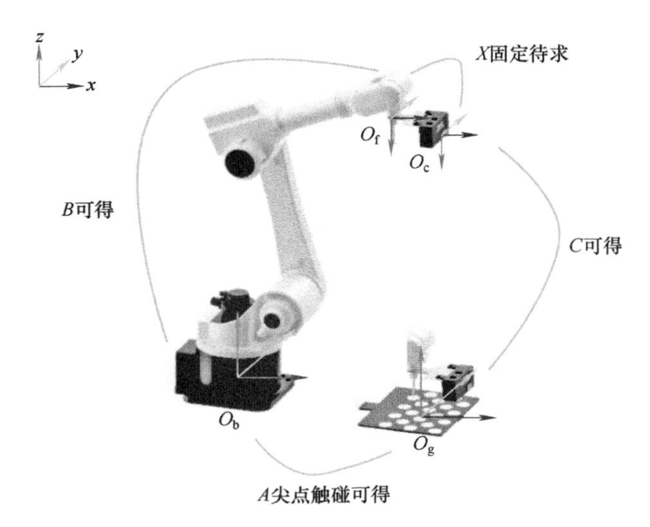

图 7-17　多个随机标定板位姿（EIH）

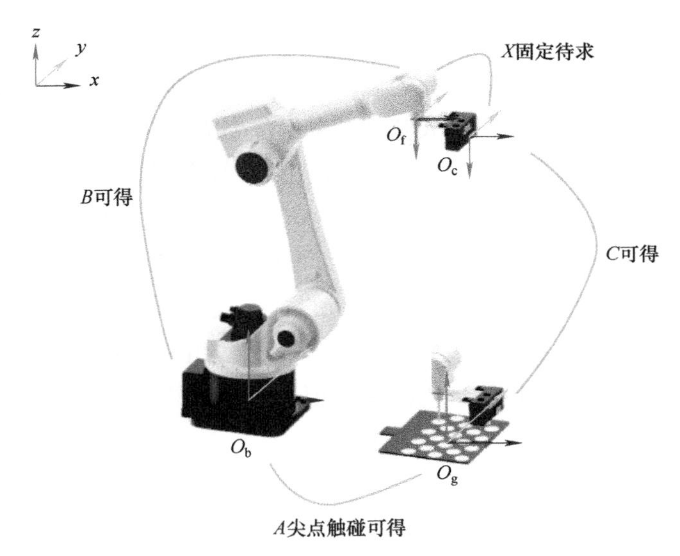

图 7-18　TCP 尖点触碰（EIH）

3. 摄像机图像采集与目标特征的标定

（1）图像采集　图像采集指机器视觉图像处理部分对图像的获取。根据图像的用途，图像采集一般可分为两类：①用于图像识别处理的图像采集；②用于目标识别特征的图像采集。

用于图像识别处理的图像采集一般通过摄像头视频流的方式即可获取。用于目标识别特征的图像采集一般可通过加载本地图像、连接摄像机取图两种方式获取，该图像采集功能一般还可以存储图像，用于之后相关功能程序的调用。

（2）目标特征标定的基本概述　摄像机目标特征的标定主要是指通过对目标图像特征进行一些特殊标定，实现对图像中某些特征的定位或检测。常见的特征识别标定功能有规则几何体的识别与检测、特征标定点的匹配与检测、距离的检测标定等功能。无论是 2D 机器视觉还是 3D 机器视觉方案，目前市面上厂家提供的机器视觉方案一般都内置了对自定义目标特征进行深度学习的工具包，以方便使用者进行目标特征的标定。以海康威视的 VisionMaster 3. 1. 0 2D 机器视觉深度学习工具包为例，如图 7-19 所示，它提供了缺陷检测、字符训练、图像分类和目标检测等四种目标识别特征的强化学习工具选项。其他视觉平台也提供了类似的设置界面，感兴趣的读者可以结合身边熟悉的视觉系统进行参考学习。

图 7-19　海康威视 VisionMaster 软件图像深度学习设计界面

7.3 协作机器人视觉定位抓取应用

当协作机器人与机器视觉技术结合后，就如同不知疲倦的灵巧手臂有了一双慧眼，可以快速、敏捷地执行一些定位抓取工作。在制造、服务、医疗等很多行业中，融合机器视觉技术的协作机器人有着极其广泛的应用。本节会针对面向定位抓取的机器视觉协作机器人进行介绍。重点介绍视觉辅助协作机器人进行定位抓取的主要工作场景、主要分类与特点、定位抓取前景等内容。

7.3.1 协作机器人+机器视觉定位抓取系统介绍

协作机器人结合机器视觉的定位抓取技术主要是指利用机器视觉对目标物进行特征识别与匹配，通过计算出的坐标姿态及速度矢量等信息指导协作机器人规划出相应的路径，实现对目标物的精准抓取。在实际协作机器人结合视觉的定位抓取应用中，一般会经历摄像机与机械臂的手眼标定、摄像机内参的设置校准、目标抓取物的特征录入、机器人轨迹示教或编程设置相应的动作路径、联机调试几个步骤。各种类型视觉定位抓取的应用步骤基本类似，感兴趣的读者，可以结合身边的协作机器人和视觉系统进行相应的实践学习。

7.3.2 定位抓取的主要分类

协作机器人搭配机器视觉技术的定位抓取，根据协作机器人的基坐标和抓取目标物的运动状况可分为静态抓取和动态抓取两大类，具体分类如图 7-20 所示。

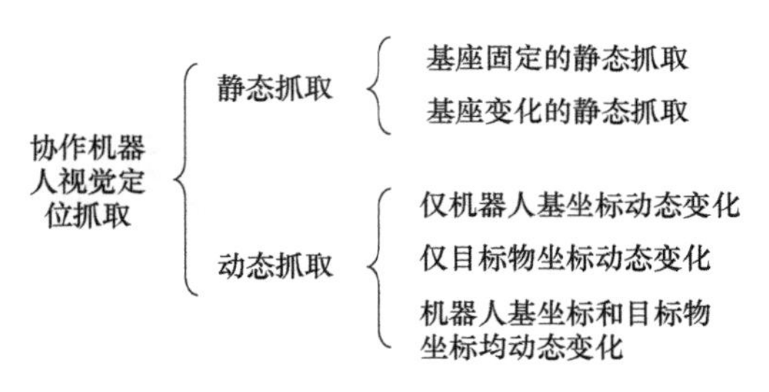

图 7-20 视觉协作机器人定位抓取的具体分类

静态抓取是指机器人在对目标物识别定位抓取的过程中，机器人的基坐标与抓取目标物的坐标相对静止。根据机器人的安装方式，机器人的静态抓取又可以分为基座固定的静态抓取和基座变化的静态抓取。基座固定的静态抓取是指机器人的基座一直固定在某一恒定的位置对目标物进行识别抓取，通常应用于工厂物料传送过程中的物料转运、零部件装配等机器人基座固定的工作场景。在实际机器人定位抓取应用中也存在很多基座变化的静态抓取，这类机器人基座通常安装在可移动的 AGV 搬运小车、滑轨传送带等可移动平台上，执行抓取任务前，通常先将机器人移动至目标抓取范围内，再使其基座相对抓取目标固定，然后执行视觉辅助的定位抓取工作，这类基座变化的静态抓取广泛应用于一些车间物料远距离转运配送、农业蔬果采摘、餐饮服务配送等场景中。

动态抓取是指机器人在对目标物识别定位抓取的过程中，机器人的基坐标相对于抓取目标物的坐标是相对运动的。根据机器人基坐标和目标物坐标相对于大地坐标系的运动情况，可以分为目标物坐标动态变化机器人基坐标静止、目标物坐标静止机器人基坐标动态变化、目标物坐标和机器人基坐标均动态变化的三种工作类型。视觉辅助协作机器人进行目标物坐标动态变化机器人基坐标静止的动态抓取，是目前工业、农业等场景中广泛应用的动态抓取技术，技术相对成熟度最高，如对动态传送带上移动的零部件进行视觉抓取工作。目标物静止机器人基坐标动态变化的抓取相对实现难度较大。随着机器人相关算法的进步，近些年这种抓取方式也逐渐有所应用和普及，如一些搭载了机械臂的复合机器人或足式机器人，能够在机器人移动平台运动过程中对一些静止目标物进行抓取，这类动态抓取技术的突破对移动定位抓取效率的提升极具应用价值。而实现目标物和机器人基坐标均动态变化的动态抓取，目前还停留在科研阶段，市面还很少有相关的商用技术或方案。随着空间立体视觉、导航测绘算法、机器人等技术的进步，相信不久的未来一定会有像人运动去抓取动态物体一样的移动复合协作机器人出现。

机器人静态抓取与动态抓取相比，静态抓取由于机器人基座和目标物均为静止状态，系统部署的难度低、部署操作简单，对摄像机的性能要求也不高，是目前视觉协作机器人定位抓取的主要方式。很多动态抓取的场景由于技术原因也会简化为静态抓取的问题，如一些农业蔬果采摘的场景，通常是由移动机器人底盘移动到某一目标工作位置静止后再进行定位抓取工作。而动态抓取由于要考虑目标物移动或机器人基坐标的运动速度，对视觉系统和机器人运动算法的要求都较高，部署难度较大，相对成本也大。目前主要应用在一些对抓取效率要求特别高的工作场景，如对快速移动的传送带上工件的抓取、快递仓储对一些小型包裹的抓取等场景。随着动态抓取技术的发展，低成本机器人动态抓取技术将会成为今后视觉辅助机器人抓取应用的主力技术。本小节主要对机器视觉辅助协作机器人定位抓取的静态抓取和动态抓取进行简要介绍，针对静态抓取与动态抓取的相关原理，感兴趣的读者可根据提供的相关参考书籍和文献进一步学习。

7.3.3 常见的定位抓取应用场景案例

视觉辅助的协作机器人定位抓取在实际的制造业、服务业、农业、军工等很多行业中都有着广泛的应用。本小节将对一些常见的典型定位抓取应用场景进行介绍。

1. 搭配移动复合机器人定位抓取工件

在工厂零部件的加工中，经常会遇到同一工件在不同工序设备之间传送，传统的依靠人力进行工件转运的工作存在效率低、重复性高、危险性大等问题。基于复合移动机器人的视觉定位抓取技术可以很好地代替人工从事工件的抓取与运送工作。随着复合移动机器人视觉定位抓取技术的成熟和成本降低，越来越多的工厂开始采用该方式进行工件的移动抓取和传送。图 7-21 所示为某一工厂数控场景下机器人对工件的移动定位抓取。

图 7-21 机器人对工件的移动定位抓取

2. 工厂物料转运、上下料等场景

在工厂工件的加工流水线上，机器人在工件的协作转移过程中也发挥着重要作用。尤其是近些年发展起来的柔性生产线，搭载视觉的协作机器人发挥着重要的作用。图 7-22 所示为视觉引导的协作机器人对柔性生产线中的工件进行协助加工与转移。

3. 服务业中的广泛应用

视觉引导的协作机器人不仅在工厂、装配中有着极其重要的作用，在餐饮、无人餐厅、无人超市、酒吧、家庭服务等服务业中也有着广泛的应用。图 7-23 展示了协作机器人结合视觉在无人厨房、酒吧和家庭服务中的应用。

图 7-22　视觉引导的协作机器人对柔性生产线中的工件进行协助加工与转移

a）协作机器人无人厨房

b）机器人调酒师

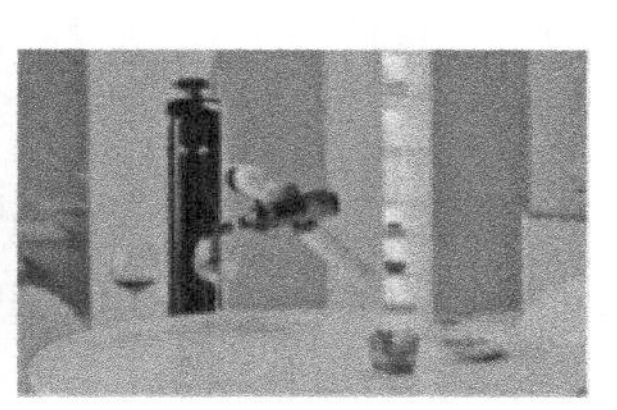

c）家庭服务机器人

图 7-23　协作机器人在服务业中的应用

4. 农业中的广泛应用

近些年，随农村劳动力的流失，农业自动化水平的提高，视觉引导的协作机器人在农业中的应用也越来越广泛。在果蔬采摘、橡胶割取、果蔬分级、杂草去除等农业场景有着极广泛的作用。图 7-24 展示了视觉引导的协作机器人在蔬果采摘、橡胶割取、杂草去除等场景下的应用。

a）协作机器人采摘

b）协作机器人割取橡胶

c）协作机器人除杂草

图 7-24　协作机器人在农业中的应用

除了一般的工厂加工、农业、服务业场景，视觉引导的协作机器人在医疗、军工、特种服务、巡检侦查、柔顺装配、流水线上下料等场景中也有着广泛的应用。

7.3.4 协作机器人+机器人视觉定位抓取的总结

动态抓取效率高、成本低，主要停留在静态抓取，每次都需要等拍照识别结束后才能进行相应的抓取动作，随着视觉技术的提升，建立起动态抓取技术变得更加重要。

协作机器人在抓取环节如果配置机器视觉装置，应用图像处理技术，在抓取效率和准确度方面就拥有优势。协作机器人的视觉抓取主要根据抓取目标物相对的运动状态，一般可分为静态抓取和动态抓取。

7.4 协作机器人视觉分拣的应用

协作机器人结合机器视觉进行定位抓取后，根据规划的指定路径和抓取物的种类，进一步还可以实现高效的分拣功能。得益于协作机器人与机器视觉的高重复性、可靠性和敏捷性等特点，机器视觉结合协作机器人的智能分拣系统已广泛应用于混合工件的分拣、分散零件的分拣集成等工作场景，在制造业、服务业、医疗、航空航天、食品加工等行业中具有重要作用。本节主要针对协作机器人结合机器视觉的智能分拣应用进行介绍，着重介绍协作机器人视觉分拣系统的组成、工作流程、主要工作场景、视觉分拣的前景等内容。

7.4.1 协作机器人视觉分拣系统概要

协作机器人视觉分拣系统除了协作机器人本体、机器视觉系统和机械手抓取单元，一般还搭配工件放置平台、工件分类放置平台等单元，图 7-25 所示为常见的协作机器人视觉分拣示意。工件放置平台一般由工业传送带或固定的工件放置筐组成，用于混合工件的存放。工件放置平台一般采用与被分拣工件颜色差异较大的纯色为背景，以便提升视觉系统识别的精度。工件分类放置平台通常由多个小的工件放置筐、分类传送带或标准的工件安置槽组成，用于存放已分拣好的工件。

协作机器人视觉分拣系统的工作流程如图 7-26 所示。首先，对摄像头和机械臂进行手眼关系的标定。对要识别分类的零部件进行图像识别特征的标记，并将相关特征录入机器视觉的系统中，同时对机器人进行各个分拣的动作的示教编程，告诉机器人各个物品对应的分拣放置位置和放置动作。最后，通过联机调试，完成协作机器人视觉分拣系统的部署。

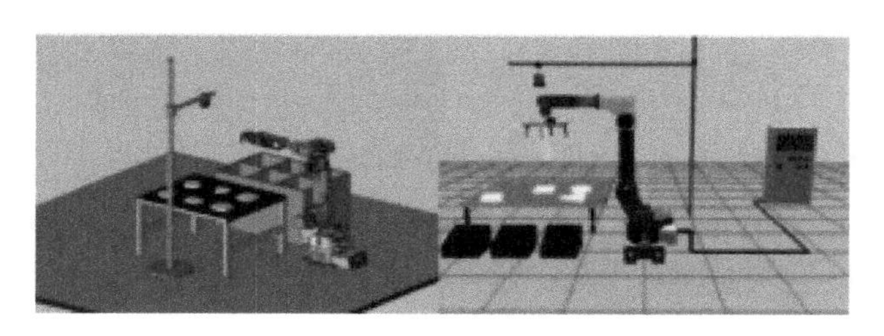

图 7-25　协作机器人视觉分拣示意

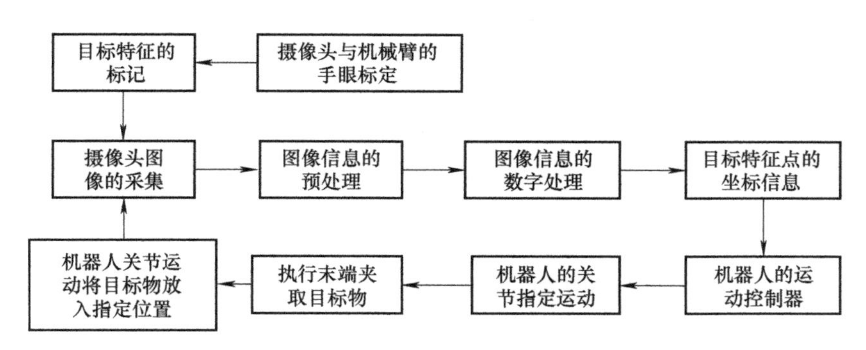

图 7-26　协作机器人视觉分拣系统的工作流程

7.4.2　视觉分拣的主要应用类型

协作机器人结合机器视觉的分拣工作主要应用于一些固定的生产流水线或一些标准仓储的分类拣取。在分拣过程中，协作机器人工作时的基坐标一般都为静止状态。按照工件的运动状态，可分为动态工件的分拣和静态工件的分拣。

静态抓取是指对与机器人基坐标相对静止的工件进行分拣操纵。静态工件的分拣按照被抓工件的状态又可分为无序抓取和有序抓取。无序抓取是指对摆放没有顺序，甚至工件与工件之间重叠、堆叠的工件进行分拣，将无序的工件进行分类。图 7-27 所示便是其中一种无序抓取工况，这类工作场景空间结构相对复杂，多数采用 3D 立体视觉进行引导抓取，每次抓取后一般都需要重新拍照进行图像处理，重新引导机器人规划路径进行分拣。有序抓取是指对一些本来摆放有一定顺序的工件进行分拣，在实际应用场景中，也有着广泛的应用。例如，一些药房机器人抓药配药、餐厅厨房机器人拣取食材烹饪、仓储机器人从标准仓储区拣取包裹等。

动态工件的分拣主要针对一些工厂流水线供料区零部件的分拣或物件在传送带上转运的分拣等场景。此场景下被分拣的物件随传送带或搬运小车动态运动，对机器人和视觉系统的响应速度和性能要求一般都较高。由于动态工件的分拣主要针对物料传送带或流水线上的工件进行分拣，工件的摆放一般也是无序的，所以动态工件的分拣多数情况下指的也是动态无序抓取。由于 3D 视觉摄像机对动态物体的形状信息采集容易产生采集误差，进行动态分拣时，传送带上的工件会尽量采用平铺的方式放置，避免工件堆叠，会采用 2D 视觉引导的方式进行动态工件的分拣。

a）动态垃圾分拣　　b）流水线物料分拣

图 7-27　协作机器人流水线分拣

7.4.3　视觉分拣的主要应用案例

视觉辅助的协作机器人分拣技术在自动化生产加工领域同样占据着重要位置，尤其是在保障产品的加工质量方面，其应用范围涉及产品的分级、异物剔除、外观缺陷剔除以及包装缺陷检测等，在工业、服务业、农业、食品加工、航空航天等行业中均有着广泛的应用。本小节会对一些厂家的典型协作机器人视觉分拣场景进行介绍。

1. 流水线物料分拣

得益于视觉分拣效率高、可靠性高、准确度好等特点，视觉辅助的协作机器人在一些高节奏的流水线分拣中发挥着重要作用。图 7-27a 所示为视觉协作机器人应用于动态垃圾分拣，图 7-27b 所示为某车间物流线上运用视觉协作机器人进行物料的分拣传送。视觉协作机器人在流水线物料分拣的应用，对提升流水线自动化效率，降低工人的工作强度具有重要意义。

2. 对混合工件的无序分拣

随着 3D 视觉技术的发展，针对混合工件的无序抓取问题也逐渐变得简单，对提升自动上料、无序工件分拣等问题的工作效率具有显著的应用价值。图 7-28a 和图 7-28b 分别展示了快递配送场景下对无序包裹的分拣和工厂对无序工件的分拣整理。

a）机器人无序分拣包裹

b）机器人工件无序分拣

图 7-28　视觉协作机器人的无序抓取

3. 视觉协作机器人有序分拣

与机器人无序分拣不同的是有序分拣，视觉协作机器人有序分拣主要应用于一些物料产品原本摆放有序，需要按照一定顺序或时间分拣出一定数量所需的物料产品的场景。常用在一些机器人配菜、机器人代购、机器人抓药等物料摆放有序的场景中。图 7-29a 展示了在无人厨房中配餐机器人按照指定菜单分拣所需的菜品，图 7-29b 展示了在无人超市中，视觉协作机器人按照顾客需求分拣顾客所需的商品。

a）配餐机器人分拣菜品

b）售货机器人分拣商品

图 7-29　视觉协作机器人有序分拣

7.5　手机屏幕边缘缺陷检测的应用案例

7.5.1　方案背景

随着信息时代的发展以及人们生活水平的提高，诸如智能手机、智能手表等智能移动终端产品越来越普及，电子产品的屏幕玻璃使用量也越来越大，对屏幕盖板玻璃的大规模、高质量生产也提出了更多的机遇和挑战。传统盖板玻璃瑕疵检测都是采用目视检测的方式来判断优劣，在光源照射的情况下，工人直接观察待检测玻璃，凭借特定的检测规范判断是否为缺陷，然而使用这种方法检测效率不高，且容易受到工人自身主观因素的影响，造成缺陷的漏检甚至错检，不能满足目前工业上大批量生产检测的需求。同时，人工检测得出的缺陷数据记录保存不方便，难以用来指导和改进生产。而采用基于机器视觉的玻璃缺陷检测方法解决了以往人工检测的易疲劳、效率低、准确率难以保证的问题，在盖板玻璃生产车间高温、多尘的生产环境中更能体现视觉方法的优势，也能更好地保证工人的身体健康。

本节主要针对手机屏幕盖板玻璃生产过程中，应用协作机器人结合机器视觉对屏幕玻璃的边缘缺陷检测进行智能分拣的应用案例介绍。

7.5.2 需求目标

在盖板玻璃的生产过程中，其中的某一个工序出现意外，都有可能导致后续产品的表面出现瑕疵缺陷。通常在生产过程中，盖板玻璃边缘会出现边缘破碎、崩边、污损、裂纹等不可修复的缺陷。图 7-30 所示为屏幕边缘出现崩边的情况。

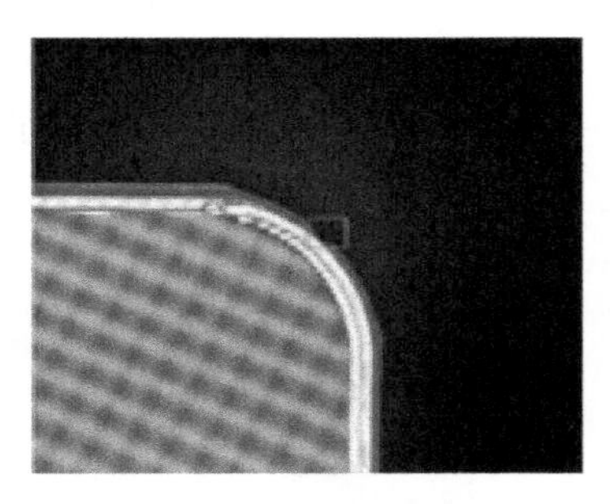

图 7-30　屏幕边缘出现崩边

在手机屏幕的制造过程中，为了确保屏幕的生产质量，项目需要利用机器视觉实现对屏幕边缘缺陷瑕疵进行识别，并利用协作机器人实现瑕疵盖板的分拣剔除。

7.5.3 分拣方案架构

对于玻璃盖板边缘瑕疵的视觉识别，最小缺陷面积边长一般为 0.03mm 左右，对缺陷的检出率要能够达到 99.99%，被检测屏幕的尺寸一般为 10mm×20mm。在该技术指标的需求下，一般的摄像头分辨率难以快速实现一次对整个玻璃盖板的识别判断。在实际工业方案中，一般会选取多个摄像头同时对玻璃盖板进行拍摄识别，以提升盖板边缘检测的效率。

本小节所列举的手机屏幕边缘缺陷检测系统采用四个 500 万像素、焦段为 35mm 的海康威视 CS 工业镜头实现对手机屏幕盖板的边缘检测，四个摄像机的布局如图 7-31 所示，检测玻璃的位置如图 7-32 所标注的 P_1、P_2、P_3、P_4 点。

检测台采用背光源使成像更均匀，且可在成像时消除水滴、杂质等干扰。被测物体静止拍摄，现场无干扰。

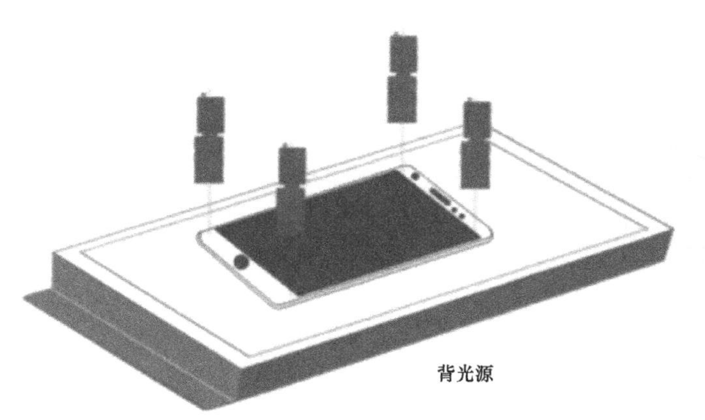

图 7-31　摄像机的布局

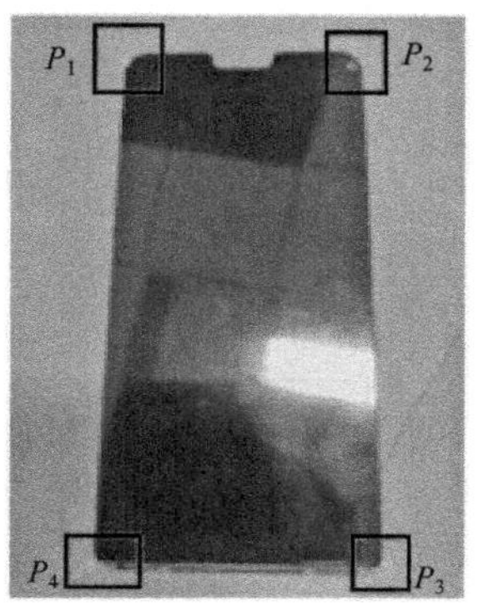

图 7-32　摄像机屏幕检测的位置

为了提升玻璃盖板边缘检测的精度，方案采用静态检测的方式对玻璃进行检测，根据每次检测的结果，决定协作机器人对盖板是否进行缺陷分拣。若存在缺陷，机器人将缺陷屏幕分拣至指定区域，屏幕盖板传送带工作。若没有缺陷，屏幕盖板传送带工作，使视觉系统检测下一块玻璃盖板。以此循环，实现对玻璃盖板生产过程中批量化的高效边缘瑕疵检测与分拣。检测分拣平台的主要设备组成如图 7-33 所示，检测分拣操作的工作流程如图 7-34 所示。

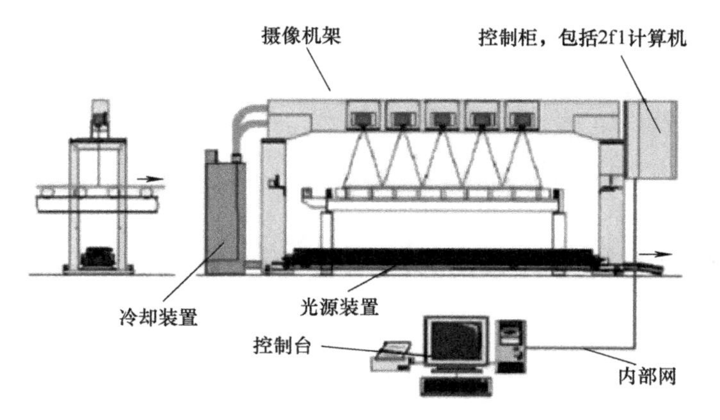

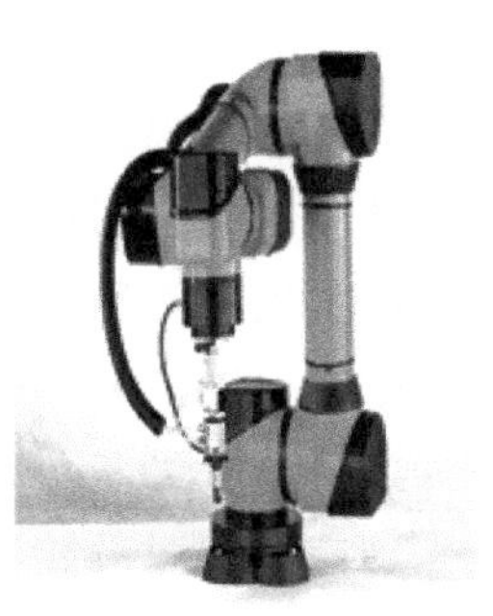

图 7-33　分拣平台的主要设备组成

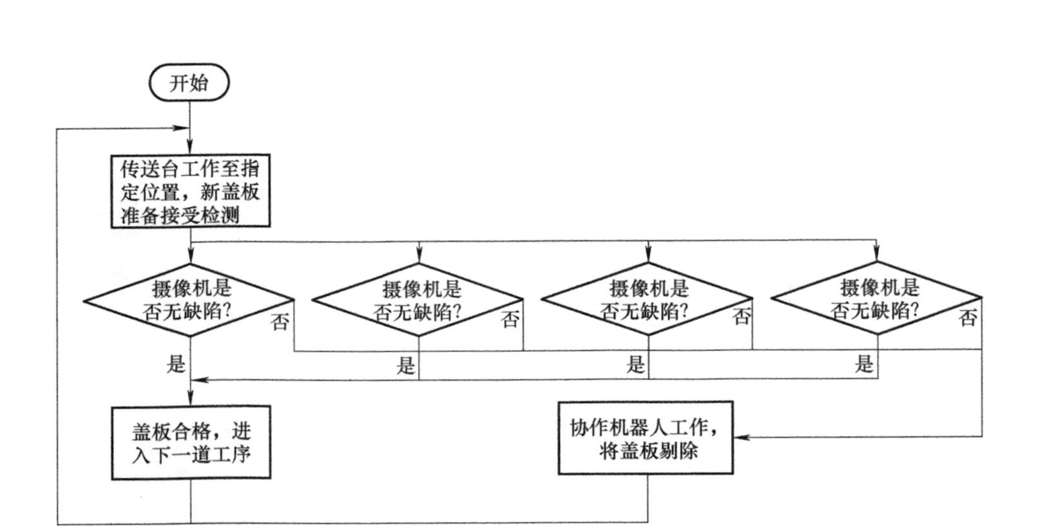

图 7-34　检测分拣操作的工作流程

7.5.4　视觉检测算法方案

本案例所采用的 VisionMaster 视觉算法平台提供了一系列用于缺陷检测的视觉工具。由于本案例中产品边缘包含圆弧形状与直线形状，可选用边缘组合缺陷检测工具进行缺陷检测（图 7-35）。使用边缘组合缺陷检测需要将检测感兴趣区（ROI）放置于边缘之上。当前产品为直线+圆弧+直线的形状，因此在边缘组合缺陷检测工具内部选择对应类型特征，并按实际情况填写参数即可。在边缘缺陷检测中，根据 ROI 放置方向，从左到右为黑色背景到灰色边缘，因此选择从黑到白的边缘极性。

图 7-35　边缘检测算法参数

7.5.5　方案效果

图 7-36 和图 7-37 分别展示了海康威视 VisionMaster 平台对手机屏幕边缘缺陷的检测效果。根据图中检测的效果，按照指定的识别结果引导机器人进行缺陷屏幕的分拣。

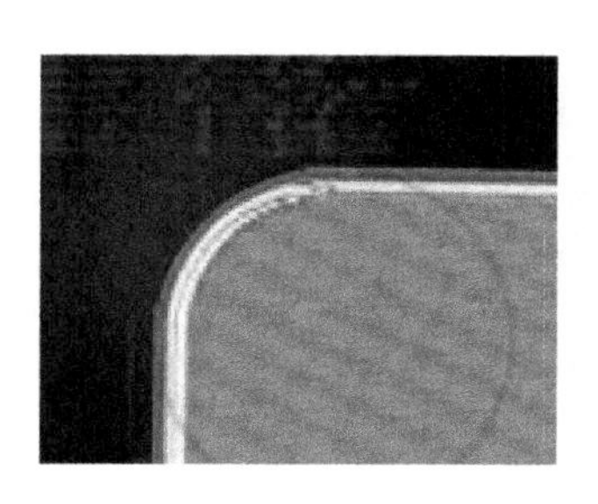

图 7-36　玻璃盖板的实际检测效果

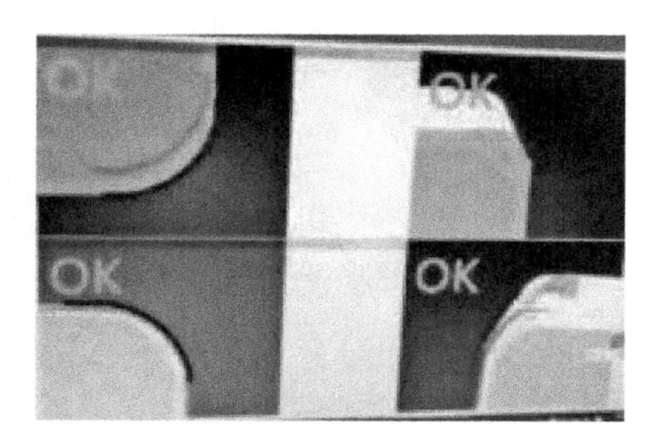

图 7-37　四台摄像机同时检测的识别效果

7.6　牛奶包装袋 OCR 检测的应用案例

7.6.1　方案背景

奶业是健康中国、强壮民族不可或缺的产业，是食品安全的代表性产业，是农业现代化的标志性产业和一二三产业协调发展的战略性产业。近年来，我国奶业规模化、标准化、机械化、组织化水平大幅提升，龙头企业发展壮大，品牌建设持续推进，质量监管不断加强，产业素质日益提高，为保障乳品供给、促进奶农增收做出了积极的贡献。牛奶的生产日期，不仅在外包装纸箱上有，装牛奶的利乐包上也有，如图 7-38 所示的牛奶利乐包顶部，我们可以清楚地看到生产日期喷码，便于识别牛奶是否在保质期内。但在喷印过程中不可避免地出现多种生产日期喷码字符缺陷，如漏印、缺印、错印、墨迹污染等。一旦存在生产日期喷码字符缺陷的牛奶流入市场，生产厂家必然会受到相关部门的处罚，同时也会影响自身品牌的形象，造成不必要的损失，因此对于牛奶生产日期喷码字符缺陷的检测是必不可少的。

图 7-38　某品牌牛奶包装

7.6.2　需求目标

本案例主要针对牛奶利乐包在完成喷码机信息喷码操作后，对喷码字符质量进行检测与判断，防止有字符缺陷的利乐包装包进入后续的工艺甚至流入市场。本案例需要选取合适的视觉处理技术实现字符缺陷的检测，并利用协作机器人实现对缺陷印刷的包装进行分拣。所要识别的字符示意如图 7-39 所示。

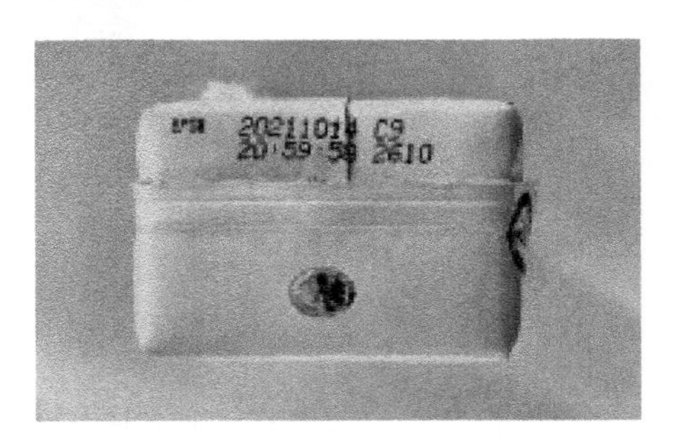

图 7-39　利乐包喷码字符示意

7.6.3　方案架构

单个字符尺寸约为 2mm×3.5mm，每个包装上的字符数量一般在 15～30 位，印刷面积为 10mm×30mm 左右。对于该识别范围，一般摄像机的视野范围都能够满足，采用一个摄像头即可实现对字符的视觉识别工作。本案例所设计的视觉检测与协作机器人分拣平台主要设备组成如图 7-40 所示。平台主要由视觉检测装置、传送带和协作机器人组成。牛奶包装袋光学字符识别（OCR）检测分拣平台的主要工作流程如图 7-41 所示。

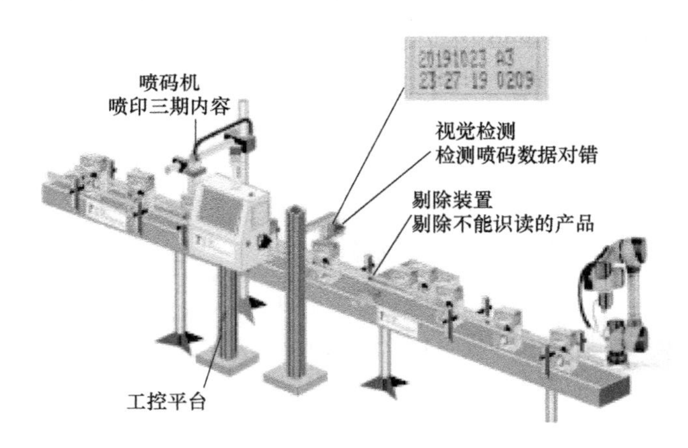

图 7-40　分拣平台主要设备组成

牛奶利乐包喷码后流入视觉检测工位时，通过触发机器视觉传感器将拍摄的利乐包顶部三期喷码图片送入系统，系统对图片进行提取分析并和设定的良品字符图像特征进行比对。当检测到牛奶利乐包喷码不合格时，系统发出信号到协作机器人进行分拣剔除。

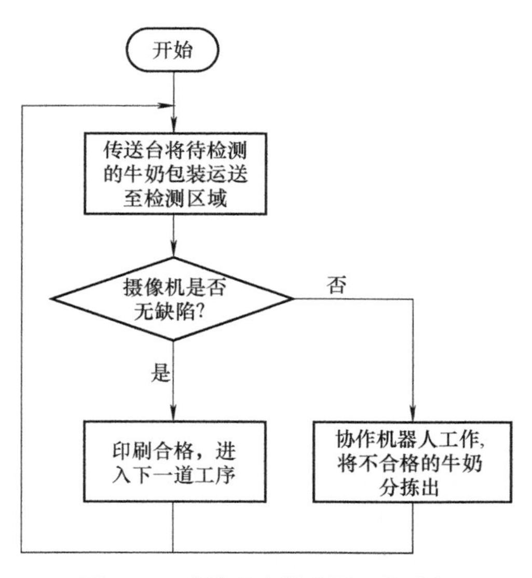

图 7-41　分拣平台的主要工作流程

7.6.4　视觉检测算法方案

视觉系统主要采用 OCR 算法。OCR 算法是指电子设备检查纸上打印的字符，然后用字符识别方法将形状翻译成计算机文字的过程，即对文本资料进行扫描，然后对图像文件进行分析处理，获取文字及版面信息的过程。该算法是一种字符识别算法，是专门针对字符识别和检测的一种图像处理算法。图 7-42 所示为采用 OCR 算法实现的字符识别效果。

牛奶生产线应用 OCR 字符视觉检测系统，不仅可以快速对牛奶利乐包的日期喷码进行检测，还能及时剔除日期喷码不合格产品，在提高生产效率和检测精度的同时，大幅节约了人工成本。类似的 OCR 视觉分拣方案还广泛应用于食品包装和快递包装等行业中。

图 7-42　采用 OCR 算法实现的字符识别效果

7.7　本章小结

本章主要针对协作机器人与机器视觉技术的融合应用进行了介绍。首先，对应用于协作机器人的机器视觉技术做了简要介绍，并对一些常见的图像处理技术进行了讨论；其次，介绍了协作机器人应用机器视觉的主要原理和方法，重点介绍了协作机器人与机器视觉之间的通信配置、手眼标定、图像特征标定等关键技术；然后，对视觉协作机器人常用的定位抓取和视觉分拣功能进行了详细的介绍和举例；最后，通过手机屏幕边缘检测分拣和牛奶包装袋 OCR 检测两个具体实例，介绍了协作机器人融合机器视觉技术在实际生产中的应用。

随着高性能图像处理算法和计算机硬件水平的提高，加上高性能协作机器人平台的迭代，相信未来会出现越来越多融合机器视觉和协作机器人的应用。有望在协作机器人完全自主的情况下，自动根据人们的意图实现对目标物的定位抓取与分拣。

思考与练习

1. 用于协作机器人服务的机器视觉技术与计算机图像技术有何异同？
2. 协作机器人与摄像头之间的手眼标定有哪几种方式，如何标定？
3. 常见的 3D 视觉技术主要有哪几种？
4. 列举不少于四种 2D 机器视觉中常用的图像处理技术。
5. 针对药房取药的工作场景，设计一个基于机器视觉协作机器人的自动取药方案。方案要包含介绍机器人平台的组成、主要应用的技术及预期结果等信息。

第 8 章　协作机器人若干核心关键技术

随着协作机器人技术的不断发展，它在生产生活中具有越来越大的应用潜力，市场前景广阔。机器人技术在人机共融、协同操作等应用场景进行了诸多的研究与探索。本章将围绕协作机器人的若干核心关键技术，对协作机器人的本体设计与优化、感知与控制、人机协作、自学习、操作系统以及数字孪生/数字驱动等核心技术进行介绍。

8.1　协作机器人的本体设计与优化

协作机器人的本体设计主要涉及机器人的机械结构优化、轻量化、一体化关节等技术。

8.1.1　协作机器人的机械结构优化

机械结构优化包括尺寸优化、形状优化以及拓扑优化 3 种类型。在这 3 种优化之中，拓扑优化不会受到结构原来的形状以及工程师优化经验的限制，可得到创新的结构。拓扑优化是指通过计算机的有限元仿真技术找出结构中的材料需要布置在哪里，以及在结构中应该布置哪些材料，并在保证一定约束的条件下，使结构达到最优性能的优化方法。然而，拓扑优化的结果经常得出曲面结构、镂空结构等几何构型复杂的设计方案，这些方案很难用传统的制造技术实现。因此，为了使传统的制造技术能够加工出优化后的结构，降低制造成本，设计人员要根据制造工艺和经验对拓扑优化后的结果再次进行优化设计。这种优化设计会破坏拓扑优化的成果，优化后的结构性能甚至无法与现有的结构相比。另外，很多设计方案只对结构进行宏观的拓扑设计，设计过程中没有充分利用结构多个尺度或空间梯度变化带来的广阔设计思路，导致产品性能的提升非常有限。

国内相关人员开展了机械结构优化相关的研究和探索，如严宏志等利用开孔的方法，对 4 自由度码垛机器人的机械臂进行结构减重设计；李学威等采用在薄弱处添加加强筋的方法对 4 轴码垛机器人的腰座进行结构优化；许辉煌和褚旭阳根据拓扑优化模型，在考虑加工工艺、装配布线要求等情况下对大臂结构进行模型重建；吴立华等针对某型号工业机器人大臂的拓扑优化结果，提出在大臂中间两侧腹板开槽口，在与底座相近的一端增加2个加强筋的优化方案。

增材制造技术的出现使曲面、镂空以及点阵等几何形状极度复杂的结构的制造成为可能。产品研发中普遍存在的“制造决定设计”的问题已被增材制造所解决。在此基础上，设计过程中只需要考虑如何得到产品的最优结构，不再考虑产品的制造问题。因此，机器人的拓扑优化将突破自身的局限性，在结构优化过程中发挥更大作用。

8.1.2 协作机器人的轻量化

协作机器人的轻量化是轻量化技术在机械设计与制造领域应用的典型代表之一。轻量化技术包含3个方面的核心内容，即材料轻量化、结构轻量化以及工艺轻量化。其中，轻量化材料包含高强度钢、铝合金、镁合金、高强度工程塑料以及复合材料等；结构轻量化包含拓扑优化、尺寸优化、形状优化以及形貌优化。近年来，增材制造技术实现了高速发展，该技术兼顾高性能和精准成型，可有效缩短产品的生产周期，对复杂结构构件进行快速制造且成本较低，已经发展成为高端设备制造的重要技术手段，促使先进设计技术与先进制造技术融合。

国内外学者在机器人的轻量化设计领域做了大量研究，主要体现在材料轻量化和结构轻量化等方面。胡红舟等使用铝合金波纹板加强结构设计盒形汽车防撞梁，实现了防撞梁轻量化设计的目标。王旭葆等利用拓扑优化和形状优化，对航空铝合金支架进行了结构优化设计，并利用金属增材制造技术实现零件制造，最终使质量减轻24.5%、工况加权刚性增加38.3%、最大位移量减少32.7%、总体积减小12.2%。马国庆采用7075-T6铝合金对机械臂进行材料轻量化改造，并对机械臂大臂进行拓扑优化，在提高大臂刚度、增强抵抗变形能力的前提下实现减重15.06%。宁坤鹏对ER300码垛机械臂进行结构轻量化设计，使得机械臂整体减重8.6%，并得到了优化后结构的应力分布与位移分布，结果表明，优化后的最大应力与最大位移满足使用要求。还有一些学者在航空航天、汽车工业等领域开展了关于材料轻量化与结构轻量化的研究。目前，协作机器人中普遍采用的是“中空无框电动机+中空谐波减速器+制动器+驱动器”设计，如图8-1~图8-3所示的三种结构，这也是协作机器人采用的一种重要的轻量化设计思路。

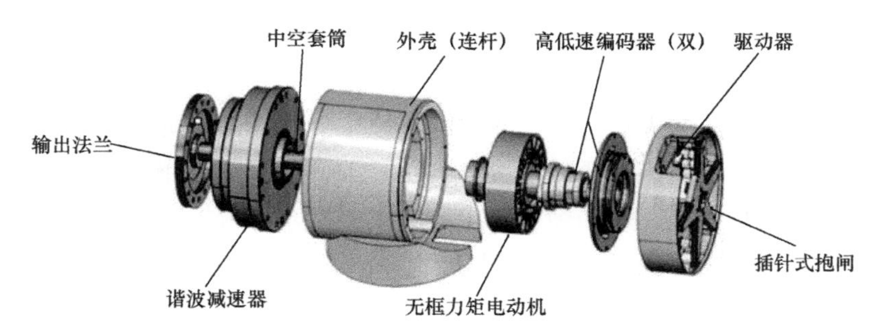

图 8-1　类 UR 关节构型

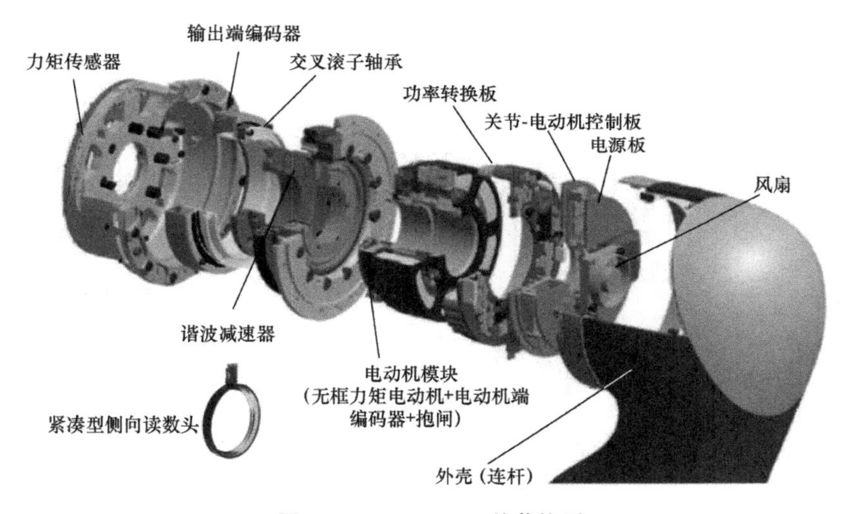

图 8-2　KUKA iiwa 关节构型

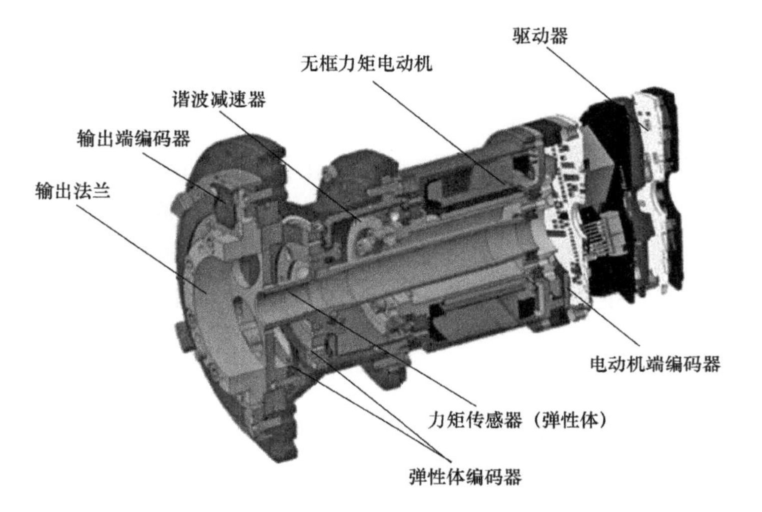

图 8-3　类 Sawyer 关节构型

8.1.3 协作机器人的一体化关节

机器人一体化关节是人机协作机器人的核心组成单元，是机器人核心零部件之一，也是人机协作机器人的重要研究方向。目前，世界制造业对智能化、柔性化、数字化、个性化制造有着强劲的需求，协作机器人作为机器人的重要分支之一，自诞生以来取得了很大发展，产业化进程不断加速，应用领域不断拓展。

机器人一体化关节主要分为“T形”和“I形”结构，如图8-4所示。其中，“T形”结构的安装面与输出面垂直，具备一定的防尘、防水等级；“I形”结构的安装面与输出面平行，结构更紧凑，一般以嵌入式安装于机器人壳体内部。

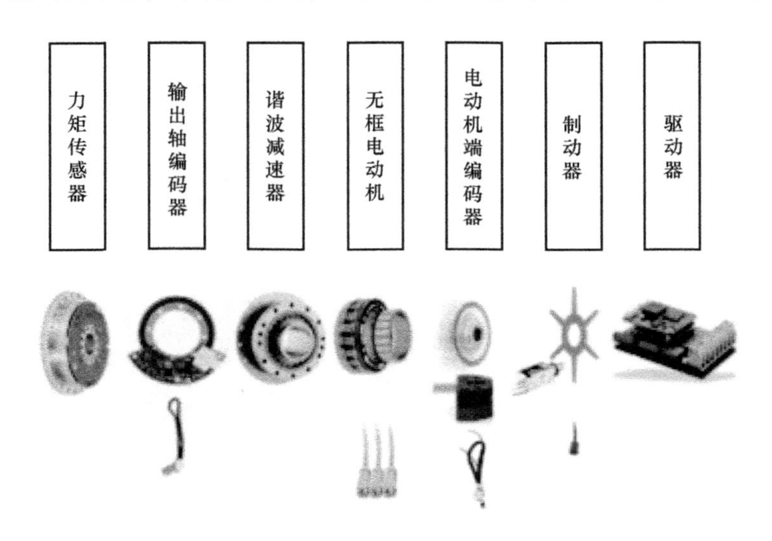

图8-4 协作机器人一体化关节常见的设计结构

基于机器人一体化关节搭建的6轴/7轴协作机器人，具有模块化的特点，方便机器人的安装与维护。协作机器人一体化关节内部结构较为复杂，除了力矩电动机、谐波减速器、绝对值编码器、增量编码器、伺服驱动器和力矩传感器等基础零部件，通常还内置更多的传感设备，如双编码器构造、力矩传感器甚至附加弹性件的SEA设计配合力觉、功能安全性、低刚度下的运动精度等需求。

8.2 协作机器人的感知与控制技术

为了让协作机器人系统能感知周围环境、检测作业对象、获得机器人与其他部件的关系，可以在协作机器人上安装触觉、视觉、力觉、超声波、红外、接近等传感器进行定位和控制，使系统实现类似人的感知功能。传感器既用于机器人内部反馈控制以预估自身的状态，也用于感知与外部环境的相互作用，是协作机器人系统设计的核心。

8.2.1　协作机器人的传感器

协作机器人系统中的传感器主要包括力觉传感器、视觉传感器以及触觉传感器等。

（1）力觉传感器　力觉传感器（force sensor）是将力的量值转换为相关电信号的器件。力是引起物体运动变化的直接原因。力觉传感器能检测张力、拉力、压力、重力、扭矩、内应力和应变等力学量。力觉传感器主要由三部分组成，分别为力敏元件、转换元件和电路部分，具体的器件有金属应变片、压力传感器等，在动力设备、工程机械、各类机床和工业自动化系统中，成为不可缺少的核心零部件。在协作机器人领域，力觉传感器经常装于机器人的关节处，通过检测弹性体变形来间接测量所受的力。装于机器人关节处的力觉传感器常以固定的三坐标形式出现，有利于满足控制系统的要求。目前出现的六维力觉传感器可实现全力信息的测量，因其主要安装于机器人的腕关节处，也被称为腕力觉传感器。腕力觉传感器大部分采用应变电测原理，按其弹性体结构形式可分为两种，即筒式腕力觉传感器和十字形腕力觉传感器。其中，筒式腕力觉传感器结构简单、弹性梁利用率高、灵敏度高；十字形腕力觉传感器结构简单、坐标建立容易，但加工精度高。

（2）视觉传感器　视觉传感器是指通过对摄像头拍摄到的图像进行图像处理，对目标进行检测，并输出数据和判断结果的传感器，主要有 PSD（position sensitive device）传感器和 CCD（charge coupled device）传感器两种。PSD 传感器的原理是由发射管射出红外线或激光，再由接收器接收反射光并测量反射角，继而测出实际距离；由光量分布确定中心点，并以此点作为物体的位置，但其光量分布容易受周边光线的干扰，会直接影响到测量数值。CCD 全称为电荷耦合器件，它具备光电转换、信息存储和传输等功能，具有集成度高、功耗小、分辨率高、动态范围大等优点。CCD 图像传感器被广泛应用于生活、天文、医疗、电视、传真、通信以及工业检测和自动控制系统。一个完整的 CCD 器件由光敏元、转移栅、移位寄存器及一些辅助输入、输出电路组成；CCD 工作时，在设定的积分时间内，光敏元对光信号进行取样，将光的强弱转换为各光敏元的电荷量。取样结束后，各光敏元的电荷在转移栅信号的驱动下，转移到 CCD

内部移位寄存器的相应单元中。移位寄存器在驱动时钟的作用下，将信号电荷顺次转移到输出端。输出信号可接到示波器、图像显示器或其他信号存储、处理设备，进行信号再现或存储处理。

（3）触觉传感器　触觉传感器是机器人中模仿触觉功能的传感器。触觉是人与外界环境直接接触时的重要感觉功能，研制满足要求的触觉传感器是机器人发展中的关键技术之一。随着微电子技术的发展和各种有机材料的出现，已提出了多种多样的触觉传感器研制方案，但目前大都属于实验室阶段，达到产品化的较少。触觉传感器按功能可分为压觉传感器和滑觉传感器等。

8.2.2　协作机器人的运动控制技术

协作机器人控制中涉及多种控制技术，控制技术中的核心部分是运动控制，除此之外，还包括信号读取、传动等部分。多关节的协作机器人运动控制一般有点位运动控制和轨迹运动控制等。两种常用的控制方式分别为集中式控制和分布式控制。运动控制器有以下几种架构：一是采用单片机构建运动控制器，二是采用专用控制芯片构建运动控制器，三是采用 PC 和微处理器构建运动控制器，四是采用高速处理器构建运动控制器，五是采用高速处理器和可编程逻辑控制器（PLC）构建运动控制器。运动控制器的架构如图 8-5 所示。

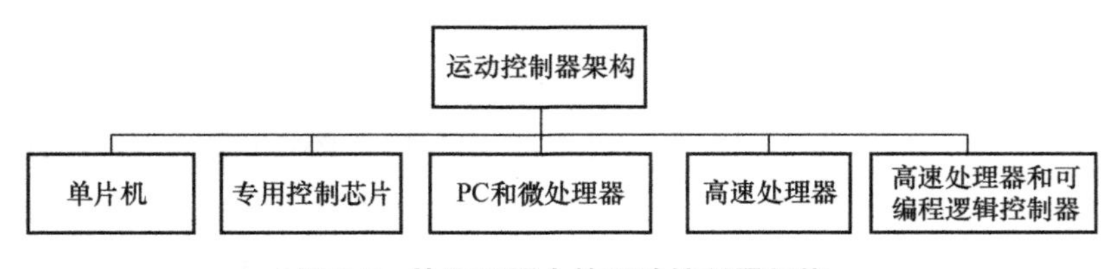

图 8-5　协作机器人的运动控制器架构

替代 PC 控制这样一个庞然大物的嵌入式控制器，除了可以满足基本的控制需要，嵌入式微处理器还可像 PC 一样实现丰富的外设功能。除此之外，还可利用 FPGA 多路数字量输入、输出，以提高运算速度，满足机器人多轴协同运动的要求，尽可能保证实时性。控制系统常以 PC+运动控制器组成，一个完整的机器人运动控制系统通常如图 8-6 所示。

协作机器人的控制算法主要包括 PID 控制方法、自适应模糊控制算法、遗传算法、神经网络算法、自学习/深度学习算法等。

PID 控制算法是工业控制中应用最广泛也是最成熟的控制算法，常用于在伺服电路中引入补偿网络。其中，具有测速反馈的测速补偿属于反馈控制，多用于直流电动机控制。常用的补偿有 3 种：比例-微分补偿（PD）、比例-积分补偿（PI）和比例-积分-微分补偿（PID），这里的 P、I 和 D 分别代表比例（Proportion）、积分（Integral）和微分（Differential）。

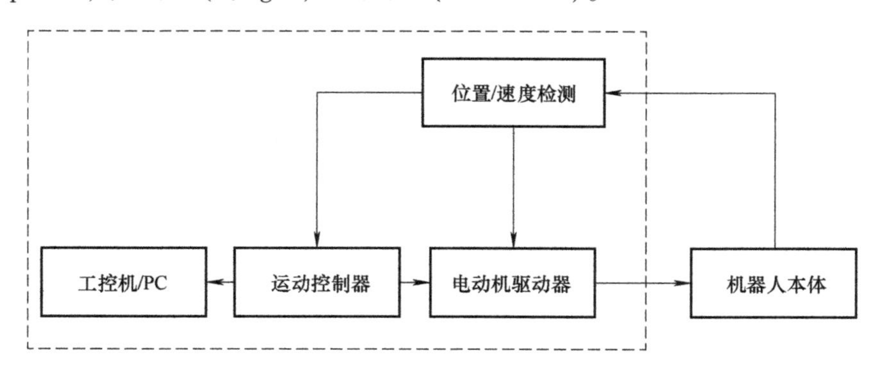

图 8-6　协作机器人运动控制系统

模糊逻辑控制（Fuzzy Logic Control）简称模糊控制，是一种以模糊集合论、模糊语言变量和模糊逻辑推理为基础的智能控制技术。自适应（Self-adaptive）算法是指在数据处理和分析过程中，根据待处理数据的特征自动调整处理方法、处理顺序、处理参数、边界条件和约束条件等，使算法能够适应所处理数据的统计分布特征和结构特征，从而得到较好的处理效果。而自适应模糊控制（Adaptive Fuzzy Control）同时结合模糊控制算法与自适应算法，形成了性能优良的具有自适应能力的控制系统。

遗传算法（Genetic Algorithm，GA）是一种能进行全局随机搜索和优化的控制算法，首见于美国 John Henry Holland 教授于 20 世纪 70 年代发表的论文中，该算法是基于达尔文的“物竞天择，适者生存”遗传进化理论，通过模拟生物界中自然选择和遗传学机理的生物进化过程而提出的一种计算模型。遗传算法求解问题的基本思想是，通过对一定量个体组成的生物种群进行选择、交叉、变异等遗传操作，得到所求问题的最优解或近似最优解。遗传算法的设计过程较为简单，鲁棒性较强，应用范围较广泛。

人工神经网络的出现借鉴了自然神经网络的工作原理，利用网络中不同“神经元”之间的相互作用，实现对输入信息的计算。神经网络的定义多种多样，目前最为广泛传播的一种神经网络的定义为 1988 年芬兰 Teuvo Kohonen 教授提出的定义：“神经网络是由具有适应性的简单单元组成的广泛并行互联的网络，它的组织能够模拟生物神经系统对真实世界的物体做出交互反应。”人工神经网络的实现以神经元模型为基础。1943 年，由 Warren McCulloch 和 Walter Pitts 提出的 MP 神经元模型成功实现了第一个人工神经网络并沿用至今。MP 神经元接收多个神经元传来的输入，这些不同的输入通过经过不同的权重处理后传入神经元，对神经元产生影响。神经元在收到总输入后，与其自身设置的阈值进行比较，决定是否激活，并通过“激活函数”（Activation Function）产生最终的输出。

8.3 协作机器人的人机协作技术

人机协作技术包含的内容关系如图 8-7 所示。

人机协作可实现高度灵活的工作过程、最高的工厂可用率和生产力以及经济效率。但有一个前提条件，就是必须采用与具体应用相适应的安全技术。只有保障了操作人员的人身安全，才能更好地协同工作，提高企业效率。

为了减小机器人的质量并节约成本，协作机器人也有无力矩传感器的设计，如图 8-8 所示的集萃无力矩传感器协作机器人。碰撞检测实现了人机协作的功能，而协作机器人在没有力矩传感器的情况下，碰撞力很难检测，无力矩传感器协作机器人进行碰撞检测大多采用两种方式，即电流环方式和双编码器方式。电流环方式直接根据电流环/力矩反馈和机器人系统动力学方程估计外力矩，这种方式最困难之处就是关节摩擦力的估计，该摩擦力受到机器人位姿、转速、温度、油脂状况等多种因素影响，难以准确建模和辨识，所以应用较为困难且检测灵敏度低。双编码器方式利用了谐波减速器的特性，谐波减速器的刚度较低，这里其实是将谐波减速器当作一个关节力矩传感器使用，此外使用与柔性关节同样的算法也可以估计外力，但谐波减速器的刚度比力矩传感器高出很多，外力检测精度较低，但原理上可避免摩擦力的影响。

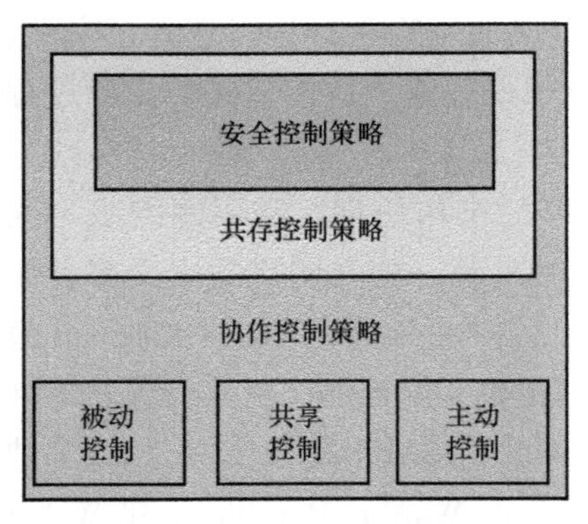

图 8-7 协作机器人的人机协作技术关系

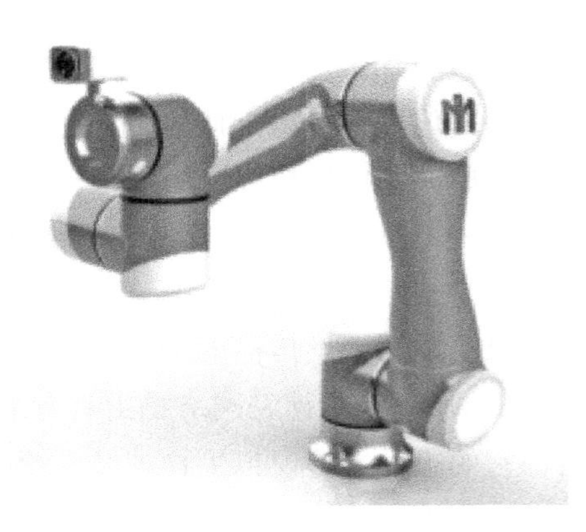

图 8-8 集萃无力矩传感器协作机器人

人机协作的安全控制方案是实现协作机器人高安全性的关键，主要包括两种：一种是基于外部监控的外部控制系统方案，另一种是基于机器人本体设计的内部控制系统方案。

1）区域监控方案：安全光幕大部分情况下，在人机协作时，都要在机器人或其所在的环境中安装激光距离传感器等，用于监控机器人的整个工作区域。

2）轻量型设计方案：机器人本体轻量化设计也是人机协作安全的一个可行方案，通过减轻机器人的机身质量，可有效地降低其对人体的冲击，从而确保人机协作的安全。

3）“本质安全”方案：弹性驱动——如 Rethink Robotics 公司的 Baxter 机器人采用弹性驱动，相比于刚性驱动更加符合安全要求，就像被弹簧弹中和被硬物击中的差别一样。其核心技术为串联弹性驱动器（SEA），SEA 包括一台电动机、一个齿轮箱和一个弹簧。SEA 的工作方式是通过测量弹簧压缩量来控制力的输出，用于弹簧压缩量测量的是一个力传感器。

4）力受限方案：运动控制系统对力受限的协作机器人进行风险评估时，如果机器人调试到合理的力量和速度，其潜在伤害的严重程度可以降低。例如，UR 公司的 UR 系列机器人，质量只有 18kg，其专利传感器技术可以帮助其实现功率和力的限制功能。它使机器人知道使用多少力就足以提起负载并移动，当机器人发现移动过程中所需的力或力矩过高，如在发生碰撞事故时，机器人手臂就会安全关断，不会造成伤害事故。

除了安全控制技术，环境认知控制技术、动态行为控制技术、协作控制策略也是人机协作技术很重要的三个方面。

1）环境认知控制技术。面对日益复杂的人机协作交互场景，人机交互在许多方面都对现有的研究构成了挑战；包括动态、部分未知的环境；需要理解和解释具有丰富语义的各种情况；与人的物理交互需要精细、低延时、稳定的控制策略；自然和多模态的交流方式；要求机器人具有任务理解与记忆能力；掌握常识规则等方面。目前，从认知控制的角度，对人机交互过程中的机器人控制策略进行了一些研究，提高了机器人应对复杂交互场景的能力，使机器人真正具有类人的交互能力，这也将是未来的研究热点。

在认知心理学中，认知控制协调认知和执行过程，支持适应性反应和复杂的目标或任务导向行为。类似的机制可应用于机器人系统中，以便灵活地执行复杂的非结构化任务。同时，在人机交互场景中，任务执行过程中的意图理解和协作是关键问题。由于人类行为的不可预测性和模糊性，交互式机器人系统要根据用户的行为解释其意图和目标，从而适应其执行和交流过程。协作机器人将应用于越来越复杂的非结构化场景中，从认知控制的角度提高人机交互过程中的控制效果，将是未来的重要发展趋势。将人的注意力控制系统、长短记忆系统、规则推理和知识表征能力、社会认知能力以及认知发展能力等引入人机交互的控制策略，对于提高协作机器人的类人交互能力具有重要的意义。环境认知控制目前仍然处于研究当中，对于认知控制架构的探索是未来一段时间的研究热点。随着认知科学和认知控制领域的发展和进步，人机交互过程的控制效果将得到进一步提高，同时也将有更多问题值得进一步研究和探索。

2）动态行为控制技术。动态行为控制技术在机器人与环境物理交互控制中得到了较为广泛的应用。阻抗控制是一种重要的方法，阻抗参数描述了交互力与交互点处相对运动之间简单而紧凑的关系。阻抗控制能够调节交互作用点处的动态行为，但阻抗控制模型只是动态行为控制的一种特殊情况。在实际应用中，动态行为模型有很多种，不仅仅局限于阻抗控制模型。一个典型的例子是机器人-环境多点交互控制问题。在多点交互中，每个接触点处的交互行为不仅与该点的状态有关，还与其他接触点的状态有关。显然，这无法用传统的阻抗模型进行描述，需要用更为一般的动态行为模型进行描述。从行为理论的角度出发，行为描述了单个智能体或智能体群体对内外部环境变化或刺激的反应。机器人通过行为体现其类人智能，而基于行为的机器人（Behavior Based Robotics）或行为机器人就是其中的一种实现方法。如人类一样，机器人的行为也分为许多不同类型。其中，动态或运动行为是最重要的行为之一，尤其在机器人-环境物理交互中更为常见。不少学者研究了动态行为模型的定义、性质以及调节动态行为的方法和算法，以获得更好的机器人-环境之间的交互性能。

3）协作控制策略。可分为被动协作控制、共享协作控制等。对于被动协作控制，机器人没有自己的运动意图或期望运动轨迹，只是强调对外部交互力的响应，以顺应其伙伴，如人类伙伴的运动意图，这在人机拖动示教中很常见。对于共享协作控制，机器人及其伙伴都有自己的运动意图或目标位置/轨迹。当不存在外部干预或交互作用时，机器人会坚持自己的运动意图；当存在外部干预或交互作用时，机器人将寻求坚持自身运动意图和顺应外部环境之间的平衡。机器人与伙伴之间的平衡，是通过机器人的角色自适应或参考运动轨迹自适应来实现的。

8.4 协作机器人的自学习技术

智能机器人本体必须具备安全、可靠、灵活和能够精确有效地延伸或扩展人的某些器官的功能等特点。协作机器人要学会与人在环境中进行共融。理想的状态是在所有的作业环境中，协作机器人要发挥机器人的优势，人要发挥人的优势，即人和机器人在某种特定环境中能够共同把一件事情做好。也就是说，要想让机器人与人之间做到和谐交互，机器人必须具备学习的能力。

协作机器人利用自身配置的各种传感器，通过与环境的不断交互并获取知识的过程称为机器人学习。协作机器人学习的最终目标是其自身具备完成某项任务的能力。机器学习是使机器人具有生物智能的一种有效方式。在传统机器人向智能机器人过渡的过程中，深度学习是近年来机器人研究领域的先进技术之一。

深度学习算法是一种基于人类思维的深度计算模式。它通过模拟人类大脑的各种思考机制来完善机器人的内部结构，从而使机器人达到一种人类化的思维形式。深度学习算法是一种思维上由浅入深的过程，由简单的特性深入到抽象的思维活动中，从而完成整个分析，利用各项数据的形式将结果呈现出来。深度学习算法是主要依靠数据进行的一种学习方式。至于数据的呈现方式可以是多种多样的，如一幅画是由像素进行衡量的，那么像素的向量就以一些固有形状的形式，如边形、条形等体现出来。这种方式非常通俗易懂，对于编程方面也有好处。这也是深度学习算法的一个优势所在。图 8-9 所示为深度学习模型示意。

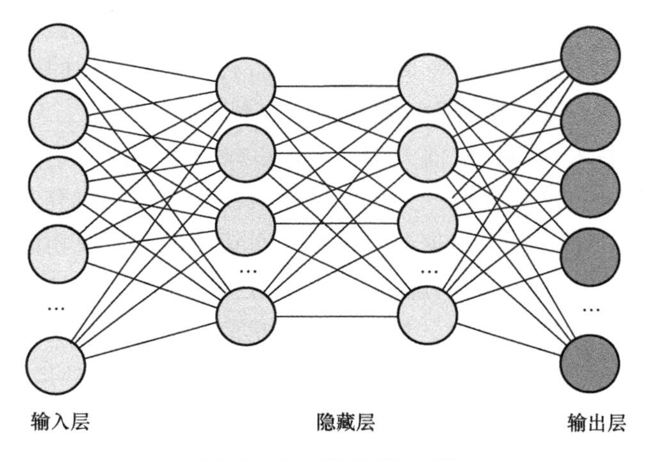

图 8-9　深度学习模型示意

目前，深度学习应用于机器人主要有两种模式：无模型深度学习和有模型深度学习。

无模型深度学习算法，顾名思义就是没有经验和先例，对于这方面的深度学习完全是一次全新的体验。这样对于机器人整体来说是一个全新的挑战，是一次经验积累形成新模型的过程。所以在这个过程中，机器人要不断地进行更新和完善以实现最大化的利益收获。那么，在无模型深度学习算法中就需要机器人本身的性能有更高的标准以配合发展。

首先，描述“策略”的函数一定要有强大的表达功能，因为在未知的情况下，很可能会出现一系列的复杂的情况，只有表达能力优秀才能使得整个情况得到梳理，从而找出最优化的策略。另外一个方面就是要有一个强大的数据支持，这样在算法中才能及时地找到一个参照点，从而尽快获得最优的策略。只有具备了这两个重要的因素，才能在无模型深度学习算法中实现智能机器人之间良好的协作。在无模型深度学习算法中，机器人之间的协作以一种最基础的方式进行，也就是将不同机器人的经验值进行共享，实现数据上的整合，使多个机器人能够同时进行数据采集，这样既能得到大量的数据支持，又能在最短的时间内完成汇总。但是，这种方式也有一个缺点，就是成本较高、资金投入较多，所以适合在一些实力雄厚的大公司中发展和进行。

相对于无模型深度学习算法，基于模型的深度学习算法在不同任务的执行方面有着很大的优势。人类在进化的过程中会对不同的事物进行联想和实践，从而积累一定的经验，这些经验能够帮助人类在之后的生活和工作中得到更好的发展。这样的形式就是一种模型，人类给自己制定的一种固有的模式。机器人也是如此，在一系列的活动进行过后也会形成一定的经验值，这些经验可以形成一个模型。不同的任务有不同的模型，那么机器人之间的协作就变得更加容易了。机器人只要基于模型完成相应的指令和动作即可。

对于自学习技术在协作机器人中的应用，研究最广泛的是实现机器人像人一样对未知物体进行准确抓取，这也是智能机器人领域的研究人员一直致力于实现的目标。在自学习技术出现前，机器人通常通过被抓取物体本身的属性进行物体识别和动作决策，这些方法大致上可分为三类：基于纹理、形状局部特征等物体视觉特征的抓取方法；基于原始形状信息的抓取方法；基于物体特征与合理抓取姿态间对应关系的抓取方法。图 8-10 所示为实现球形物体抓取的深度学习算法。

随着人工智能领域深度学习技术的不断发展，许多人研究人员考虑将深度学习算法应用到协作机器人的抓取研究之中。美国康奈尔大学的 Ashutosh Saxena 教授首先将深度学习算法应用到机器人抓取领域，构建了一个四层深度神经网络来估计一个物体的抓取区域，实现了很好的识别效果。Redmon 等人采用卷积神经网络（Convolutional Neural Network，CNN）方法对物体的抓取区域进行识别，他们以物体整幅图像为输入，直接生成物体上可抓取区域的位置。Finn 等人对大量物体的抓取图像数据进行采集，通过 CNN 模型提取物体在被抓取过程中的视觉特征点，并根据这些视觉特征点构建一套抓取策略，以实现对新的未知模型物体的抓取。Lerrel 和 Levine 采用自监督学习方法直接由机器人收集物体抓取数据，并基于这些抓取数据取得了令人满意的抓取识别效果。但这些方法都需要依靠大量数据样本对模型进行训练，存在过拟合风险，且模型的计算代价大，对最佳区域的搜索速度不高。图 8-11 所示为物体检测网络 yolo_v3 网络结构。

图 8-10　实现球形物体抓取的深度学习算法

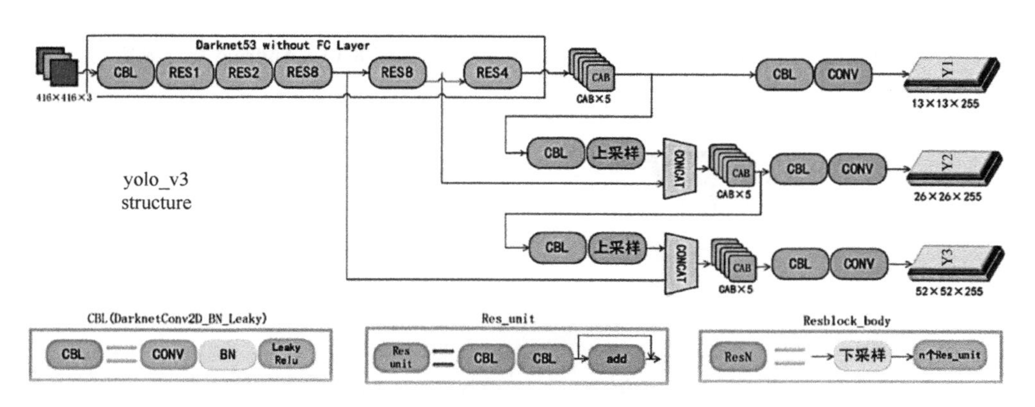

图 8-11　物体检测网络 yolo_v3 网络结构

此外，自学习技术在协作机器人物体检测定位、路径规划、轨迹规划跟踪、任务规划等任务实现上具有很大的潜力；同时，随着机器学习等技术研究的深入和发展以及计算设备的性能提升，协作机器人自学习技术必将得到进一步的发展和优化完善。

8.5 协作机器人的实时操作系统及上层编程软件

机器人操作系统是为机器人标准化设计而构造的软件平台，它使得每一位机器人设计师都可以使用同样的平台进行机器人软件开发。标准的机器人操作系统包括硬件抽象、底层设备控制、常用功能实现、进程间消息以及数据包管理等功能，一般可分为低层操作系统层和用户群贡献的机器人实现不同功能的各种软件包。现有的机器人操作系统架构依托于 Linux 操作系统内核构建，主要包括 Ubuntu 操作系统、Android 操作系统和 ROS 操作系统（图 8-12～图 8-14）。

图 8-12　Ubuntu 操作系统

图 8-13　Android 操作系统

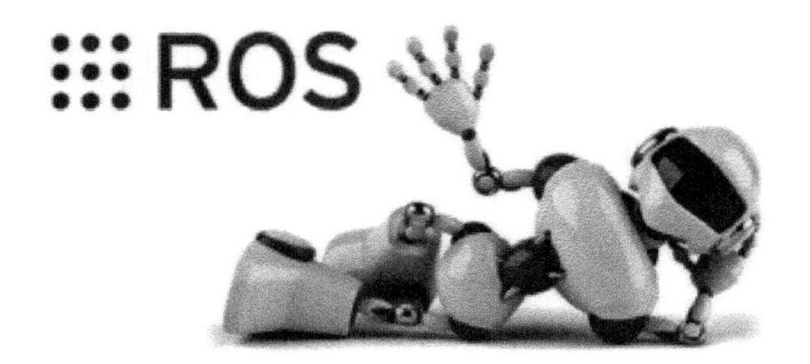

图 8-14　ROS 操作系统

Ubuntu 操作系统由全球化的专业开发团队 Canonical 打造，基于 DebianGNU/Linux 操作系统开发，同时也支持 X86、AMD64/X64 和 PPC 架构。Ubuntu 操作系统的初衷是作为 Debian 的一个测试平台，向其提供通过测试的稳定软件，并且希望 Ubuntu 操作系统中的软件可以很好地与 Debian 兼容。由于它的易用性，且获得众多社区的支持，Ubuntu 操作系统发展成了一款不错且流行的 Linux 操作系统版本。Ubuntu 操作系统拥有庞大的社区群支持它的开发，用户可以及时获得技术支持，软件更新快，系统运行稳定。Ubuntu 所有系统相关的任务均需要使用 Sudo 指令是它的一大特色，这种方式比传统的以系统管理员账号进行管理工作的方式更为安全，这也是 Linux 操作系统、UNIX 操作系统的基本思维之一。随着物联网设备的风行，2015 年 Ubuntu 操作系统首度推出了一个专门针对物联网设备设计的新 Snappy Ubuntu Core 操作系统，整合了更多云端和虚拟技术，并宣称能够在无人机、机器人上更顺畅地运行。在众多开源桌面操作系统中，无论是性能还是界面，Ubuntu 操作系统都被公认为是最优秀的。

Android 操作系统不仅是一种市场占有率极高的手机操作系统，在机器人领域，它也是主流的操作系统之一，软银公司的 Pepper 机器人使用的便是 Android 操作系统。由于 Android 操作系统在应用程序的审核上相对宽松，因此目前使用 Android 操作系统开发智能机器人的企业较多。

ROS 是 Robot Operating System 的英文首字母缩写，是专门为机器人设计的一套开源操作系统，2007 年斯坦福大学人工智能实验室与机器人技术公司 Willow Garage 针对其个人机器人项目开发了 ROS 操作系统的雏形。经过这几年的发展，ROS 操作系统从最初无人问津的小众操作系统，到现在已是主流的机器人操作系统之一。ROS 操作系统充当的是通信中间件的角色，即在已有操作系统的基础上搭建了一整套针对机器人系统的实现框架。和 Android 操作系统一样，ROS 操作系统也是开源的，功能上也是相差无几，它也可以提供硬件抽象、底层设备控制、常用功能实现、进程间消息以及数据包管理。其独特之处在于，它能够支持多种语言，如 C、Python、Octave 和 LISP，甚至支持多种语言混合使用，这可以简化开发者的工作。因为它基于 Linux 操作系统，其可靠性也会更高，体积可做到更小，适合嵌入式设备。根据市场调查，目前已有很多机器人公司采用 ROS 操作系统开发一些应用于全新市场的产品，如 ClearPath、Rethink、Unbounded、Neurala、Blue River，最典型的就是 Willow Garage 的 PR2 机器人。

除了上述三种典型的机器人操作系统，市面上还有诸如图灵机器人操作系统 TuringOS、小 i 机器人云操作系统 iBotOS、ROOBO 人工智能机器人系统等新兴的机器人操作系统，这些机器人操作系统都力图实现在多终端、多应用场景实现机器人的操作，并与人进行多模态交互。

目前，机器人的编程方法主要分为两种，即示教编程和离线编程。虽然示教编程是目前大多数机器人的编程方式，但由于编程者只能在实际的机器人系统中验证所编写的程序，且编程的质量与效率取决于编程者的经验，因此导致其无法进行复杂运行轨迹的编程。随着计算机等技术的发展，另外一种编程方式应运而出，即机器人离线编程。机器人离线编程，是指操作者在编程软件中构建整个机器人工作应用场景的三维虚拟环境，然后根据加工工艺等相关需求，进行一系列操作，自动生成机器人的运动轨迹，即控制指令，然后在软件中仿真与调整轨迹，最后生成机器人执行程序并传输给机器人。相比于示教编程，离线编程具有以下优势：

- 只需在计算机环境下进行编程操作。
- 编程时不占用机器人的工作时间。
- 可以通过模拟仿真验证程序。
- 可使用其他的计算机辅助设计方法进行轨迹规划。
- 可以实现较为复杂的路径编程。

离线编程软件主要分为通用型离线编程软件和专用型离线编程软件。通用型离线编程软件有可用于电焊仿真编程的 ROBCAD、可用于生产线仿真编程的 DELMIA 及国内开发的 RobotArt 等；专用型离线编程软件有瑞士 ABB 公司发行的 RobotStudio、日本 FANUC 公司开发的 ROBOGUIDE 和 MOTOMAN 公司开发的 MotoSim 等。通用型离线编程软件主要由相关专业的软件公司进行研制，其本身并不是机器人的生产厂商。通用型离线编程软件的特点是可针对不同生产厂商的机器人进行编程，但由于无法获取到某一特定机器人厂商的底层数据信息，因此只能根据机器人的通用属性进行开发。专用型离线编程软件则主要由机器人本体厂家自行研发，或委托第三方软件公司进行开发维护。专用型离线编程软件的特点是只能针对自家品牌的机器人进行仿真、编程和后置输出，但由于数据共享，因此与自家机器人本体有较好的兼容性。

从 20 世纪 80 年代开始，欧洲国家以及美国、日本等国家开始在离线编程领域进行大量的研究工作，并取得了一些成果。Jens Golz 等人基于 KUKA 机器人开发出 MATLAB 工具箱（Ro Bo-2L），可使用 MATLAB 通过 RS232 总线对 KUKA 机器人进行远程控制。Gabor Erdos 等人以减少焊接节拍为目的，设计出了远程激光焊接的离线编程系统，通过将焊接总任务分解为一个个子任务，然后对每个子任务进行优化，从而有效地提高了远程激光焊接的效率。Ludwig Nagele 等人提出了一种反求方式的编程方法，用于制造聚合物。Alex Visser 等人为了简化碰撞检测的相关算法，提出了适当去除模型小特征后的包络球体的随机边界体积法，有效地提高了计算效率。Nathan Larkin 等人提出基于数字模型，自动获取机器人控制代码的方法。

国内方面，武汉理工大学的郑悠等人基于 6 轴关节机器人设计出了 7 轴机器人的方案，从而扩大了机器人的工作空间，使其能够完成更为复杂曲面喷涂工作。华南理工大学邱焕能等人在 OpenGL 与 QT 环境下，设计开发了离线编程仿真系统的各功能模块。清华大学郭吉昌等人针对 KUKA 机器人，基于 UG/OPEN 环境进行二次开发，实现了焊接机器人离线编程的各项功能。上海交通大学魏振红等人综合运用 SolidWorks 和 RobCAD 模拟焊接机器人的工作环境。

随着机器视觉、传感器、人工智能、大数据和虚拟现实等技术的发展，通过将这些技术与协作机器人编程技术结合，新的协作机器人编程技术，具有以下发展趋势：

（1）编程系统化，软件模块化　编程系统化指的是将编程、仿真和实时监控等进行统一协调，以满足工作需要。软件模块化指的是根据用户的不同需求，将不同类型的子模块进行重新整合，以降低使用成本。

（2）编程智能化　通过与人工智能、大型知识库、数据库等技术结合，使机器人系统能够仅根据任务描述，即现场获取的数据信息，便可以进行自主编程与仿真。

（3）编程网络化、远程化、可视化　通过物联网将 AR、VR、5G 等技术实现编程场景和真实场景的数字孪生。通过不同系统之间的数据反馈提高仿真精度。机器人编程技术的发展离不开软件开发平台，目前广泛使用的机器人开发平台有用于机器人自主定位和避障的 ROS，以及用于机器人轨迹规划和仿真的 MTALAB 等。

总之，新的编程技术将与 CAD/CAM、视觉技术、传感技术，以及互联网、大数据、增强现实等技术深度融合，自动感知、辨识和重构工件和加工路径等，实现路径的自主规划，自动纠偏和自适应环境。

8.6　协作机器人的数字孪生/数字驱动技术

数字孪生（Digital Twins，DT）是通过软件定义和数据驱动，在数字虚体空间中创建的虚拟事物，与物理实体空间中的现实事物形成了在形、态、质地、行为和发展规律上都极为相似的虚实精确映射关系，让物理孪生（Physical Twins，PT）体与数字孪生体具有了多元化映射关系，具备了不同的保真度（逼真、抽象等）。

人机协作场景下的数字孪生模型如图 8-15 所示。数字孪生系统由两个相互连接的空间组成，即物理空间和数字空间。数字空间是人类与机器人共存或协作的三维虚拟表示，而物理空间是由人类组成的真实生产系统、机器人和其他硬件。虚拟空间中的每个元素都在显示物理空间中连接的物理对象的设计和操作行为。

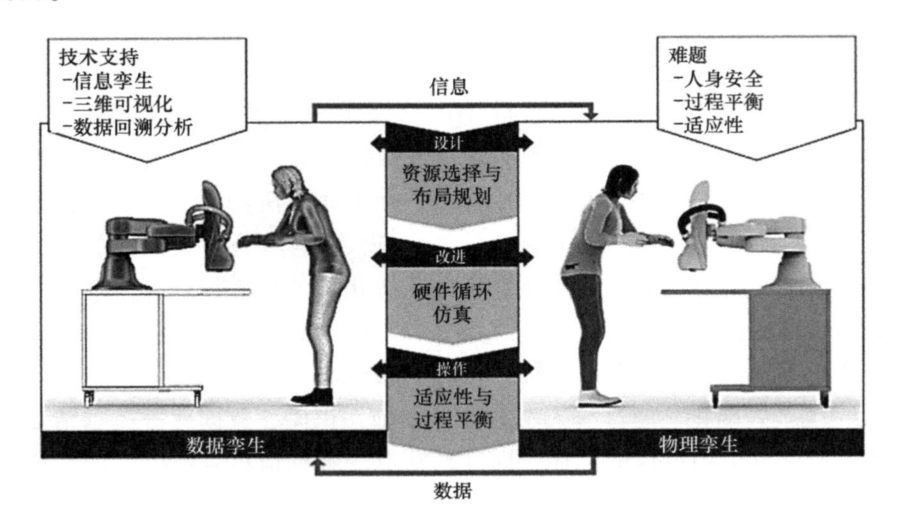

图 8-15　人机协作下的数字孪生

在开发人机协作系统时，其数字孪生体在创意生成期间应尽早开发，并且必须与物理孪生体并行发展。随着其快速发展，DT 和 PT 均需要不断更新，作为彼此的反映。在生产系统的数字孪生体中，第一个诞生的是虚拟孪生体，因为想法、形状、功能总是先于产品物理形式的实际实现。采用数字孪生方法设计的人机协作机器人系统可以提供快速集成、生产重新配置以及安全等。

为了使 DT 和 PT 相互有用，建议使用 DT 评估模型。评估模型由感知数据、评估数据、定义不合规、设置解决方案、模拟解决方案、形成策略并实施组成。该评估模型可用于数字孪生系统的生命周期，以优化系统性能。

人机协作数字孪生系统的全周期包括设计、开发、调试、运营、维护五个方面，最终形成的人机协作系统如图 8-16 所示。

设计：在开发新的物理系统时，数字孪生体的开发时间通常早于物理孪生体。它可帮助生成和验证初始设计、行为和布局等。虽然，在设计阶段相应的物理孪生体并不存在，但 DT-Design 仍然指的是假设的未来物理孪生体。即使没有实时连接，机器人系统的数字孪生也可尝试几种假设场景，以实现更快、更安全、更好的设计。在与协作机器人配合时，需要对机器人的参数，以及机器人本体结构的设计、布局等进行充分的考虑。

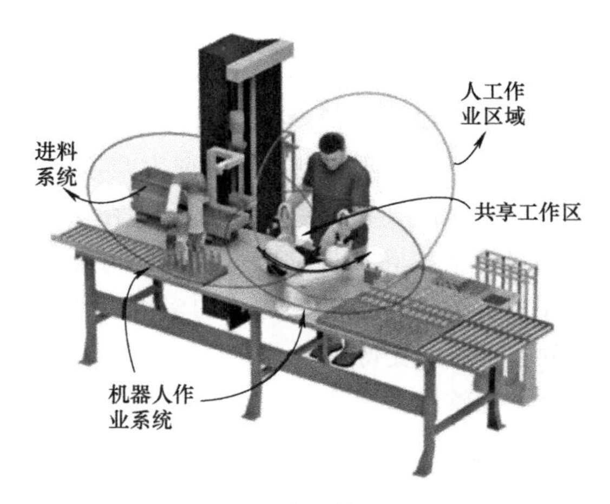

图 8-16　人机协作系统

开发：在 DT 开发方面，DT 设计的结果被用来开发与数字孪生中的对应物相对应的物理孪生元素。人机协作系统涉及协作机器人、工作站、固定装置、进料装置和其他硬件的开发。生成物料清单（BOM）和流程清单（BOP），并相应地开发物理系统。

调试：在此阶段，可通过将 DT 连接到真实的控制器或 PLC 以检测潜在错误，从而建立物理孪生和数字孪生之间的初始连接。这种方法类似于虚拟调试（VC）。VC 或硬件在环仿真可通过在实际调试之前进行虚拟测试和集成，以帮助缩短开发时间。PT 中的协作机器人可与 DT 中的虚拟协作机器人连接，使协作机器人能够执行 DT 中设计的任务。

运营：DT 经过扩展，可在运行期间与物理系统进行实时通信，以进行行为分析和性能优化。生产计划和控制数据库互连，可支持生产订单的动态调度和劳动力分配。DT 可以简化在需求波动下生产系统的重新配置或重新利用。在 DT 设计中，评估是手动完成的。但是，在 DT 操作中，实际数据与 DT 同步，评估周期可以自动化。当针对给定情况的解决方案生成并在允许实现之前呈现给人类用户时，仍然需要人力。

维护：维护是人机协作机器人系统不可或缺的一部分。增强现实（AR）或聊天机器人等混合现实技术可以与 DT 集成，使维护人员能够进行维护、故障检测和培训。

目前，随着协作机器人应用技术的推广以及为了进一步提高生产率和操作安全性，迫切需要开发新的在线技术。数字孪生技术的飞速发展，有望为机器人的在线 AI 辅助编程的实现提供技术支持。

数字孪生技术力图在仿真环境中建立与现实物理环境中的事物在物理特性、空间特性上高度相似的映射体，即所谓的孪生体。通过在孪生体上加载不同工况、不同场景下的模型，对其受力、运动学、动力学特性进行分析，可以实现对人机协作过程中的仿真分析、评估和决策，保证生产过程的安全性和稳定性。同时，在孪生体上进行测试试验，得到试验结果后再在实物中测试，可大幅度减少对物理实体测试环境的依赖和损耗，减少或避免可能出现的环境污染或人体伤害。这些都建立在数据的准确度上，上述的多传感器信息融合技术为数字孪生技术提供了足够的基础数据支持。

此外，数字孪生技术能够实现将事件的现实性从时间和空间上进行分解后重新组合，通过三维计算机图形学技术、多功能传感器的交互接口技术以及高清晰度的显示技术，数字孪生可以遥控机器人和临场感通信，既可以使人们从危险和恶劣的环境中解脱，还可以解决远程通信时延等问题。与以往的传统的仿真环境相比，构建一个使人沉浸其中、超越其上、进出自如、交互作用的环境，在这种多维信息空间中进行的仿真和建模具有更高的逼真度。例如，北京航空航天大学等高校研制成功的 CRAS - BHI 型机器人与计算机辅助脑外科手术系统，已成功用于临床。

目前，数字孪生技术在机器人领域的应用主要体现三个方面：

1）作为遥操作界面，可应用于半自主式操作。

2）作为机器视觉中自动目标识别和三维场景表示的直观表达。

3）建立具有真实感的多传感器融合系统仿真平台。

数字孪生技术在协作机器人系统编程与仿真系统中的应用研究，主要集中在以下方面：

1）应用数字孪生技术提供的新型人机交互设备，寻求更好的机器人编程方式。编程方式主要有两种：一种是在数字环境中通过对环境的判断解算生成机器人程序；另一种是采用人的操作示范方式，通过跟踪人的动作序列，自动生成机器人的动作序列。

2）研究数字环境内目标对象的建模方式，更加注重对物体物理特性的建模，以实现更趋真实的拟实操作。

3）研究数字环境与真实环境的建模与映射问题，期望实现虚拟环境下生成的控制程序可直接在真实环境中运行。

因此，随着数字孪生技术研究的深入，将为协作机器人的操作、维护、教学和培训等应用提供较好的平台。

8.7　本章小结

本章以协作机器人核心技术为主线，对协作机器人的若干核心技术进行了介绍。

其中第 1 部分为协作机器人本体设计与优化，属于协作机器人硬件设计方面的核心技术；第 2 部分为协作机器人感知与控制技术；第 3 部分人机协作技术与第 4 部分自学习技术属于协作机器人软件方面的核心技术；第 5 部分实时操作系统与上层编程软件、第 6 部分数字孪生技术属于协作机器人系统开发层面的核心技术。通过本章的介绍，希望读者能更全面、具体地认识协作机器人的核心技术，把握协作机器人核心技术的发展方向和趋势，为相关专业学生、相关从业者和爱好者提供参考。

思考与练习

1. 协作机器人本体设计优化包括哪些方法？

2. 协作机器人一体化关节构型有哪几种？

3. 协作机器人是如何对外界信息进行感知的？用到的硬件有哪些？分别能够获取何种信息？

4. 在人机协作环境中，协作机器人是如何保证场景内人员安全的？又是如何实现与人的协作的？

5. 协作机器人是如何实现自学习的？请简要叙述。

6. 协作机器人操作系统主要有哪几种？你有使用过吗？请结合自身经历说一说对其中一种的使用心得？

7. 数字孪生技术能够让协作机器人实现哪些功能？一个协作机器人数字孪生系统的构建需要进行哪些流程？

第 9 章　协作机器人系统集成与应用案例

在前面的章节中，从不同层面分别具体介绍了协作机器人的系统构成与核心零部件及其工作原理，并在第 8 章介绍了协作机器人的若干核心技术，相信读者已经对协作机器人有了一个具体的概念。下面将以协作机器人的基本特性为基础，介绍协作机器人技术的集成应用，并结合具体案例进行讲解。

旨在与人类协同工作的协作机器人与传统的工业机器人有着明显的不同，固定式的传统工业机器人独立工作时需要与人保持距离。由于协作机器人固有的安全性，如力反馈和碰撞检测的应用，人与协作机器人并肩合作的安全性得以保证，配备了传感器以及限制力和功率的安全功能的协作机器人则使机器人与工人之间的协作成为可能，从而缩短生产流程，提高生产率，降低失误率，也使人类的工作变得更有效率、更具价值。

虽然，采用协作机器人的行业和应用方式类似于传统工业机器人，都是为了满足高效率的生产需求，以代替人工，降低生产成本，但随着目前经济结构的调整及消费者需求的改变，需要商品生产企业以更短的迭代周期、更频繁的生产线更新，以产出更具市场竞争力的供给，而传统工业机器人不具备快速部署、回报周期短等优势，协作机器人的应用成为解决当下快节奏生产的更优方案。据分析，电子产业和汽车产业将有望成为协作机器人未来两个最大的垂直应用领域，装配与上下料、码垛与搬运、焊接与检测将有望成为协作机器人的最大应用场景。在未来五年内，预计上述应用场景将占协作机器人总应用场景的 3/4。

随着多种机器人技术的发展，协作机器人也并不只限制于自身独立的应用，近些年来已逐渐朝着多平台集成化、复合化、智能化应用的方向发展。复合机器人是集移动机器人、协作机器人和通用工业机器人等功能于一体的机器人。传统的机器人应用往往只局限于某个环节、某一步骤的执行，功能较为单一，部署也较烦琐，而经过系统集成后的复合协作机器人可集成多个模块，针对不同工序进行抓取、搬运、行走、堆叠等；附加上视觉传感器、激光传感器等感知与交互设备后，可进一步扩展其应用的智能性，为智能制造和智慧工厂赋能。

协作机器人集成应用平台的建立，是协作机器人与多种机器人周边技术结合的载体，是协作机器人进行多场景、宽领域应用的新基础。基于集成应用平台的建立，可针对具体的工业、服务业场景，进行诸如机床上下料、码垛、焊接、移动复合的应用。集成平台与应用场景是相互促进的双方，虽然目前集成应用平台的产业化应用、市场化运作尚未完全成熟，但集成应用平台作为一种新的机器人应用理念，势必会对当下的制造业产生影响；同时多种应用场景与行业“痛点”也会给予协作机器人集成应用平台创新思路，使技术为生产与服务赋能。

9.1　协作机器人集成应用平台

协作机器人的独立应用，已为工业和服务业的自动化、智能化升级提供了新的方案，特别是帮助中小企业等成本敏感型用户解决了生产难题，提升了工作效率。但是，协作机器人的独立应用仍然不能有效地发挥其轻巧灵活、安全易用、部署便捷等特性，或者说协作机器人更需要与多种机器人技术结合，在更大的应用范围发挥自身的优势。协作机器人集成应用平台就是扩展协作机器人应用范围与作业方式的创新设计，是协作机器人进一步拓宽市场、铺展应用的重要工具，也是多种新技术、新理念的有效结合。

9.1.1　集成应用平台的构成及功能特点介绍

协作机器人集成应用平台是以协作机器人本体为核心，对协作机器人进行二次应用开发，并根据不同的实际需求设计集成配套设备，为下游终端用户提供满足其特定生产需求的非标准化、个性化的成套工作站或生产线辅助平台，是智能制造装备产业的重要组成部分。协作机器人本体是协作机器人产业发展的基础，而系统集成则是协作机器人工程化和大规模应用的关键。集成应用平台的发展将会使协作机器人相较于传统工业机器人在现代工业应用场景中具有更多的新功能和更高的应用价值。

集成应用平台的概念比协作机器人更加广泛，它将机器人、末端执行工具、视觉、力反馈等多种传感器、自主移动平台、应用程序等结合在一起，基于协作理念本身，在更深的技术层面与更广的应用层面实现其丰富的功能迭代，完成更多场景的灵活适配。协作机器人集成应用平台可充分发挥协作机器人的灵活性，其发展前景将更为广阔。

协作机器人系统集成商主要以本土企业为主。与传统工业机器人相比，协作机器人作为新兴发展市场，其系统集成市场规模较小。协作系统集成企业多数为近几年才成立，不少仍处于摸索阶段；且由于协作机器人系统集成非标性强、可复制性差、跨领域接单难，目前协作机器人集成商的营收规模仍处于增长过程中。

就下游行业来看，协作机器人工业应用场景中汽车和 3C 电子占据主导地位；除此之外，人机交互的特性使协作机器人可以应用拓展到更多的非工业场景。由于下游行业、用户需求、应用特点等的不同，协作机器人系统集成商与工业机器人系统集成商重合度较低。面对下游行业高分散、多样化、高度定制化的需求，协作机器人系统集成通常对系统集成商的行业属性要求较高，尤其是针对非工业领域，要求系统集成商具备针对细分市场下探及深耕的能力、对新兴领域的高敏感度及方案快速落地的能力。图 9-1 所示为机器人检测集成应用平台。

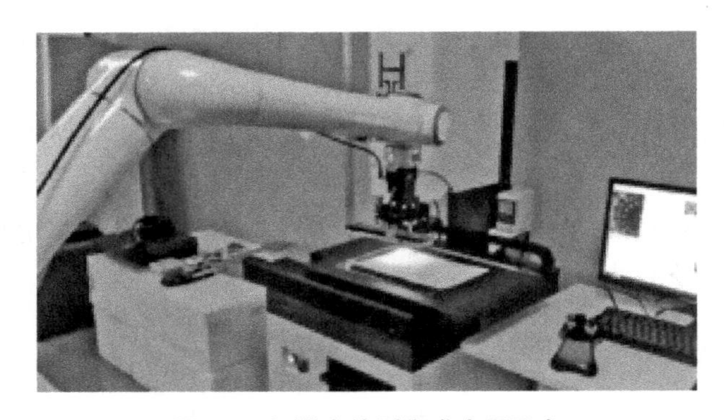

图 9-1　机器人检测集成应用平台

未来，随着协作机器人市场的发展，下游可批量复制的行业将陆续出现，届时将会孕育出较大的具备行业属性的系统集成商。此外，新兴行业的不断涌现也将导致新的集成商出现，系统集成商的数量将继续扩增，集成商类型及与上、下游的合作模式也将更加多样性。

目前，协作机器人集成应用正在向着结构仿生化、感知融合化、认知系统化等方面开展突破。协作机器人周边配套应用的概念更加广泛，将机器人、末端执行工具、视觉、自主移动平台、应用程序等结合在一起考虑，强调协作理念本身，其发展前景将更为广阔。图 9-2 所示为用于服务场景的协作机器人集成应用平台。

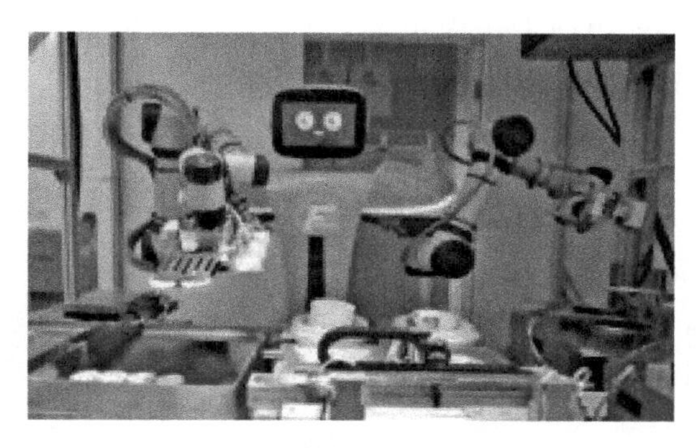

图 9-2　用于服务场景的协作机器人集成应用平台

9.1.2　集成应用平台的组成与功能模组

协作机器人集成应用平台既发挥了协作机器人高灵活性、高安全性等特点，又能结合相关组成设备的特征，针对不同工况将优势发挥出来。

以国内遨博公司对协作机器人的集成应用为例。它将自重较小、负载较大的协作机器人安装在自主移动平台上，在协作机器人末端配套执行工具，并在顶部安装双目摄像头，通过上位机将上述多模块连接，进行综合控制，基于各自特点，组合成一种安全性高、灵活性好、任务执行能力强、功能可扩展性高的复合机器人，成为国内协作机器人集成应用平台的研发典范之一。

该集成应用平台内置传感器、视觉设备，可识别周围环境，自动规划到达目的地的最佳路线，安全避开障碍物和场景内的人员。协作机器人与自主移动平台、视觉、末端工具等配套设备高效通信，可以完成高度灵活、精密的工作任务，如多模块化移动搬运、多点位远程实时侦测等，提高复杂环境下远距离的自动化升级需求。目前，已应用于 3C 电子、智能物流等行业的多点运输和装配，服务窗口的餐品分拣与包装呈递，以及智能变电站、机房的远程维护。

目前，协作机器人集成应用有多种研发方向与应用领域，但总体来看，协作机器人的组成和功能模组一般具备以下特点。

1）自主移动平台：具有定位、移动、避障等功能。

2）协作机械臂：实现标定规划、姿态评估、安全协作等任务。

3）控制系统：进行车体移动轨迹规划、机械臂移动轨迹规划、移动抓取规划算法等任务的处理。

4）末端执行器：完成抓取、吸取、放置、装配等动作。

5）视觉或力感知等传感设备：用于标记位置、识别物体和环境等。

随着集成应用平台由研发走向市场，上游各关键零部件与下游应用场景逐渐明确。协作机器人集成应用产业链如图 9-3 所示。

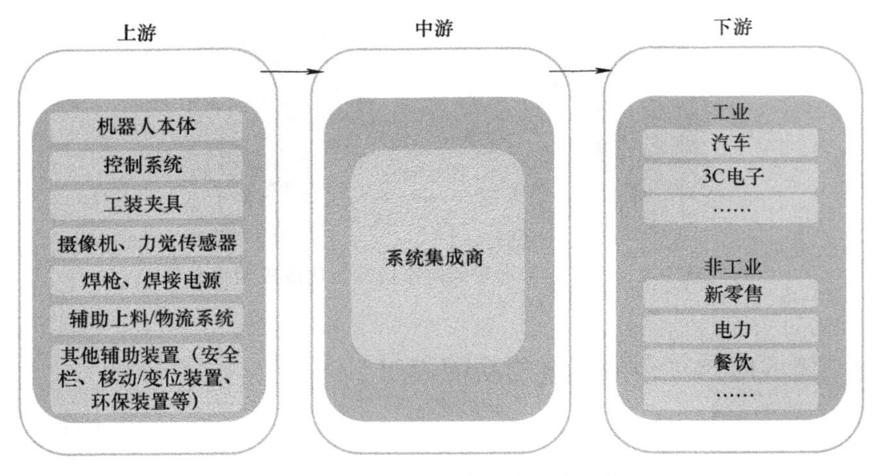

图 9-3　协作机器人集成应用产业链

目前，国内的协作机器人企业凭借其产品的技术优势与市场占有率，打通上游供应链与下游产业链，在一定程度上为协作机器人的集成应用研发降低了成本，同时打开了更多的应用市场。但现阶段协作机器人的应用场景仍较为分散，仅仅在部分领域形成了规模化的应用示范，在协作机器人集成应用平台的制造方面暂未形成规模效应，各零部件与各工艺的标准化有待进一步推进。在协作机器人的集成应用方面，采用了较多的非标件、定制件，以及末端工具、控制流程等，需要针对客户的需求进行设计。待后期市场需求进一步发掘，应用场景进一步扩展后，便可在其中找到共通之处，进行相关工具、零部件、控制方法的标准制定，进一步降低成本，同时基于标准化的协作机器人集成应用平台能够给各种场景带来更为可靠、灵活的应用。

9.1.3　末端执行工具

协作机器人的兴起推动了机器人末端工具市场的发展，末端工具为机器人提供了抓取、检测等系统所需的功能，起到了至关重要的作用。协作机器人集成应用平台的使用，要求其在多种场景下能够发挥不同的功能，这就需要合理选用协作机器人的末端执行工具，如夹爪、吸盘等夹持类工具，摄像头、力传感器等检测类工具，以完成集成应用平台的功能实现。

目前，夹持类末端执行器主要有气动和电动两类。例如，气动夹爪需要气源及附属系统的支持，非标设计环节多，集成的附加成本高。气动夹爪不具备多种点位控制能力和力反馈能力，执行动作相对单一，且一般采取碰撞式抓取的作业方式，为精密组装带来一定的损坏隐患；此外气动夹爪还有工作噪声大、检修困难等问题，这些都不太符合现代企业追求的智能制造理念及柔性生产的趋势。

特别是对协作机器人而言，为满足其高安全性、高灵活性的特征，末端执行器就需要向着柔性化、多功能化发展。例如，目前越来越多的协作机器人配备了各种柔性夹爪来完成更多的工作任务，以满足现代工厂生产的自动化、数字化和智能化需求。相信今后协作机器人的应用将会越来越多地选择柔性夹具。图 9-4 所示为协作机器人的各种末端执行工具。

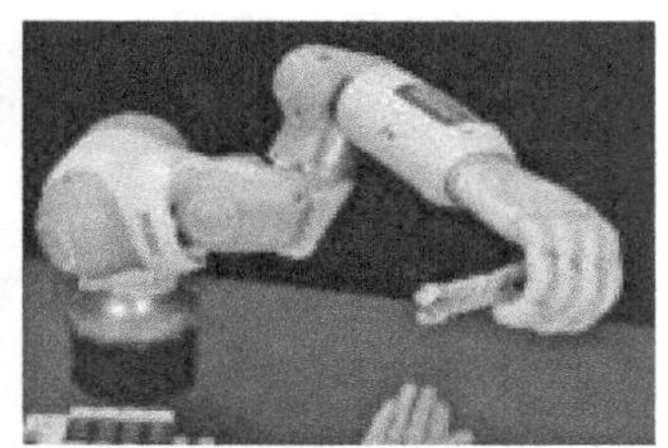

图 9-4　协作机器人的各种末端执行工具

针对柔性化、智能化的生产需求，国内外企业越来越强调协作机器人快速更换夹具的功能，部署调试方便、适应性强、能够即插即用的智能电动夹爪成为发展趋势。力控能力是电动夹爪最大的优势。通过矢量控制和动力学补偿，电动夹爪可以做到比较精准的力控，甚至实现高动作节拍下的力控，使得电动夹爪能够胜任更为精密、敏感的抓取工作。智能电动夹爪可利用人工智能技术对物体对象进行分析判断，再进行主动式抓取，可以说是摄像头这类检测工具与夹爪这类夹持工具的结合。另外，在复杂的生产线上，往往存在一些没有经过排序和分类处理的零件，电动夹爪可以较好地适应多种类型的物体抓取。对于电动夹爪这种末端执行工具，市场上的主要参与者有雄克、齐默集团、费斯托、On Robot、ATI、SMC、Schmalz 等知名厂商，也有一些创新者加入，如 Soft

Robotics、大寰机器人等。当前，价格高、售后服务难等因素影响了电动夹爪在国内的普及。此外，如何在更小夹爪体积下实现稳定夹持，解决散热难、实现长时间连续运转也是电动夹爪面临的技术难点。近年来，以 SRT 软体机器人为代表的柔性软体夹爪发展迅速，软体夹爪以其抓取时的高自适应性，可自适应地实现对各类异形物、易损品的抓取，尤其适用于类球体、扁平圆柱体、脆性物体等传统夹具难以抓取的物品，应用前景广阔。图 9-5 所示为柔性软体夹爪对鸡蛋进行柔性抓取。

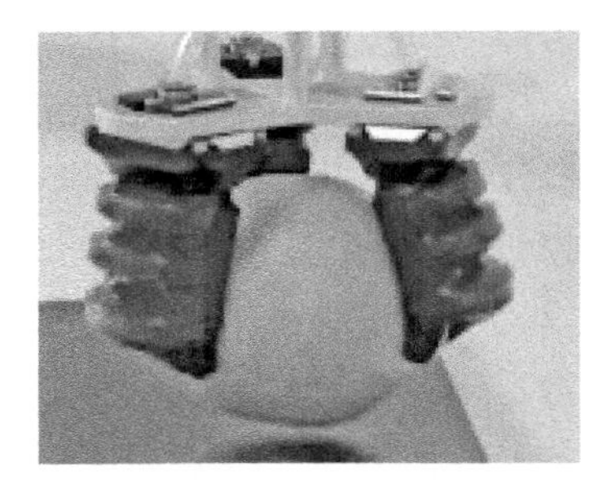

图 9-5　柔性软体夹爪对鸡蛋进行柔性抓取

检测类末端执行工具的使用，一般会根据应用场景选择不同功能的传感器、测量设备等，并结合应用方案的要求适配具体精度等级的工具。为了使协作机器人末端工具的安装与更新更加方便，使其可以在不同工位执行不同操作，也可以设计多款检测工具安装在协作机器人末端，通过腕部关节轴的转动灵活切换末端工具。

越来越多的公司正在体验协作机器人在各种自动化场景中应用带来的好处。易于安装和调试、少量的编程、即插即用等优势，使协作机器人适用于更多的场景，并非常适合打造集成应用平台，扩展更为广泛的应用。同时，为了实现更多元的任务操作，间接推动了各种末端执行工具的发展。图 9-6 所示为协作机器人常用的末端执行工具。

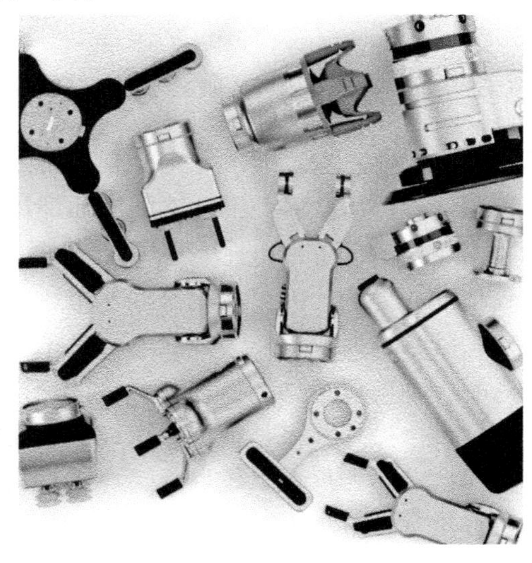

图 9-6　协作机器人常用的末端执行工具

9.2　协作机器人用于机床上、下料

传统意义而言，机床上、下料是指将待加工工件送到机床上的加工位置，将已加工的工件从加工位置取下的自动或半自动机械装置。目前，随着协作机器人的兴起和越来越广泛的应用，机床上、下料这一工序正在被赋予新的形式与多元的定义。

9.2.1　常见的机床上、下料形式

常见的机床自动化上、下料形式有桁架机械手、交换托盘、物流小车以及工业机器人等。机械加工自动化中的主要用途是将机械加工自动化轨道上的工件原料送到机床内，等待加工完成后再将成品取出，然后重复操作。桁架机械手的工作范围决定了其构成，主要由机械加工自动化轨道和定位设备组成，其中上料及下料操作定位的精密程度决定着产品的质量。

9.2.2　机床上、下料协作机器人解决方案

单一的协作机器人可采用类似传统工业机器人的工作方式进行机床的上、下料，即在某个固定工位通过机械臂和末端工具实现物料的取放。由于协作机器人部署灵活，装卸方便，因此相比于传统的工业机器人，它可以根据生产条件的变化实时改变部署，更适合在生产周期短、生产流程变化大的场景使用。

对于独立的协作机器人与环境中的工人配合实现机床上、下料的应用案例，如部分中小型汽车零配件生产企业，由于生产线空间比较狭小，占地面积大的工业机器人难以部署，企业希望通过更加灵活小巧的机器人，实现多品种、小批量的柔性生产，提高企业经济效益和营利水平。例如，在生产线部署自重12kg，工作半径达到626mm的某国产品牌协作机器人，通过将协作机器人安装于机床附近，搭载定制夹爪，将待加工的零部件精准抓取并放入相应的机床内，待加工完成后放入成品区，可实现不同工件的快速切换，节省了人工成本，大大提高生产率。并且，生产线空间利用率得到充分提高，让空间可以布局更多设备。另外，协作机器人的高安全性使其在工作时无须将作业区域封闭，工人可以进入作业区域与机器人共同操作，提高了对于突发问题的解决能力。

协作机器人单独使用还可以解决在狭小空间柔性上、下料的问题。使用协作机器人可使整个上、下料工艺具有较高的效率，并保证产品的质量稳定性，结构简单且易于维护，可满足不同种类产品的生产，二次部署方便，可快速进

行产品结构的调整，降低工人的劳动强度。

例如，某项目原先在加工场景下需要使用人工进行料件取放的操作，每个工位需要一个工人重复动作流程，上料机构取料后，由工人手动将物料送入加工设备，再手动将加工完成的物料逐个放入检测设备进行流水线检测，检测完毕后放入下料区进行下一道操作。对于用户来说，在该工位上一个操作员需要对应3道工序，工作量大且动作单一。因此，用户考虑引进合适的自动化方案替代人工，但由于该工位空间狭小，实际操作有难度。对于这个问题，可用协作机器人较好地解决。在此工位上，将原本由人工完成的取送物料操作交由协作机器人替代完成，机器人从滑轨上取出前道工序加工完毕的零部件，按要求数量和姿态放入物料托盘，流转到加工设备进行零部件加工；然后机器人将零部件送入设备舱，并将已经完成加工的零部件送入下一道检测工序的物料托盘中，完成操作后下料。使用协作机器人之后，该工位大量的机械性重复动作改为由机器人来完成，提升了生产率。图9-7所示为协作机器人上、下料场景。

此外，协作机器人与其他机器人相关智能技术的组合应用，也正在打破人们对于传统上、下料流程的认知。例如，在复杂分布的多个工位之间传送物料，若采用传送带、云轨等方式，部署将非常困难，而使用安装于自主移动平台上的协作机器人，即可实现对物料在不同工位之间的输送，并可帮助工人操作机床等设备，特别是在存在危险的工况，可以有效避免工人暴露于危险之中。

图9-7　协作机器人上、下料场景

具体而言，使用可移动的协作机器人进行机床上、下料操作，使得上、下料步骤从传统的固定单一模式，向灵活、可执行多重任务的方向转变。自主移动平台结合协作机器人可以实现更灵活和高效的自动化加工应用。协作机器人与自主移动平台系统集成后，就能同时具有取放物料与输送物料两种功能，可方便地将加工材料从上一道工序的机床中取出，移动到下一工位，再进行上料操作，还可与加工成品仓储区建立联系。另外，智能化的部署使机器人可以根据加工情况实时调整上、下料与工件转运的节拍，通过合理的规划甚至可以实现一台协作机器人复合移动平台代替多个单独布置的协作机器人，为企业节省更多的成本。图9-8所示为协作机器人与移动平台用于机床上、下料。

图 9-8　协作机器人与移动平台用于机床上、下料

9.3　协作机器人用于搬运码垛

“码垛”是指将已装入产品的箱件，按一定排列码放在托盘、栈板上，进行自动堆码，可堆码多层后推出，便于储存、搬运和进一步包装。通俗地说，就是将箱件齐整堆放。

9.3.1　工业码垛机器人

码垛机器人，是机械与计算机程序有机结合的产物，为现代生产提供了更高的生产效率。码垛机器人在码垛行业有着相当广泛的应用。码垛机器人大大节省了劳动力和空间。码垛机器人运作灵活精准、快速高效、稳定性高、作业效率高。一台码垛机器人至少可以替代原本 3 位工人的作业量，大大减少了企业运营成本。码垛机器人是将包装货物规整地、自动地码垛，末端执行器设有机械接口，可根据抓取的物品不同更换合适的抓手，使码垛机器人能够应用于更多的场合。

码垛机器人作为工业机器人的一种，同样具有部署时间长、场地占用大等问题。传统的码垛自动化系统过于僵化，编程复杂，缺乏现代生产所需的灵活性。随着我国供给侧结构改革的推进，越来越多的行业倾向于向小批量生产、产品型号多样化、产品迭代周期紧缩化的趋势转变，包装的品种、工厂环境和客户需求不断更新，工业机器人并不能适应因市场需求转变而引起的高混合、小批量和季节性波动生产，这使得码垛工艺也变成包装工厂自动化部署中的一个新生痛点。另一方面，作为工业机器人属性的自动化码垛设备，在运行时还需要设置大量的安全防护，以隔离危险区域，保护工人免受伤害，并需要外包专业人员定期进行系统维护，这无疑会增加占地面积和日常使用成本。另外，如果不考虑持续维护和编程成本，仅部署工业码垛装备的初始成本与资金支出，就已超出了大多数中小企业的承受能力。图 9-9 所示为工业机器人进行码垛的场景。

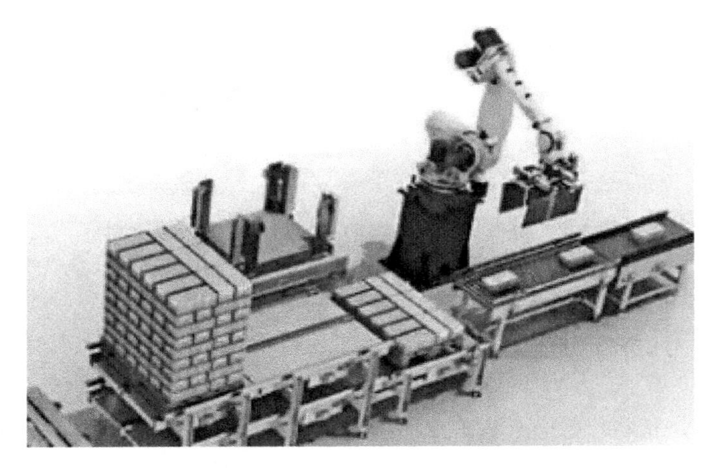

图 9-9　工业机器人进行码垛的场景

9.3.2　协作机器人码垛的优势

鉴于上述原因，码垛工艺逐渐被协作机器人进行优化替代。协作机器人驱动的码垛机的实施周期更短，投资回报更快，购买成本和维护成本更低，灵活性更好，占地面积也更小，综合下来，可为使用者节省不少的成本支出，同时生产效率得到了提高。此外，在经过风险评估后，协作机器人可部署在与工人一同工作的空间内，无须设置防护栏，自身的安全保护系统就会确保工人的安全，并与工人进行协作。借助直观的、不同类型的码垛控制软件，不需要太多编程经验即可轻松部署协作机器人，实现预期的码垛功能。离线编程、在线编程、拖动示教等多种编程手段，可最大化减少机器人的停机时间，使调整工艺流程更加自如高效，缩短了用户的投资回报周期，并消除了传统码垛解决方案带来的高额编程成本。图 9-10 所示为协作机器人的码垛应用。

设置码垛应用有多种方法，选择哪种方法取决于所处理的产品类型和码垛作业的处理量。码垛通常采用双托盘设置，因为双托盘可最大程度利用协作机器人的灵活性，提高单位时间内的工作量。在装满一个托盘后，协作机器人可以立即开始装载第二个托盘，其间已装满的托盘由其他装置运送出码垛空间并清空，并等待下一个工作周期。

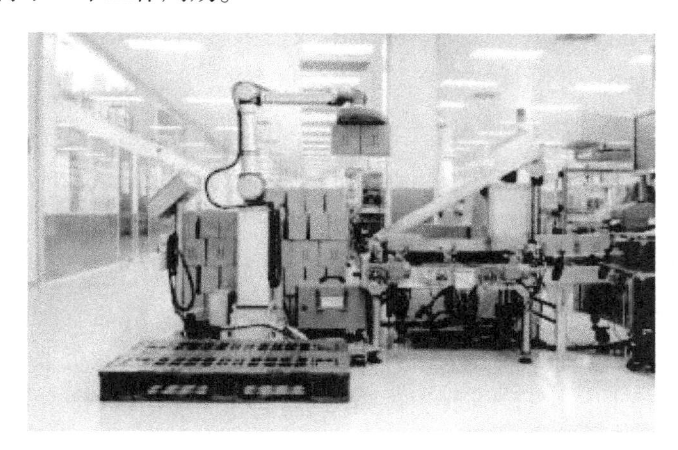

图 9-10　协作机器人的码垛应用

9.3.3　协作机器人码垛方案

这里以优傲机器人的码垛工艺应用案例为例，分析常用的协作机器人码垛方案。

1. 方案一：固定支座配置

固定支座配置，也称固定柱配置，是一种类似于传统工业机器人在生产线上的配置方式。在这种配置中，协作机器人底座固定在支座上，这是一种配置码垛应用的低成本方式。不过，固定支座配置也存在一些局限性。例如，固定支座的存在使得可与之搭配使用的托盘尺寸受到较大的限制，这意味着托盘的容量受限，装满的时间周期变短，增加了设备作业频率，容易对整个码垛系统的稳定性造成影响。此外，由于支座高度会根据特定类型的箱子和托盘布局进行优化，固定支座设置限制了协作机器人可作业的整体区域。尽管存在这些限制，固定支座配置依然非常适合小批量、低处理量的码垛应用，对于成本敏感型的中小企业来说，固定支座配置的协作机器人码垛工作站，在价格方面也极具吸引力。

2. 方案二：垂直第 7 轴配置

增加垂直第 7 轴，协作机器人的底座能够在竖直方向上进行移动，大幅扩展其垂向工作范围，使其能够在更大的高度范围实现码垛。此类解决方案通常在对高度较大的物件进行码垛和码垛层数较多的场景中应用。垂直工作空间的扩展可实现更高的堆放高度，从而可以大幅降低整体货运成本。但是，增加垂直轴会增加码垛项目的复杂性，因此需要根据协作机器人的硬件功能特性与软件适配情况选择能够集成的系统。完全集成的第 7 轴码垛系统能够简化部署过程，减少停机时间，并降低解决方案的整体成本。

3. 方案三：水平第 8 轴配置

在水平第 8 轴的码垛配置中，协作机器人可以水平移动，扩大了工作范围，通常部署在较大型的设施中。利用水平第 8 轴，一台协作机器人可以同时码垛多个托盘，减少了机器人的部署数量，将一台协作机器人的效能发挥到最大。但是，机器人分配到每个工位上的工作时间减少了，因此这种配置比较适合低处理量的作业任务。协作机器人可在水平轴上的每个工位之间来回穿梭，在多个托盘上连续作业，执行不同的任务。同样，要选择与协作机器人兼容的第 8 轴。

图 9-11 所示为常见的码垛协作机器人配置。

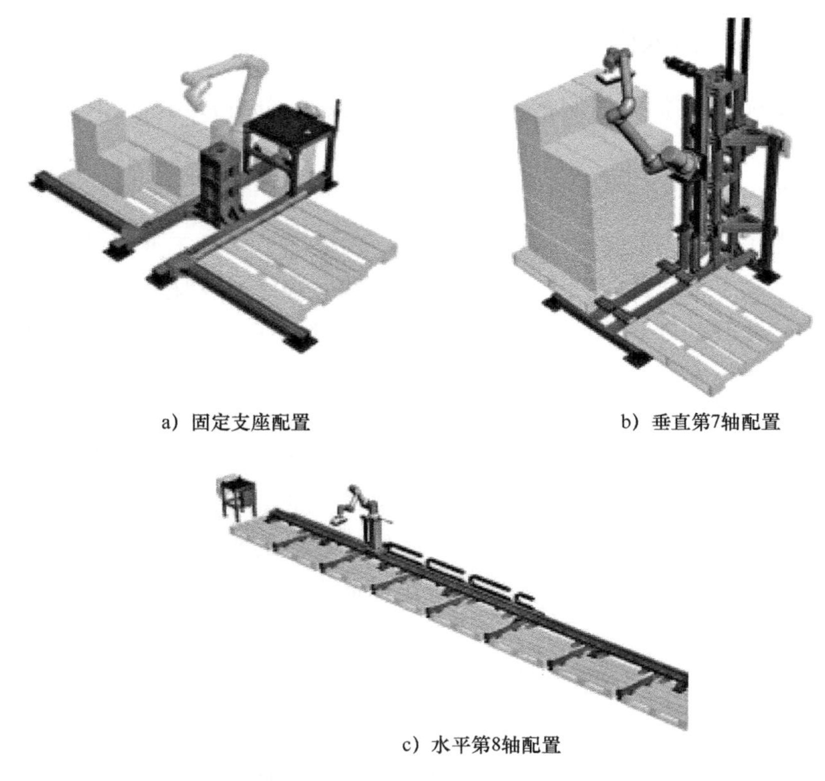

a）固定支座配置

b）垂直第7轴配置

c）水平第8轴配置

图 9-11　常见的码垛协作机器人配置

随着视觉识别技术的发展，国内如遨博智能等机器人企业开发出协作机器人视觉码垛技术，可在协作机器人码垛作业空间上方安装摄像头进行视觉感知，协作机器人根据识别到的物件位置进行实时规划抓取，并执行码垛步骤。视觉识别在协作机器人码垛上的应用，可以有效解决运送来的物件排布不规则、到位频率不一致等传统固定码垛流程难以克服的问题，并可以进一步扩展码垛的应用范围，不必在码垛前对物件进行分类，可在码垛的同时通过视觉智能分拣不同类型的物件，并进行分类码垛，打破了传统码垛的工艺流程，简化了操作步骤，使整个生产流程更为高效。图 9-12 所示为协作机器人视觉码垛功能演示。

图 9-12 协作机器人视觉码垛功能演示

码垛机器人的抓手往往也可以决定其应用形式与应用范围。常用的码垛机器人抓手主要有夹爪式机械抓手、夹板式机械抓手、真空吸取式机械抓手、混合式机械抓手等。夹爪式机械抓手主要用于高速码袋，夹板式机械抓手主要用于箱盒码垛，真空吸取式机械抓手主要用于可吸取的码放物，混合式机械抓手适用于几个工位的协作抓放。

9.3.4 协作机器人码垛设计原则

协作机器人码垛工作站的设计原则应考虑以下五点：有效载荷的确定、夹具的选择、占地面积的大小、堆垛方式的筛选和安全性的考量。根据搬运的箱子和产品的重量以及托盘等传送装置的载重能力，确定协作机器人的有效载荷；结合机器人负载情况选定安全、轻便、可靠的夹具；尽可能确保整套码垛系统（包括托盘的占地面积）不超过两个托盘的大小（水平第 8 轴配置的码垛装备除外）；根据仓储空间和转运工具的空间要求确定堆垛的最大体积，设计合理的堆垛模式；考虑到人机协作空间的安全性，需要对码垛机器人进行充分的风险评估。

9.3.5 协作机器人码垛工艺包

目前，协作机器人研发企业大多针对码垛场景配备了专用的机器人码垛解决方案，即码垛工艺包，可以根据物件的尺寸、结构和托盘大小的变化简单调整相关参数，实现码垛作业。例如，优傲机器人与 Robotiq 公司联合开发的协作机器人码垛解决方案，该方案可以在一天的时间内就完成安装，在短时间内完成编程。Robotiq 的智能码垛方案只需要通过三个简单的步骤进行配置：首先输入箱子的尺寸和重量，然后输入托盘的尺寸，最后设置托盘的摆放模式即可。编程完成后，只须按照显示进行简单的激活即可使系统正常运行。由于采用了紧凑的一体化设计，该系统可集成到现有的工厂布局中，而无须重新配置生产线。码垛工艺包为码垛作业提供了安全、灵活和快捷的解决方案。图 9-13 所示为优傲机器人的码垛工艺包。

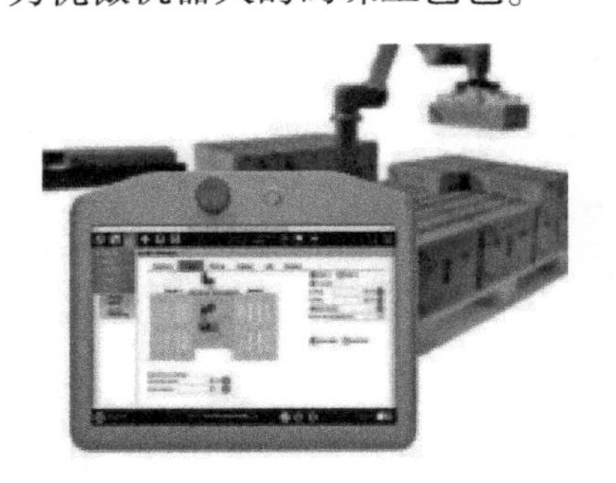

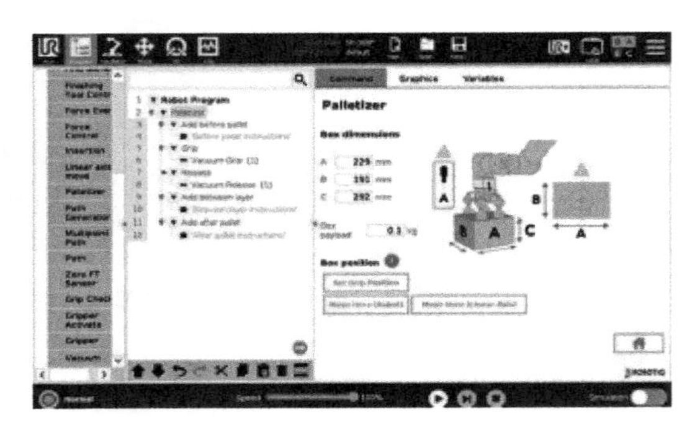

图 9-13 优傲机器人的码垛工艺包

9.4 协作机器人用于焊接

传统意义上的焊接机器人是从事焊接（包括切割与喷涂）的机器人，目前常用的焊接机器人主要包括机器人和焊接设备两部分。机器人由机器人本体和控制柜（硬件及软件）组成。而焊接装备，以弧焊及点焊为例，则由焊接电源、控制器、变位器、送丝机（弧焊）、焊枪（钳）及相应的安全设备等组成。对于智能机器人还应有传感系统，如激光或视觉传感器及其控制装置等。随着协作机器人的广泛应用，以及相关技术的不断提高，焊接这类具有较高精度要求的应用也在不断考验协作机器人的作业能力，如对工艺路径复杂、点位排列要求高的焊接应用，已成为检验协作机器人应用能力的重要领域。图 9-14 所示为焊接机器人系统原理。

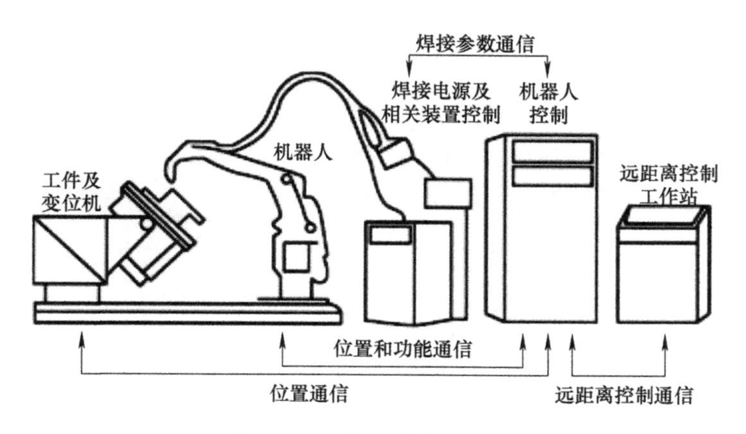

图 9-14　焊接机器人系统原理

9.4.1　协作机器人焊接执行机构

协作机器人及其末端工具是焊接机器人系统的执行机构，它一般由驱动器、传动机构、协作机械臂、焊枪等组成。它的任务是精确地保证末端操作所要求的位置、姿态并实现其沿着焊接轨迹稳定运动。变位机的作用是将被焊工件移动到最佳的焊接位置，有些情况下也可以由另一台协作机械臂配合完成。在焊接作业前和焊接过程中，变位机通过夹具装卡和定位被焊工件，对工件的不同要求决定了变位机的负载能力及其运动方式。焊接核心系统主要由焊钳（点焊机器人）、焊枪（弧焊机器人）、焊接控制器及水、电、气等辅助部分组成。焊接控制器是由微处理器及部分外围接口芯片组成的控制系统，它可以根据预定的焊接监控程序，完成焊接参数输入、焊接程序控制及焊接系统故障自诊断，并实现与本地计算机及示教盒的通信联系。由于参数选择的需要，用于弧焊机器人的焊接电源及送丝设备必须由机器人控制器直接控制，电源在其功率和接通时间上必须与自动过程相符。图 9-15 所示为协作机器人用于焊接的场景。

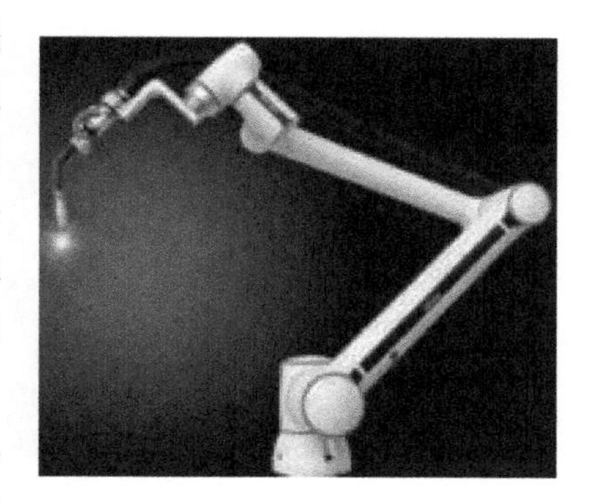

图 9-15　协作机器人用于焊接的场景

在焊接过程中，大部分情况下要求焊工具备熟练的操作技能、丰富的实践经验和稳定的焊接水平。焊接是一项作业环境恶劣、危险性较高的工作，迫切需要协作机器人等自动化装备替代人工焊接的方式，降低焊工的劳动强度，推进焊接工艺的标准化，进而保证焊接的质量与效率。

9.4.2 协作机器人焊接应用示范

目前，国产品牌海默机器人针对工艺路径复杂、点位排列要求高的焊接应用，提出了针对焊接的协作机器人解决方案。该方案采用一款工作半径为1508mm、负载为6kg的协作机械臂，具有低振动、低噪声、高响应等特点，超长的臂展与较大的负载可满足更多焊接场景的应用；该协作机器人具有手动进退丝、保护气体检测、空运行、提前送气与滞后停气、飞行引弧、焊接过程断弧重启动、修改焊接电流电压值等功能。此外，协作机器人还可以完成点焊、氩弧焊、激光焊等多种焊接应用。图9-16所示为协作机器人焊接电路板。

图9-16 协作机器人焊接电路板

另外，国内的遨博机器人公司同样针对协作机器人焊接场景的应用进行了开发。协作机器人各个轴内的力矩传感器让其可以精准地编程和位移，保证焊接精度。示教操作直观简单，工作效率高，维护简便。用户可以在触屏操作面板上通过专为焊接设计研发的脚本指令进行个性化调整。此外，带有安全开关的选项和智能安全方案，保证了对协作机器人精准且安全的控制。遨博协作机器人在机器人末端还搭载了摄像头，可以实时监测熔池情况并跟踪焊缝状态，可结合焊缝图像库对于焊接质量进行分析。图9-17所示为协作机器人焊接应用。

图9-17 协作机器人焊接应用

优傲机器人则对协作机器人焊接应用的示教做了较多的开发。用户可以直接在优傲机器人附带的示教盒上对焊接机器人进行编程，可设置焊丝进给速度、回烧时间、气流时间，可选择通过焊接电压和电流的即时反馈决定接口填充时间。简单直观的编程与示教使操作人员可实时管理机器人程序和焊接参数。

9.5　复合移动机器人

对于传统的工业机器人，由于其自身质量较大，往往需要规划好固定的机身安装位置，一经安装固定，机器人的运动半径就会受臂展大小的限制，导致作业范围被限定，一旦生产线面临改造，或者在需求工作范围较大的场景下，传统工业机器人就会难以胜任。协作机器人由于其较小的自重，以及不输于传统工业机器人的工作稳定性，可与移动平台较好地结合，安装于移动平台上，可满足灵活部署的需求，以及实现工作空间的扩展。

9.5.1　复合移动机器人设计方案

目前，很多协作机器人公司开始研发协作机器人搭载自主移动平台小车的复合机器人方案。类似“手+脚”概念的复合移动机器人设计方案扩展了机械臂的工作范围，提高了执行任务的灵活性，使协作机器人不再局限于某一个单元、区域和工种，而是提升为生产线团队中的“自由机器人”，不仅可以在各工序之间进行搬运和调度，而且能够根据生产扩展需要，将机器人调配到任意一个工位中共同参与生产，或者在特定的安全区域与操作人员进行协同工作，满足了车间自动化设备柔性生产的需求。图 9-18 所示为复合移动协作机器人。

图 9-18　复合移动协作机器人

协作机器人通常采用直流供电方式，因此采用蓄电池供电即可，这为协作机器人在移动平台上安装部署提供了条件，供电系统质量较轻、安装方便，能够快速安装在移动平台上。此外，协作机器人功耗低，能保证较长的续航时间，同时对于电源的容量要求并不苛刻。协作机器人可通过以太网等与底部移动平台进行信号交互，方案改造较为方便，而且可以针对多种应用场景进行功能开发。

复合机器人具备类似工人手和脚的功能，扩大了协作机器人的应用边界，更加突出协作机器人的“协作”特性，主要用于多工位的组装及搬运工作，可解决工厂加工装配、检测、返修等环节人工在多点位之间往返操作的需求。例如，①装配：复合机器人运输多种零件出库至装配线并上料，装配工序完成后返回仓库取料，之后进入下一个循环。②检测：复合机器人从装配线上取下成品，之后将成品送往多个检测机台进行检测。③返修：若检测不合格，复合机器人将产品送往返修点，之后再将产品送回检测机台或生产线。目前，复合机器人已应用于自动化工厂、仓储分拣、医疗配送、机房数据管理、电力巡检及带电作业、无人零售超市、农业采摘等场景。

9.5.2 复合移动机器人的优势

以机床上、下料为例，工厂可采用复合移动机器人以一对多的方式对多台机床进行上、下料。通常，厂房与机床之间的部署较为密集，供人工操作及相关自动化设备部署的空间有限。传统的设备看护及上、下料，需要工人在数控机床、注塑机或其他类似设备前长时间站立，以时刻注意机器的运行需求，如更换刀具或补充原料。这一过程耗时漫长且乏味，工人需要在恶劣的环境下进行作业。在这种情况下，复合移动机器人有利于提高原材料及配件传送、工件装卸以及机器装配等的自动化程度，不仅能解放工人，还能实现一台协作机器人维护多台机器，提高生产率的同时降低成本；也能改善劳动条件，避免人身事故的发生。

复合移动机器人的非标属性强，目前大多针对特定行业进行定制，尚未形成规模化，且价格较高。自主移动平台厂商如海康、华晓精密、仙知、优艾智合等公司正在加强与协作机器人厂商的合作，推动复合机器人在更多的应用领域落地，以解决复合移动机器人负载小、更快捷通信、行业标准等课题，更快地推动复合机器人的发展和大规模应用。

9.5.3 复合移动机器人的发展情况

本小节将介绍国内主要协作机器人公司复合移动机器人的发展情况。

2018 年，安吉智能物联技术有限公司与 FANUC 公司联合推出了具有区域移动能力的协作机器人（图 9-19）。该款机器人将智能自主移动平台技术与协作机器人相结合，通过在区域内自主移动，实现货物的智能抓取、搬运等操作；这款与 FANUC 联合开发的协作机器人有效解决了常规机器人只能在导轨上做直线运动的限制、区域移动小车在行驶过程中存在的安全隐患、移动后再定位精度低等问题；同时，其借助机器人内置的工业摄像机，以及自主移动平台小车中的电池、逆变电流器，使自主移动平台可自由载着机器人到达指定工位，进行产品的精密定位和抓取、放置，拓展了机器人与自主移动平台小车的适用范围。

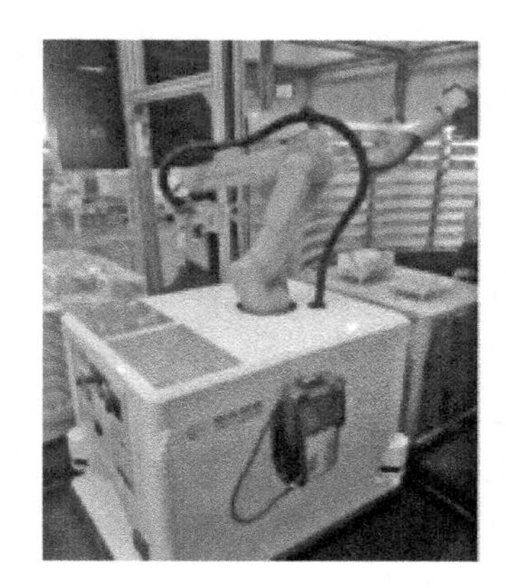

图 9-19　安吉公司与 FANUC 公司联合研发的复合移动机器人

遨博、海康与中为光电也进行了复合移动机器人的联合开发（图 9-20）。三方各自发挥产业链与资源优势，将夹具工装、执行程序及配套 MES 软件、实施服务、自主移动平台底盘、RCS 调度系统、视觉系统、协作机械臂本体、控制箱及软件等方面进行最优集合，输出完整的复合移动机器人产品、配套执行软件和整套解决方案。海康威视公司是全球领先的以视频为核心的物联网解决方案提供商，其子公司海康机器人同样为自主移动平台机器人领域的头部企业；遨博公司是国产协作机器人中领先的本体提供商，其核心竞争力也是全国产化的轻型协作机器人；中为光电公司则是国内领先的智能制造系统集成商，主营围绕检测装备、智能装备、智能物流、智慧物联工厂等。此次，三大智能设备领先企业联合开发的机器人，是采用激光 SLAM 导航的复合移动机器人，通过 6 轴

图 9-20　遨博、海康与中为光电研发的复合移动机器人

机器人灵动、自由地精准取放物件，可应用在3C电子、医疗、日用化学品、机械加工等多领域的零部件组装环节，以及加工工件的搬运、装卸等作业中，以满足车间全自动化柔性生产的需求，实现车间无人化作业。

2020年4月，节卡机器人与快仓智能公司达成了联合开发复合移动机器人的合作协议。节卡机器人作为一家技术驱动的企业，凭借一体化关节设计、力矩反馈、视觉识别、拖拽编程、无线示教等技术优势积极布局智能仓储领域；快仓智能公司则是全球智能仓储机器人系统解决方案提供商，其业务主要涉及人工智能、机器人、自动驾驶等领域，产品包括潜伏机器人、分拣机器人、搬运机器人及智慧仓储解决方案等。此次，节卡机器人采用快仓智能公司的自主移动平台配合自身小助协作机器人与生产线终端接口结合，实现整个车间的生产原料自动配送，形成安全、可靠、柔性的智慧生产物流供应系统，是推动协作机器人在智能仓储中应用的重要尝试。

综上，这些自主移动平台+协作机器人企业之间能做到比较大力的合作，大多是因为它们都是本土企业或同属于某一公司集团，其次这是工业机器人不同领域领先企业之间的强强联合，此外还有一些小规模复合移动机器人的联合开发是建立在集成商项目合作的基础上完成的。从成熟度上来看，目前这种合作方式还处于探索阶段，真正将产品推向市场的还比较少。这一方面与复合移动机器人属于新兴产业有关，与其他类型的机器人研发阵营相比，复合移动机器人的规模仍然偏小；另一方面，这也与复合移动机器人研发难度较高、应用普及规模较低有关。但是，按目前的发展趋势，机器人本体企业跳过集成商合力开发的案例将越来越多。从技术层面来看，复合移动机器人主要由自主移动平台、机械臂、摄像机、末端执行器等构成，以往业内常见的复合机器人自主移动平台是由集成商采购不同厂家的产品，进行组装和二次开发，这首先就导致了机器人的控制系统与本体结构更加复杂，由于各个子单位的控制器不同，其内部通信协议等并不相同，复杂的系统结构使得接口更多，且集成商的二次开发较为复杂，整个集成系统的稳定性难以保证，降低了系统配合的流畅度，维护成本也较高，目前的部署效率也没有达到较高水平。

关于复合移动机器人的投资回报率，由于其具备抓取、移动、检测识别等多功能模块，复合移动机器人诞生之初就不是为替换单一工位而生，它的价值在于实现一台机器人替代多个人工或多台机器人的应用场景，尤其是从概念和结构上变革了依赖传送带转运工件的“孤岛型”生产线。另外，对于一些高风险环境下的人员操作，可用单臂或双臂的复合移动机器人替代，尽可能规避高风险环境对安全生产造成的潜在风险和隐患。越来越多的企业意识到，复合移动机器人的主要问题不在于市场价值，而在于产品的开发策略，应主动在开发策略上做出调整，自主移动平台与机械臂本体之间的联合开发不仅应合理利用各自技术、产品及市场等资源进行优势互补，还应通过实时的协商避免两者融合过程中机器人结构与配置系统的复杂化，但目前多方的技术融合与系统开放还存在不足之处，需要时间磨合来提出更优的合作方案。

总体而言，虽然近年来机器人厂商联合开发如火如荼地开展，但复合移动机器人的开发以及规模化应用还需要进一步取得突破。但是，随着机器人技术的不断精进以及越来越多复杂场景的应用需求，自主移动平台结合协作机器人这种类似工人“手脚并行”的复合移动机器人的作业方式必将是未来的应用大趋势。

9.6　本章小结

本章通过介绍协作机器人集成应用平台的设计、发展与应用，结合集成应用平台的构成模块、功能实现、迭代趋势，帮助读者对协作机器人有了基本了解后，建立其对于协作机器人集成应用的初步认识。本章分别举例说明了协作机器人在机床上下料、搬运码垛、焊接等工业场景中的应用，并阐释了其应用原理与实现方式，结合实例加深了读者对于协作机器人在工业、服务业等场景中的应用优势与广阔发展前景的认识。最后，介绍了协作机器人在复合移动机器人上的应用，综合国内主要的协作机器人企业的开发与应用示范，展示了协作机器人与移动平台结合后所能进行的多种新的操作。

基于协作机器人集成应用平台的关键技术研发，促进了各技术厂商之间的密切合作，将原本分散化的个体优势通过各取所长的集成转化为整体大优势；以协作机器人本体供应商为主体，致力于模块化协作机器人集成产品的研发，攻克相关算法及驱动程序的壁垒，赋予机器人感知、交互和执行能力，促使协作机器人集成平台智能化。

协作机器人的系统集与应用为协作机器人的应用开拓了更为广阔的领域，革新了人们对于协作机器人应用的认识，为未来机器人与更多智能科技组合运用奠定了基础。虽然，目前协作机器人的集成应用仍处于研发与小规模应用阶段，尚未取得显著的市场效益，但随着以智能制造为主导的第四次工业革命的加速推进，以及我国对制造业转型升级和高质量发展的大力支持，以协作机器人为代表的智能制造核心装备和技术必将取得蓬勃的发展与规模化的应用，届时协作机器人集成平台将是工业与服务业领域必不可少的应用之一。

思考与练习

1. 相比于工业机器人的应用案例，协作机器人在应用层面的突出特点有什么？

2. 简述几种协作机器人集成应用平台的构成与适用场景。

3. 协作机器人用于机器人上、下料的主要优势是什么？

4. 结合遨博、优傲机器人码垛工艺包，尝试进行搬运码垛场景的协作机器人动作规划。

5. 复合移动机器人用到了哪些技术，可应用于哪些领域？

6. 你还能想到协作机器人的哪些系统集成方式与应用场景？

第 10 章　协作机器人发展趋势与展望

协作机器人在工业生产和商业服务等行业的应用场景越来越多，作为独立组件灵活地插入整个生产和服务环节，具有即插即用的优势，是目前机器人领域热门且前景广阔的研究方向。本章将聚焦协作机器人的技术前沿，从协作机器人与 AI 技术、云计算、大数据、增强现实/虚拟现实（AR/VR）等新技术的融合发展，协作机器人的核心要素、技术创新趋势以及市场发展态势等方面对协作机器人的未来发展进行展望。

10.1　协作机器人与新一代智能技术的融合发展

10.1.1　与 AI 技术的融合发展

协作机器人与 AI 技术的融合发展和应用目前主要集中在“机器视觉”“机器学习”等方面。现阶段的 AI 技术被定义成可以用与人类智能相似的方式做出反应的智能技术，即可以像人一样进行“感知”“决策”与“控制”的能力，致力于为机器人本体提供一个“智能”“可靠”的大脑，依托机器人本体、丰富的传感器硬件和先进的处理算法，实现自主、安全、柔顺的机器人交互行为。

类比人类的信息来源 90%以上依靠视觉，现阶段摄像头等视觉传感器可达到的性能与人类视觉还相距甚远。“机器视觉”便是通过 AI 技术对视觉传感器所观测到的环境进行理解，对场景与物体进行识别并对图像信息内容进行解释的一种技术。也就是说，“机器视觉”可以利用视觉传感器和算法获得类似于人对目标进行分割、分类、识别、跟踪、判别决策的能力。而“机器学习”则是通过 AI 技术使机器具备类似于人类视觉的对数据及事件进行分析、学习、决策、预测的能力，针对不同的事件可以输出一个符合实际需求的最优解决模型。

以工业场景常见的弧焊工艺为例，在“机器视觉”与“机器学习”的加持下，协作机器人将可以对环境进行观察，自主识别“目标材质”“目标结构”等物理量，分析目标的特征，依赖人工示教或自主规划生成作业路径，最终优化作业方案并执行弧焊作业。同时，协作机器人将可以自主学习，以掌握更多的方案，无须人工介入便可自主地为不同的目标选择不同的最优解。当这两种技术足够发达，以至于可以无限接近人类时，协作机器人将可以广泛应用于工业或服务场景中，推动实现人与机器的共融发展。图 10-1 所示为协作机器人机器视觉辅助焊接。

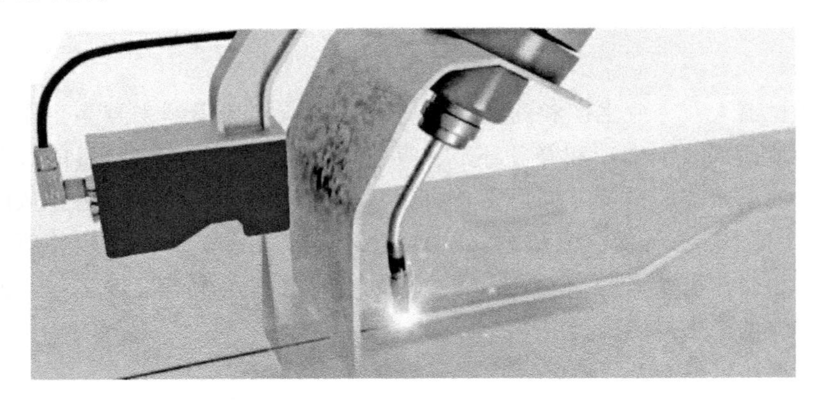

图 10-1　协作机器人机器视觉辅助焊接

机器人与人工智能技术的融合发展涉及人机共融机理、群体智能范式、高级机器学习理论、自主协同控制与优化决策计算等基础理论，依赖于智能感知与协同、主动柔顺控制、自主行为等关键共性技术的突破发展。

10.1.2　与云计算、大数据技术的融合发展

无论是云计算还是大数据技术，都需要以高效、可靠的数据传输技术作为基础。目前，5G 技术主要国际标准已经基本完成冻结，5G 应用也将在民生、工业、服务、军事等诸多领域带来颠覆性变革。5G 通信技术具有“增强型移动宽带（eMBB）”“低时延高可靠通信（URLLC）”与“大连接物联网（mMTC）”等特点，在赋能协作机器人产品时，能够使协作机器人摆脱线束限制，大幅提高协作机器人部署的灵活性，为实现异构设备协同作业提供了可能。此外，6G 技术的相关开发项目也已然启动，这意味着以协作机器人为代表的机器人产品将获得“即时性”“高精度”“无间断”等属性，同时无人工厂的自主作业等科幻场景将成为现实。图 10-2 所示为工业云计算与大数据。

在高性能数据传输技术的加持下，首先获益的便是通过“云计算”技术使多个工厂中上万设备连接在一起进行统筹管理的“工业云”；而在数据量处理需求几何倍增长的智能制造时代，“大数据”技术也成为推动工业发展的核心动力之一。“大数据”技术重新定义了工业情景中“数据”的价值，“大数据”技术

不仅使工业生产活动更加“有据可循”。更重要的是，通过对“大数据”的分析学习，结合 AI 技术及“云计算”技术，可实现“工况自感知”“工艺自学习”“装备自执行”“系统自组织”等未来工厂的情景。而具备极高“柔性”“可拓展”等优势的协作机器人产品，无疑在这一过程中迎来新的机遇。此外，在深入 C 端的非工业场景中，“云计算”技术叠加“大数据”技术，可极大程度缓解在复杂多变环境中海量数据运算需求而造成的“存储焦虑”与“算力焦虑”，这将助力协作机器人满足更多领域用户的个性化需求。

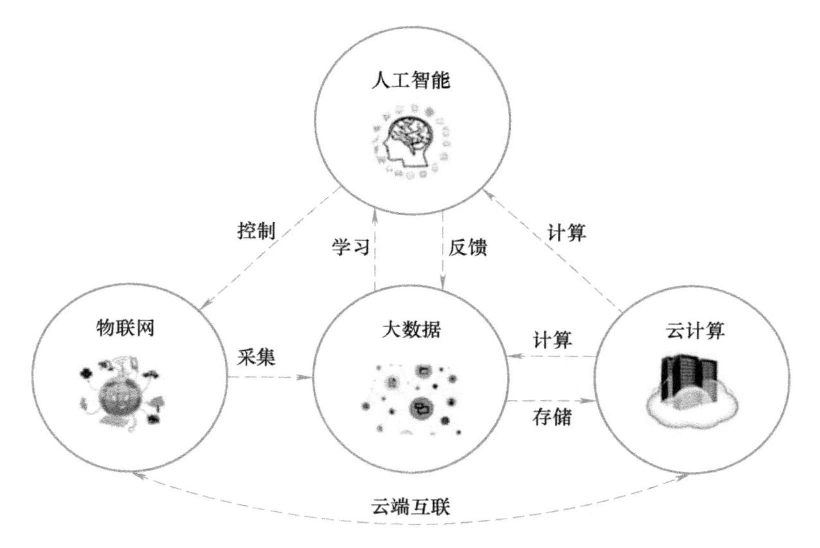

图 10-2　工业云计算与大数据

机器人与云计算、大数据技术的融合发展依托于分布式计算设施、云计算中心、数据共享交换平台等高效能网络基础设施的更新建设；涉及数据驱动的通用人工智能模型、分布式学习与交互、类脑复杂系统等基础理论；赋能于知识图谱构建与学习、关联理解与知识挖掘、芯片与混合计算架构等关键共性技术的突破发展。

10.1.3　与 AR/VR 技术的融合发展

近年来，话题性较强的 AR/VR 技术，除了游戏、电影等公众熟悉的服务产业，在汽车、制造、医疗等诸多工业领域也备受关注。图 10-3 所示为基于增强现实技术进行的机器人示教。

增强现实（augmented reality，AR）/虚拟现实（virtual reality，VR）技术与协作机器人技术相结合可以运用在许多环节。例如前文提及的“示教”环节，无论是“拖动示教”方案还是采用“One Stick”类示教盒产品的方案，虽然可以在保持目视机器人确认动作反馈的同时进行“示教”，但确认具体参数时仍旧无法摆脱计算机、示教盒屏幕的束缚；而AR技术是将参数等信息融入实景中的技术，作为新一代显示技术可以替换掉屏幕显示方式，使操作人员在操作过程中无须因为频繁地转移视线而分散注意力，从而实现了真正意义上的“边目视确认边进行调整”。VR技术与前文介绍的“3D仿真示教方案”相结合时，可以使示教人员实际参与到仿真场景中，甚至站在机器人的角度通过实际演示动作内容进行“示教”，这无疑会极大地加强“示教”工作的效率与精准度。

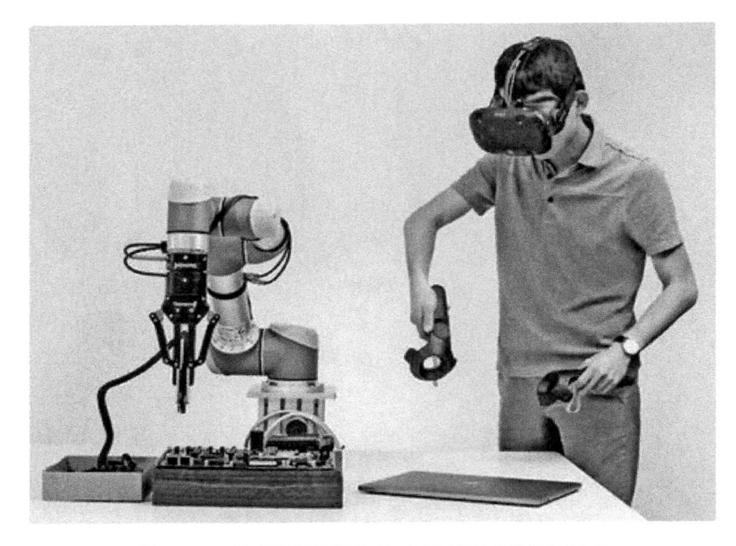

图10-3 基于增强现实技术进行的机器人示教

机器人与AR/VR技术的融合发展，在简化工业场景应用的同时，也进一步拓展了服务协作机器人市场的重要方向，更成为普通消费者可以期待、想象的有趣内容；涉及多模态类人感知与反馈机理、自然交互言语感知与计算、情境理解与人机群组协同等基础理论，依赖于力触觉柔性传感器、可视交互引擎、虚拟对象与现实增强等关键共性技术的突破发展。

10.1.4 与AGV/AMR的融合发展

协作机器人机械手臂与自动导引车（automated guided vehicle，AGV）/自主移动机器人（automated mobile robot，AMR）构成的移动协作机器人平台有着很大的市场应用潜力，但在短期内，其高昂的成本会是一个阻碍因素。自2018年第一版“协作机器人报告”以来，协作机器人市场一直在讨论这一品类所具有的高增长潜力。将协作机器人手臂安装在自动导引车/自主移动机器人上，协作机器人就具有了移动的属性。移动协作机器人还包括许多附加的功能模块，如工业摄像机或末端执行器，但这抬高了设备的成本。同时，协作机器人手臂和AGV/AMR 这两个系统的配合能否起到 1+1>2 的效果，仍待考证。图 10-4 所示为移动协作机器人平台。

图 10-4　移动协作机器人平台

目前，移动协作机器人应用于装配任务的电子设备、医疗设备、化学和机械加工设备以及工件装卸等材料处理设备。此外，移动协作机器人还准备在自动化超市，甚至餐馆取得突破性应用。不过，移动协作机器人的主要用途不在制造业而是在物流领域。

根据 Interact Analysis 的预测，到 2024 年移动协作机器人的收入将达到 1.17 亿美元，占整个协作机器人市场的 10.3%，出货量约为 4000 台。在预测期内，移动协作机器人的价格会比静态协作机器人的平均价格高出 10%~20%，但随着移动协作机器人的生产规模扩大，最终其整体价格会下降。长远来看，移动协作机器人的年同比增长率将远高于静态协作机器人。

10.2　协作机器人的核心技术要素

区别于传统工业机器人，“协作机器人”在最初的阶段便被设计成能同人在共同工作区域进行近距离互动的机器人产品。同时，相比于传统工业机器人，

“协作机器人”的应用场景更具多样性，目前已从传统、主流的工业领域场景逐步向需求更多样化的非工业领域应用场景快速延伸。而作为支撑的核心技术要素有安全性、易用性和灵活性。

10.2.1 安全性

相比于更注重速率、负载等性能的传统工业机器人，设计初衷为可与人在同一工作空间进行协同作业的协作机器人产品的首要诉求便是“安全性”。在工业场景中，协作机器人的“安全性”优势使用户可获得更高的空间使用效率。同时，相比于只能独立作业的传统工业机器人，协作机器人在更多涉及人工的工业场景中展现出极高的渗透潜力。而在人员限制更为宽松的非工业场景中，“安全性”优势使协作机器人的导入门槛大幅降低，广阔的下游应用市场也为协作机器人行业提供了极大的成长空间。

从技术规范层面来看，为了有效规范协作机器人的设计及安全，国际标准化组织于 2016 年 3 月发布了 ISO/TS 15066《Robots and robotic devices——Collaborative robots》，该标准作为 ISO 10218《Robots and robotic devices——Safety requirements for industrial robots》的补充，进一步明确了协作机器人的设计细节及系统安全技术规范。

协作机器人产品确保“安全性”的核心技术在于如何对“碰撞”进行有效检测，主流的“碰撞检测”方案有“电流环（无传感器）方案”“力矩传感器方案”“电子皮肤方案”。

①“电流环（无传感器）方案”基于机器人本体电动机的电流-力矩环，结合机器人系统的力学模型对“碰撞”产生的外力矩进行检测及估算；由于该方案并未使用传感器产品，仅依靠算法，所以系统成本优势巨大，也是业内厂家普遍使用的方案。该方案的难点在于机器人本体关节处摩擦力影响因素较多，如温度、转速、角度等，使得模型构建并非容易。同时，协作机器人通常采用的谐波减速器具有柔性，外力矩在通过减速器传递给电动机时会有较为明显的损失。这些因素最终导致目前的“电流环（无传感器）方案”在“碰撞检测”时较难做到高精度，在诸如晶圆半导体、高精密电子等对于碰撞、振动要求较高的行业中难以匹配需求。图 10-5 所示为电流环碰撞检测流程。

② 为了兼顾精确性与安全性指标，目前业内主要采用的方案是灵敏度较高的“力矩传感器方案”。该方案除了力矩传感器本身高敏感度因素，力矩传感器通常被安装在机身连杆处，由于目标外力矩不经过减速器，所以由减速器造成的摩擦力及柔性构造影响在此类方案中可以被规避，从而极大程度增强了系统

对于“碰撞”的敏感度。但由于使用了传感器产品，成本与“电流环（无传感器）方案”相比存在劣势。在诸多“力矩传感器方案”中，目前业内使用较广泛的是“底座力矩传感器方案”，即在协作机器人底座处内置力矩传感器来对系统的“碰撞”进行检测。敏感度更高的“关节力矩传感器方案”在本体关节处内置力矩传感器，结合双编码器的反馈对外力矩进行精准测算。但该方案成本较高，业内目前采用“关节力矩传感器方案”的产品有 KUKA 的“iiwa 系列”机器人产品。图 10-6 所示为力矩碰撞检测流程。

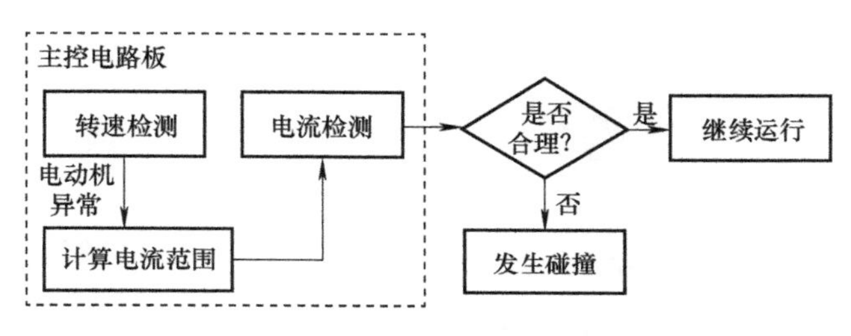

图 10-5　电流环碰撞检测流程

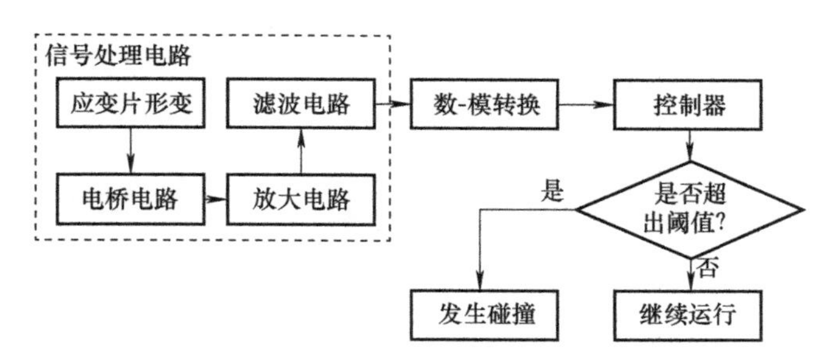

图 10-6　力矩碰撞检测流程

③“电子皮肤方案”通过在协作机器人表面包裹皮肤式传感器，通常为温度传感器、压力传感器等，来检测“碰撞”产生的外力矩。有厂商尝试采用导入电磁传感器类产品的思路对障碍物的“碰撞”进行预测。此类方案极为灵敏，但同时成本极高、装配较为复杂且技术还不成熟，例如，Bosch 公司的 APAS 系列产品，据悉该系列产品“电子皮肤”使用的传感器数量超过一百个，卖价也在单台 100 万元人民币左右。此方案目前多停滞在展示阶段，短期内很难有大规模落地。

此外，业内也有厂商另辟蹊径，针对“安全性”寻求不同思路的解决方案。例如，ABB 公司的最新高速度、高精度协作机器人产品“SWIFTI 系列”所采用的安全方案是“激光传感器方案”，该安全方案的核心思路是“安全-速度分离”，即使用激光传感器监测操作人员与机器人的直线距离，根据距离实时调整协作机器人的动作速率；在工作区无人的状态下，“SWIFTI 系列”产品的动作速率可达 5m/s，是通常协作机器人的 5 倍左右，可媲美传统工业机器人；而当操作人员接近时会主动降低运作速率，当人与“SWIFTI 系列”产品的距离存在碰撞风险时，机器人将在碰撞前提前停止工作。

2020 年 9 月，遨博公司在新品发布会上推出了一款联合秀域科技健康公司开发的按摩理疗机器人（图 10-7）。作为工作对象为人体的机器人，保证人身安全是工作的前提。

图 10-7 遨博按摩理疗机器人

该款机器人具有灵敏的力控反馈系统，当与人体的接触力超过人体承受安全阈值时，机器人会触发安全保护机制。同时，基于灵敏的力矩传感器，该款机器人进行按摩时可以更加准确地控制按摩力道。该款机器人还配备了视觉系统，便于更加准确地找准按摩位置。但按摩机器人无法智能区分人体不同位置对于力的承受等级。其次，在按摩时，用户姿态调整过程很容易触发机器人的保护机制，造成机器人的意外停止。

10.2.2 易用性

“易用性”是包括传统工业机器人在内的所有机器人产品控制器设计的重点方向。传统工业机器人更加追求动作精准度及生产线连贯性，采用只有受过专业培训的技术人员才可正常使用的专业编程设备及语言（如 G 代码）是其目前较为主流的示教方案。对于协作机器人最为主流的方向，更为简单易懂的图形化编程等技术目前已被广泛采用。“安全性”作为协作机器人“人机近距离协同作业”的技术前提，使其具备了解锁人机高度互动的“拖动示教”等更为多样灵活的示教方式的可能性，同时也真正意义上赋予了协作机器人“易用性”这一技术属性。受益于“易用性”的优势，在需求更为复杂多样但同时专业程度要求较低的非工业领域场景中，协作机器人产品向下兼容的能力扩大，导入门槛进一步降低，甚至为未来机器人进入家庭场景打下了坚实的基础。

围绕着“易用性”这一核心目标，协作机器人整个产业链的各个角色都在积极尝试开发或导入更多软、硬件方案。就编程方式而言，如上文所述的“图形化编程”，以及离线编程、模块化工艺包等技术在行业中被广泛应用于简化编程工作。而前文提及的“拖动示教”是通过软、硬件结合实现“易用性”的最直接方式。“拖动示教”在使用时需要通过拖拽机器人手臂到达目标点位进行记忆，是一种非常直观的交互式编程方式。虽然“拖动示教”在形式上看上去非常简单，但其背后有一套复杂的技术作为支撑。其主要原理可以简单概括为根据机器人的动力学模型，依靠控制器实时计算出协作机器人被拖动时所需要的力矩，并提供该力矩给电动机，使机器人能够较好地配合操作人员拖动，然后结合“轨迹复现”“约束拖动”等技术最终完成机器人的示教工作。

“拖动示教”的技术核心在于如何“拖动”。基于“拖动”的实现方式不同，主流的“拖动示教”方案有“六维力传感器方案”“无力传感器方案（电流环）”“关节力矩传感器方案”等。其中，①“六维力传感器方案”是目前一种比较容易的方案，适用于包括传统工业机器人在内的几乎所有机械臂类产品。其原理主要是在机械臂的末端安装一个“六维力传感器”，通过对末端各个方向受力情况的实时感应反馈实现“拖动示教”。因其易于安装且对机械臂本体设计几乎不造成任何影响的优势，在协作机器人领域被广泛使用。同时，其缺点也比较明显，由于感知区域被限制在机械臂末端，同时控制量是带宽较小的位置，拖动整个机械臂时的反应速度较慢，实际手感较重。②“无力传感器方案（电流环）”的原理简单来说就是基于力学模型，在机器人的力矩模式中，通过控制“电流”对重力、摩擦力、库仑力等进行补偿，经过补偿后，机械臂关节在“拖动”时造成的阻力变小，实际“拖动”变得非常容易。这种方案最大的优势在于整个方案中无须额外搭载传感器产品，使得其性价比非常高；但同时由于摩擦力影响因素多，模型构建复杂，真正意义上的补偿以目前的技术水平还较难实现，直线及圆弧“拖动”比较困难。特别是静摩擦力在此方案中没有方法观测，对“拖动”影响较大，包括大学研究机构在内，产业链相关的各方角色都在尝试攻克此难题。③“关节力矩传感器方案”是通过在机械臂的关节处内置力矩传感器进行力矩的闭环控制，从而对电动机的惯量、关节的摩擦力等物理量进行较为精准的补偿，最终达到可以“拖动示教”的效果。与“六维力传感器方案”相比，这种方案的优势在于可以实时感应机械臂各关节的力矩，同时控制量是带宽较大地力矩，可以较大地减少拖动时的“沉重感”。与“无力传感器方案（电流环）”相比，这种方案直接对实际的力进行感应，无须建立复杂的力学模型，在很大程度上削弱了摩擦力的影响。但是，这种方案改变了本体的基础设计，且需要内置数个“关节力矩传感器”，导致系统成本较高。目前，产、学、研各方都比较关注这种方案，但真正在“产”上尝试落地的只有 KUKA 的“iiwa 系列”机器人产品，由于其价格较高，较大程度地弱化了作为协作机器人核心优势之一的“低成本”，短期之内较难有成规模的落地。无论是何种方案，现阶段都难以做到完美。

通过“拖动”可完成“示教”的作业内容目前在机器人的拾取、上下料等工艺上已经较好地实现，随着技术方案的完善以及更多应用方案的落地，“拖动示教”方案的使用将会大规模增加。同时，在诸多对于机器人动作精度、路径优化要求较低的非工业场景中，也将会有更多靠目前“拖动示教”技术可以实现的方案加速落地。

此外，受益于协作机器“安全性”以及支撑“易用性”的“图形化编程”“拖动示教”等一系列软、硬件技术，协作机器人在应用部署中体现出较高的“易用性”。而目前产、学、研各方都较为关注的“自动轨迹规划”“自动避障”等协作机器人自动化部署相关技术一旦成功投产，无疑会将协作机器人应用部署的“易用性”提升至新高度。

基于轻量化和灵活的机械臂，协作机器人也逐步应用到餐饮行业。协作机器人紧凑的结构和模块化设计，使其非常灵活和柔顺，可以顺利完成做菜所需的动作。规范化的操作保证了餐品的味道，同时隔绝人员的接触，更加卫生。

随着工厂自动化改造，生产线上对于机械臂的应用逐渐增加，应用方式也更加灵活，安装在生产工位或搭载于 AGV 来完成生产装配和物料搬运，协作机器人具有质量轻、安装方便等特点，符合此类要求。基于协作机器人外力引导编程技术，操作人员只须拖动机械臂运动相应的工作轨迹即可，有利于协作机器人在工厂生产中使用。

10.2.3 灵活性

提及协作机器人的“灵活性”优势，需要先从协作机器人产品自身的“灵活性”说起。首先，在软件方面，协作机器人的系统通常采用“深度学习（deep learning，DL）”“强化学习（reinforcement learning，RL）”“遗传规划

（genetic programming，GP）”等 AI 算法实现协作机器人的“机器学习”，从而应对来自于各种场景的多样化需求。这些算法使协作机器人具备了较强的“灵活性”，但现阶段通过“机器学习”可适应的场景还相对简单且局限。而面对影响因素较多的复杂的场景时，目前的技术仍然不够成熟，特别是在由数台设备及机器人组成的多智能体系统（multi agent system，MAS）中，如何使机器人产品作为系统的一部分，在进行协同作业的前提下实现有效且高效的学习演化是整个行业的课题。

在硬件方面，目前最具代表性的协作机器人的结构设计与轻负载 6 轴工业机器人的设计思路基本相同，6 自由度机器人设计使得无论是 6 轴工业机器人还是协作机器人都具备了较高的“灵活性”，可在确保成本的前提下覆盖绝大多数的应用场景需求；同时，相比于更注重刚度而结构设计较为厚重的传统工业机器人，协作机器人紧凑且纤细的外观设计使其在“灵活性”方面的表现更胜一筹。除了主流的 6 自由度机器人设计，行业中常见的 6+自由度、双臂协作机器人等更高自由度设计，将可以更好地应对有更高“自由度”需求的场景。此外，用来定义协作机器人在应用场景中功能的末端执行器产品，在协作机器人产业链中扮演着至关重要的角色；而日益丰富的执行器产品，也将进一步提升协作机器人的“灵活性”优势。

在设计理念及软、硬件技术的支撑下，协作机器人“灵活性”优势体现在实际应用场景中从部署到使用的全流程。就部署而言，协作机器人自重低且体积小，加上其简单、直观的编程及示教方式，协作机器人在部署环节体现出传统工业机器人无法比拟的高“灵活性”，可较为容易地导入到应用场景中并快速地投入生产作业。此外，因其具备较高的“安全性”，进行生产线整体设计时无须使用保护栅栏、保护笼将机器人产品进行隔离。这些特性使协作机器人在“混线生产”“生产线改造”等设备柔性需求高的场景中也颇具优势。在实际使用过程中，人员可随时介入或参与到机器人的作业中，甚至调整其作业内容。

这些体现在实际应用场景中的“灵活性”优势，使协作机器人在产业迅速升级、招工日益困难的工业领域中有较大的导入空间。在非工业领域，“灵活性”优势也使协作机器人可以匹配更多工作内容，同时在一定程度上打消了终端用户在导入协作机器人时对于投资风险的顾虑。在老龄化社会发展趋势造成的用人成本高升、新冠疫情防控常态化趋势导致的无接触服务需求大增的社会背景下，协作机器人展现出极高的市场增长潜力。

10.3 协作机器人的技术创新发展趋势

本节将围绕协作机器人的未来技术前沿，从其结构优化、感知与认知、决策与执行等方面，介绍协作机器人的技术创新发展趋势。

10.3.1 机器人结构仿生化

随着这几年国内外对机器人结构仿生化的研究力度，弹性和软物质材料的探索和应用将提升机器人与人/环境协作的适应性，同时针对多种动物研究而衍生出的仿生臂，其机械臂结构也更优于普通 7 轴协作机械臂。

在探索的同时，还要对结构-驱动-控制-一体化设计、高效驱动传动机理、非线性动力学制、刚-柔-软耦合机器人动力学控制及高效计算方法等挑战进行突破；构建多场约束运动机构创新及刚柔耦合系统集成设计理论，突破高能量密度新型传动、驱动等技术。

目前，较为直观的获取外部力信息的方法是在协作机器人的每个关节均安装力矩传感器进行测量，进而估算出机器人末端的外部力。这种方法对硬件设计要求较高，在实际生产中成本也较高。因此，不少研究人员通过获取电动机的电流/转矩、关节转角信号重建外部力信息等方式，利用干扰观测器进行协作机器人末端外部力及各关节的干扰力矩的估算。随着动力学的深入研究，协作机器人的成本将进一步降低，更多柔性材料将会被引入，这将大大提高协作机器人的安全性与灵活性。

10.3.2 感知融合化

感知是机器人与人、机器人与环境、机器人与机器人之间进行交互的基础。就感知技术而言，除了多传感信息融合依然是研究热点，机器人越发呈现出与脑神经科学、生物技术、人工智能、认知科学、网络大数据技术等深度交叉融合的态势。其中，借鉴生命系统进化出的快速学习能力，实现生物神经网络针对特定任务的训练和快速收敛，并将其映射到人工智能算法中包含类生命孪生在内的用于机器人的智能学习，将增强机器人对环境的感知能力。

未来的前沿研究方向为主动感知与自然交互理论及方法，更多传感器的加入，使机器人能够理解人类的指令，包含人的声音、手势、图形等。研究复杂动态环境下知识的主动获取、学习与推理方法，视觉认知与基于动态环境的主动行为意图理解与预测理论，协作机器人的自主学习与机器人知识增殖方法，

以及多模态人机协作的态势感知与自然交互方法，可以更好地实现机器人与人之间相互的意图理解、信息交流，以及自然和谐的情感交互。

10.3.3　认知系统化

协作机器人操作系统与软件体系的研究，揭示了机器人多态性的共性谱系和差异表型的内在机理，构建了智能协作机器人操作系统以及面向共融机器人的数据驱动与支撑环境等。面向 5G 通信支持下的协作机器人系统在动态开放环境中执行任务的需求，研究开放环境中 5G 技术支持下的多机器人协同优化决策、协同行为认知等自主协同技术，在编队行驶与避障、协同搜索与目标识别、协同跟踪与目标定位等典型任务中进一步加强易用性，简化操作，加强机器人与工业互联网数据的连通性，将丰富智能机器人系统的认知水平。

随着协作机器人应用领域的不断扩展，为了让更多的人可以使用机器人，提供更简单直观、功能更强大但简洁的编程方法是必然的发展趋势。

10.3.4　决策智能化

协作机器人被定义为“可以与人在同一工作区域内一起工作或互动的机器人”，而近年来在与人进行频繁交互的设备领域被广泛关注的“智能化”概念，将成为协作机器人的发展趋势。

在实现智能化之前，首先要解决的是协作机器人认知的问题，即认知系统化。

其次，类比汽车产品、消费电子产品、可穿戴设备产品、家电产品等，通常当我们提及“智能化”趋势时，可从“本体智能化”和“智能网联化”两个主要方向进行讨论。“本体智能化”，即通过搭载足够多的传感器（主要为视觉类传感器，人类信息来源的 90%来自于视觉），使用算力足够高的硬件平台（视觉信号及 AI 处理数据量庞大），运用足够优秀的 AI 算法（信号处理、机器学习等），实现机器人的自主“感知、决策及控制”，实现本体的高度智能化。然而，完全依靠“本体智能化”的方案较难做到完善，因为“感知”→“决策”→“控制”过程中的每个环节均存在风险，如传感器传递的数据可能会失真、AI 算法可能出现错误等。这里需要导入另一种机制对“本体智能化”的各环节进行补足，从而确保其稳定性。这种被导入的机制便是“智能网联化”，通过“云端”“物联网”等技术向机器人提供更多有用“信息”“方案”等辅助机器人的自主“感知、决策、控制”。因此，协作机器人作为与人频繁交互的新一代设备，其“智能化”将通过“本体智能化”与“智能网联化”实现。

10.4 协作机器人相关软件的发展趋势

10.4.1 操作系统

如前文所述，相比于传统工业机器人，协作机器人的核心技术诉求是“安全性、灵活性、易用性”。操作系统（ROS 操作系统）与应用软件作为协作机器人系统架构中最为重要的组成部分，直接影响这些性能的表现。从机器人产品诞生以来，业内的厂商便从未停止过尝试将更多的 AI 算法与操作系统结合。对于协作机器人而言，AI 技术的结合也将是协作机器人在工业领域追赶传统工业机器人的核心驱动力。近年来，受关注程度较高的“智能制造”概念的核心是“生产柔性化”，然而从全球范围来看，目前绝大部分工业生产仍处于刚性制造阶段。同时，目前导入的大规模传统工业机器人产品的工艺仍以高重复性内容为主，而实际生产过程中涉及人为判断的工艺段并不在少数，这部分工艺目前仍难以实现“机器换人”。也就是说，作为操作系统与可以加强“柔性”属性并赋予设备“判断能力”的 AI 算法深度结合的结果，协作机器人将在工业领域应用中打破目前的局面，在“柔性制造”的大趋势下极大程度地拓宽可应用场景。在非工业领域中，由于环境与需求的复杂度远非工业场景能比，协作机器人对于“柔性能力”与“判断能力”的要求将会更加明显。当然，仅仅通过底层操作系统的变革是难以实现“柔性”与“判断”的，最终这些能力将落实在应用方案软件中，从而向客户提供更优质的服务。届时，应用方案软件的量级无疑将会呈现爆发式增长，应用方案也将呈现前所未有的高度细分化。

10.4.2 云服务软件

在产品市场体量大、使用集中度较高工业机器人领域中，以“机器人管理系统”（robot management system，RMS）为代表的“云服务”被普遍关注。RMS 是一种借用“云端”对机器人产品状态进行集中监测管理的技术，但在协作机器人产品领域，目前由于整体市场仍处于起步阶段，产品使用的密度相对较低，“云服务”这一概念还没有受到广泛关注。然而，随着下游工业领域使用量增大，非工业领域出现可放量的热点行业需求，“云服务”软件的导入也会成为一个较大的行业趋势。

10.4.3 工具类软件

前文提到的“模块化编程”“拖动示教”等是目前较为主流的示教方式。行业开发这些示教方式的初衷是“如何使协作机器人产品更简单易用”，而以现阶段的技术能力来看，通过这些方式可以完成“示教”的工艺还很有局限性。针对目前示教方式的局限性，行业内产、学、研各方都在尝试开发一些更加直观、更加“简单易用”的示教方案。例如，UR公司的笔形示教盒产品“One Stick”，在该方案中，通过对“One Stick”进行倾斜、抖动等操作，再结合产品上的控制按键就可对机器人产品进行路径、动作幅度、移动速度等精细动作的“示教”工作，实际使用感受类似于通过游戏手柄操控游戏中角色的动作。该方案的优势除了“示教”精度，主要在于可以确保操作人员在目视协作机器人确认动作反馈的同时实时调整“示教”内容，从而实现高效、精准“示教”的目的。类似的思路还有产、学、研各方都比较关注的“3D仿真示教方案”，该方案利用3D建模技术对机器人本体、使用环境及操作内容进行可视化仿真，通过软件模拟实际“示教”场景进行“离线示教”，最终将“离线示教”的结果在协作机器人本体上进行实际展现。该方案的优势除了“示教”精度，主要在于可以解除场景限制，简化反馈的确认过程，实现实时调整，提高“示教”的效率。

此外，作为另外一个趋势，“演示示教”也受到行业内的广泛关注，如“手势识别示教方案”。该方案的主要思路是结合视觉传感、骨骼识别等技术，通过识别示教人员手部的“运动轨迹”及“动作指令”进行示教编程。该方案思路的优势在于协作机器人可以通过观察示教人员的实际操作演示，实现工艺技能的获取，从而简化“示教”过程，提高效率。

10.5　协作机器人市场发展趋势

10.5.1　协作机器人应用场景分析

2013年，我国市场成为工业机器人最大的市场，工业领域也成为协作机器人用量较大的领域。目前，协作机器人在工业领域有七大场景应用，即拾取、放置、设备看护、包装码垛、加工作业、精加工作业、质量检测，这些应用主要代替工人进行重复性、高危险性的劳动。

医疗市场也是协作机器人的一大应用领域，如丹麦的哥本哈根大学医院就采用两台UR5机器人每天处理3000个血样，并能够保持在1小时内交付90%以上的结果，使可分析样本增加了20%。此外，在2018年3月份的AWE上，美的公司展示了拥有倒啤酒“绝技”的机器人Yaskawa，可用于辅助内窥镜检查或活检，以及锯骨或固定椎弓根螺钉的轻量型机器人LBR Med。

近年来，继亚马逊 kiva 系统后，仓储物流机器人成为新的风口，引得我国的一些企业，如阿里巴巴、京东、海康威视、苏宁等纷纷布局，国内也出现了许多创新性企业，如美的旗下的安德森与京东合作的马路创新等等，这些物流仓储机器人在仓库与人合作分拣货物，机器人之间也相互配合。

图 10-8 所示为 2021 年协作机器人市场应用占比。

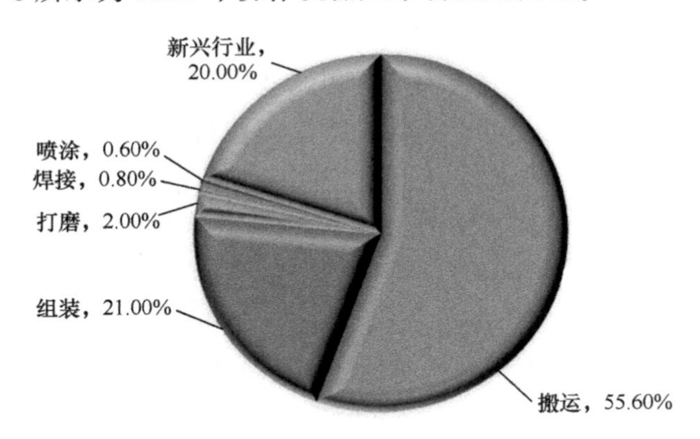

图 10-8　2021 年协作机器人市场应用占比

打磨：目前采用协作机器人的实际应用场景相对较少，2021 年协作机器人在五金卫浴、机床加工和汽车零部件等行业的打磨应用中市场份额有所提升。

焊接：协作机器人可解决定制化焊接生产、小批量焊接生产工艺中无法使用传统工业机器人替代人工的难题，非常契合小批量、多批次、对柔性化需求较高的产业。协作机器人在焊接市场的份额提升明显。

喷涂：随着防爆协作机器人的推出，协作机器人的安全性到达了更高的维度。其应用逐渐拓展到了高温、高危环境的喷涂工作，高密封、高防尘等特性使协作在喷涂领域的认可度提升。

新兴行业：协作机器人依靠其人机交互的属性，在健康医疗、电力、餐饮、畜牧业、农业、教育、建筑等行业，以及石油、化工、军事等特殊行业中都展示出了其独特的应用特性。

未来，结合人机协作这一优势，协作机器人将在 3C（电脑、通信和消费电子）、医药、食品饮料、物流等众多行业中大有可为。在这些品类多、空间小、灵活度要求高的领域，机器人可以代替人类完成重复性的以及人类不适宜的繁重甚至危险的工作，而人类则从事自身更擅长、也是最需要柔韧性与灵巧度的工作。人机协作将帮助用户以有限的投入实现自动化升级转型，实现最佳的投资回报率。

10. 5. 2　市场发展趋势和前景预测

在全球范围内，制造业一直是“创新驱动、升级转型”的主战场，在此过程中，能够快速实现转型的企业将获得更多的市场机会，而低效率、高能耗、高污染的企业将面临淘汰。激烈的市场竞争将促使企业加速自动化生产进程，如何运用自动化、数字化、智能化装备等来降本增效，以应对更新快速的庞大市场，已成为制造企业面临的核心问题。为降低人力成本，提高生产效率及产品一致性并满足柔性生产的需求，提升制造企业在全球市场的核心竞争力，传统工业机器人以及新一代协作机器人已经成为全球制造大国不约而同聚焦的重点。在生产和制造环节中，人机协作可以更好地完成一些精度及灵敏度要求高、工厂布局复杂或操作空间受限、兼容性要求高又有创意性要求的工作。越来越多的制造企业选择将安全、易用、灵活、低成本、快产出的协作机器人引入企业，以满足生产需求。图 10-9 所示为 2015—2025 年全球协作机器人销售规模及预测。

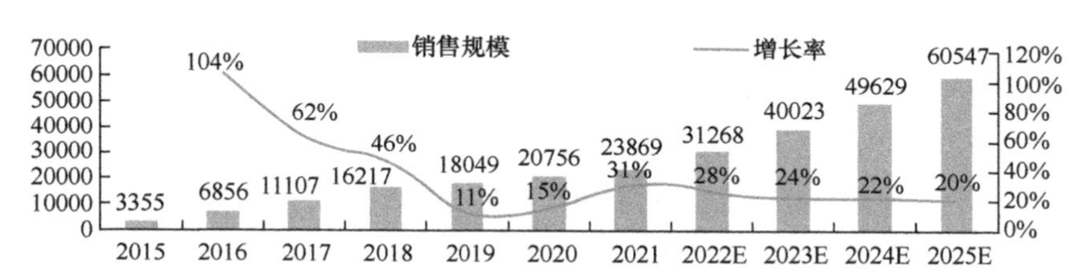

图 10-9　2015—2025 年全球协作机器人销售规模及预测（单位：台）

（数据来源：IFR、MIR 综合整理）

2016 年，国际标准化组织首次针对协作机器人发布了工业标准 ISO/TS 15066，开启了协作机器人发展的新纪元。与此同时，大数据、云计算等技术的快速发展助力人工智能产业的爆发，工业机器人行业迈入 2. 0 新时代，人机协作、人机共融成为市场主流趋势，2016 年全球协作机器人销量呈现爆发式增长。但由于此时市场处在初步发展阶段，协作机器人厂商大多处于产品打磨、试错、解决方案优化及技术路线选择阶段，从 2017—2019 年全球协作机器人销售规模来看，协作机器人市场增速趋缓，市场面临加速洗牌。2019 年受到全球经济和贸易环境变动的持续影响，尤其是汽车、电子等行业下行的波及，全球协作机器人市场增速大幅放缓。2020 年，新冠疫情对协作机器人市场产生了较大的影响，同时也为经济复苏过程中的生产现代化和数字化提供了机会，协作机器人依然展现出强大的增长潜力。

未来，随着制造业智能化及柔性化生产的不断演进，协作机器人技术迭代升级以及下游行业及应用的不断拓展，人机协作将成为下一代机器人的重要特征之一，越来越受到市场的追捧，未来增长速度和成长空间都十分可观。

另一方面，初创企业和小企业在协作机器人市场的竞争激烈。新的初创企业和他们的低成本产品，如 UR 机器人，在协作机器人领域就有很强的竞争力。此外，还有 Gomtec 公司的 Roberta 机器人，MABI Robotics 公司的 MABI Speedy-10 机器人以及 Smokie Robotics 公司的 OUR-1 机器人，后者的价格仅为 15000 美元，他们也都在寻找自己的市场空间。

未来，协作机器人应用市场格局未定，服务领域或成为新蓝海；协作机器人搭载 AGV 可以组成复合机器人；协作机器人与各种柔性夹具将有更多配合。深耕细分行业，创新产品是协作机器人企业的长足发展之道。

从我国协作机器人市场来看，随着我国适龄劳动力人口数量的减少和人力成本的提升，各制造企业选择使用机器人替代低端劳动力的倾向越发显著。协作机器人与传统工业机器人相比，具有低成本、轻量化、安全性高等突出优势。因此，我国劳动力结构的加速调整将进一步带动协作机器人的市场应用需求，人机协作趋势正在兴起。在我国产业结构转型升级的背景下，传统制造业与电子技术、自动化技术、信息技术融合发展的趋势日益明显，不断带动制造企业对于智能制造、柔性制造、网络化协同制造等先进制造技术的应用。从技术趋势来看，协作机器人高度契合制造企业对于人机协同、柔性制造的转型需求，市场拓展潜力巨大。

2013—2017 年，市场迎来爆发期。2013 年，UR 作为第一家在我国销售的协作机器人企业。内资协作机器人厂商如遨博、TM 等陆续跟进，传统工业机器人企业也相继进入市场。在这一阶段，下游行业相对集中，电子、汽车为协作机器人的主要应用场景。

2018—2020 年，市场迈入调整期。受到宏观经济环境的影响，下游需求有所收紧与延后，协作机器人增速有所放缓，但整体仍维持较高的增长率。内资协作机器人品牌发展迅速，2018 年起内资份额开始反超外资。下游行业更加多样化，除了传统 3C 电子与汽车相关行业，机械加工、教育、新零售、卫浴、医疗健康、餐饮等新兴行业的市场需求开始呈现一定的增长规模。2020 年，新冠疫情虽然在一定程度上延缓了协作机器人下游市场的投资，但不改协作机器人市场的复苏趋势。作为协作机器人的“主战场”，我国率先进入“后疫情时代”，市场修复基本完成，下游需求快速扩大，并带动全球市场节奏。

长远来看，我国协作机器人未来市场空间广阔。协作机器人高度契合制造

企业对于智能制造、人机协同、柔性制造的转型需求，且具有更广的应用延展性，不仅可以在工业领域应用，还可以在餐饮、健康医疗、农业、商业服务等非工业领域开拓新的应用场景，非工业场景需求有待进一步开发。除了我国“主战场”，本土主流协作机器人厂商如遨博、节卡、艾利特等纷纷在国外布局并取得初步成果，未来国内、外需求将共同拉动协作机器人市场的增长。

图 10-10 所示为 2015—2025 年我国协作机器人销售规模及预测。

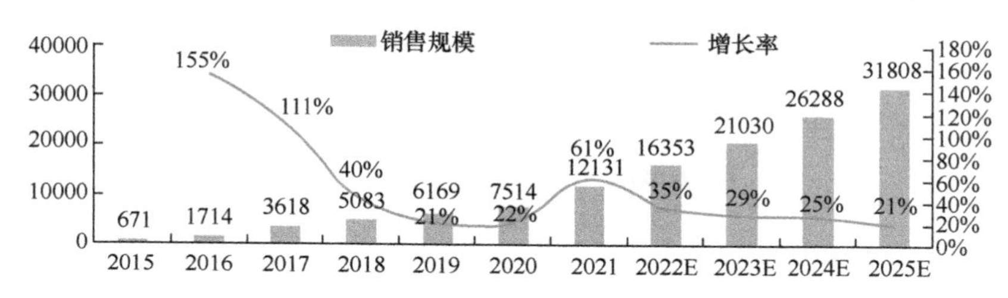

图 10-10　2015—2025 年我国协作机器人销售规模及预测（单位：台）

（数据来源：IFR、MIR 综合整理）

虽然国产协作机器人厂商的起步略晚于外资厂商，但从产业化应用的角度看，国产协作机器人厂商无疑已成为我国市场的主导力量，市场份额约占国内份额的 70%，协作机器人的新兴厂商已成为市场的中坚力量，这与传统工业机器人领域形成较大的反差。2022 年 1 月，睿工业（MIR）和中国机器人产业联盟联合发布的《2021 年协作机器人产业发展白皮书》数据显示，2020 年遨博智能超越优傲机器人登顶国内协作机器人销量榜首，优傲机器人退居第二。据遨博智能数据显示，2021 年遨博智能产销量增长将达到 100%，销售收入近 4 亿元，在国内市场具备领先优势。图 10-11 所示为 2019 年和 2020 年我国协作机器人市场份额。

未来，协作机器人的发展趋势：

1）市场从导入期开始进入发展期，协作机器人新晋厂商逐年增加。近年来，在面临转型升级的客观发展需求和国家红利的刺激下，很多终端应用企业引入协作机器人智能装备实现降本增效。在市场需求的牵引下，众多厂商进入协作机器人市场，推出多款创新型产品。截至目前，协作机器人本体企业数量超过 60 家，类型包含设备供应商、系统集成商等。

2）基于协作机器人关键技术，厂商之间的合作密切程度加强。以本体供应商为主体，致力于模块化协作机器人产品的研发，攻克各种算法及驱动程序的壁垒，如多关机机器人数学模型算法、碰撞感应算法以及闭环系统控制等，这些关键技术赋予协作机器人感知、交互和执行的能力，促使协作机器人智能化。

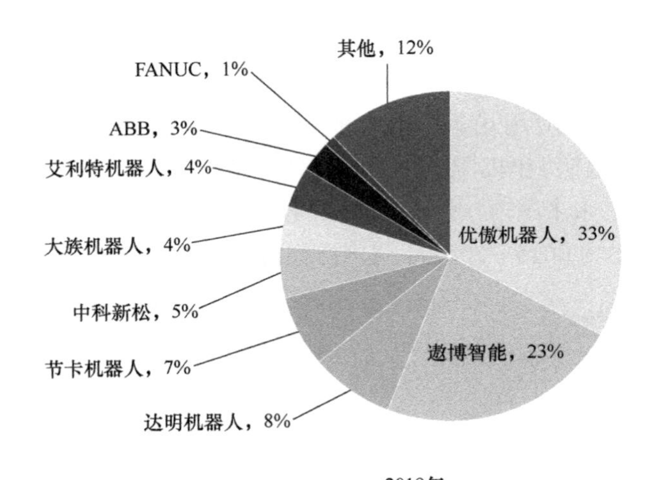

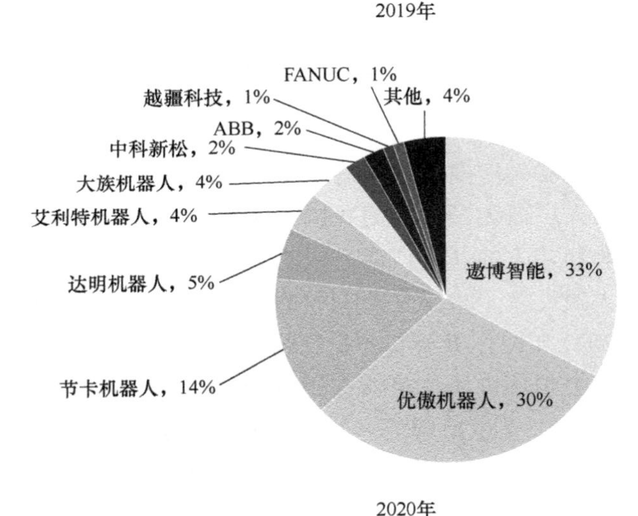

图 10-11　2019 年和 2020 年我国协作机器人市场份额（以销量计）

3）应用市场的延伸拓展催生更加灵活地商业模式。多数本体设备供应商兼具直销和渠道并行的销售模式，可更方便、快捷地响应终端企业需求，甚至有的企业创新性地推出了针对中小企业的租赁服务，通过这种运营方式，在减轻企业资金压力的同时提高了企业生产力配置的灵活性，还可以降低企业决策成本。此外，协作机器人与 AGV 厂商之间的合作也越来越多，“协作机器人+AGV”形成全新的复合移动机器人，如“达明+欧姆龙”、库卡 KMR iiwa 等。

4）产业生态化对相关厂商产生巨大战略价值。在类比深耕 C 端或尝试走进 C 端的智能产品时，“生态化”概念几乎是所有厂家必谈的概念。营造“生态圈”，尽可能地覆盖更多用户的需求，对于智能产品来说具有极高的战略意义。目前，围绕着协作机器人本体以及周边设备，协作机器人行业已经出现较为明显的“生态化”趋势。而对于非标性极强的协作机器人产品，同样重要的“应用方案”还未见此趋势。随着产品向 C 端的渗透程度加深，仅靠厂商、集成商难以应对日益复杂多变的需求的现象越发明显。在这种背景下，部分协作机器人厂商尝试在确保“安全性”的前提下，开放其部分“应用层”接口，通过联合产、学、研及终端用户组建属于自己的“开发者联盟”，从而实现“硬件”“软件”的“生态化”。

5）用户端服务方案满足个性化定制需求。“个性化”概念是近年来各行各业服务商都十分关注的话题。无论是以工业领域用户为代表的 B 端用户，还是以普通消费者为代表的 C 端用户，对于“个性化”都有着或多或少的诉求。协作机器人服务于工业领域时，每位 B 端用户对于其执行的工艺内容都有着较高的“定制化”需求。而当协作机器人服务于非工业领域时，由于使用环境和需求更为复杂，B 端用户对于协作机器人服务内容的“定制化”需求更为明显。随着协作机器人在非工业领域的普及度增高，成为 C 端用户日常生活中的常用设备时，“千人千面”概念将对协作机器人的服务方式产生极为深远的影响。届时，无论协作机器人从事何种服务，用户的“个性化”喜好也将通过“云端”“大数据”等技术实时反馈在协作机器人的服务方案中，从而实现服务内容的“千人千面”。同时，在“个性化”需求下，大幅度提高设备“交互性”的“多模态”概念备受关注。通过语音识别、手势识别、唇型识别、情绪识别等多种控制方式打造冗余的交互路径，提高协作机器人的“交互性”，可以更好地满足协作机器人个性化定制的需求。

机器人是未来智能世界的基石，是制造业向自动化、智能化转型的核心驱动力，我国高度重视机器人产业的发展，并出台了一系列鼓励政策。2021 年，“智能制造与机器人技术”被写入“十四五”规划，列为制造业核心竞争力提升的 8 项重大专项技术之一。机器人产业扶持政策的不断出台为我国机器人产业发展奠定了良好的外部条件，协作机器人将在工业 4.0 时代背景下的智能制造中迎来更大的发展契机。

10.6　本章小结

本章主要聚焦于协作机器人的技术前沿，从协作机器人与 AI 技术、云计算、大数据、虚拟现实等新技术的融合发展，协作机器人的核心要素、技术创新趋势以及市场发展态势等方面对协作机器人的未来发展进行展望。

根据目前协作机器人应用上的不足和机器人相关技术的发展，协作机器人未来的发展趋势主要集中于以下方面：

（1）智能化　协作机器人在未来发展过程中将融入多种感知技术于一体，提升机器人环境信息识别和自主决策的智能化，同时协作机器人还将与计算机控制技术和互联网技术进行融合，使处在不同区域的协作机器人之间建立信息交换，共同完成工作任务。

（2）多元化　模块化设计进一步优化，碳纤维复合材料、3D 打印材料等新型材料的应用，将使协作机器人在未来社会服务中发挥更大的作用，推动机器人在各个领域应用的技术发展，为协作机器人的多元化应用提供更多的发展思路。

（3）便捷化　外力引导编程是协作机器人编程的一大优势，但由于不能很好地控制引导编程轨迹的流畅性和稳定性，使得这一优势无法很好地运用到实际工作中，随着计算机技术和智能算法在协作机器人中应用，将可以实现对编程轨迹自动优化。同时，协作机器人在产业应用上还可以扩展外部视觉引导、智能柔性手爪等，提高抓取准确率和装配准确性，使得协作机器人的入门要求降低，使用更加便捷。

随着其他传感器技术、互联网技术、大数据技术、深度学习技术等的不断发展，将进一步提高协作机器人的安全性和智能性，进而推动协作机器人在更多领域的应用。

思考与练习

1. 协作机器人为何需要和新兴智能技术融合发展？

2. 进一步查阅相关资料，指出协作机器人还可和哪些新兴技术融合发展。

3. 进一步查阅相关资料，对比 AGV 和 AMR 有何区别？谁更适合和协作机器人融合形成移动协作机器人平台？

4. 协作机器人的核心技术要素是什么？这些要素都有哪些发展趋势？

5. 什么是 ROS？进一步查阅资料，了解 ROS 的基础知识，并尝试找到协作机器人和 ROS 结合应用的案例。

6. 协作机器人示教方式的发展趋势有哪些？

7. 进一步查阅相关资料，给出近 5 年全球工业机器人的销售规模与市场份额，并与协作机器人近 5 年的数据进行对比。

参 考 文 献

[1] HADDADIN S, LUCA A D, ALBU-SCHÄFFER A. Robot Collisions: A Survey on Detection, Isolation, and Identification [J]. IEEE Transactions on Robotics, 2017, PP (6): 1-21.

[2] CHERUBINI A, NAVARRO-ALARCON D . Sensor-Based Control for Collaborative Robots: Fundamentals, Challenges and Opportunities [J]. Frontiers in Neurorobotics, 2021: 113.

[3] 游有鹏，张宇，李成刚．面向直接示教的机器人零力控制 [J]. 机械工程学报，2014, 50 (3): 8.

[4] 王田苗，雷静桃，魏洪兴，等．机器人系列标准介绍——服务机器人模块化设计总则及国际标准研究进展 [J]. 机器人技术与应用，2014 (4): 10-14.

[5] 蒋灿灿，魏洪兴，张宇超．基于旋量的模块化机器人运动学分析及仿真 [J]. 机械工程与自动化，2018 (2): 38-41.

[6] 陈赛旋．协作机器人零力控制与碰撞检测技术研究 [D]. 合肥：中国科学技术大学，2018.

[7] DENAVIT J, HARTENBERG R S . A Kinematic Notation for Lower-Pair Mechanisms [J]. Journal of Applied Mechanics, 1955, 22.

[8] FU K S, GONZALEZ R C, LEE C S G. Robotics: control, sensing, vision and intelligence [J]. Robotica, 1987.

[9] 宋伟刚．机器人学：运动学、动力学与控制 [M]. 北京：科学出版社，2007.

[10] John J Craig. 机器人学导论 [M]. 负超，译．北京：机械工业出版社，2006.

[11] Paul R P . Robot Manipulators: Mathematics, Programming and Control [M]. Cambridge: The MIT Press, 1981.

[12] 刘海涛．六自由度协作机器人控制系统设计研究 [D]. 北京：北方工业大学，2021.

[13] 郭彤颖，安冬．机器人学及其智能控制 [M]. 北京：人民邮电出版社，2014.

[14] FONG M, YARLAGADDA P K. Advances in Mechatronics, Robotics and Automation Ⅲ [M]. Taylor and Francis, 2017.

[15] BAJD T, MIHELJ M, MUNIH M. Introduction to Robotics [M]. Dordrecht: Springer, 2013.

[16] JAZAR R N. Theory of AppliedRobotics [M]. Boston: Springer, 2010.

[17] PENG S, YU Y, ZHANG X . Impedance Control of Robots: An Overview [C] // International Conference on Cybernetics IEEE, 2018.

[18] 陶永，王田苗．机器人学及其应用导论 [M]. 北京：清华大学出版社，2021.

[19] 蔡自兴．机器人学 [M]. 北京：清华大学出版社，2009.

[20] 战强．机器人机构运动学、动力学与运动规划 [M]. 北京：清华大学出版社，2019.

[21] 孙树栋．工业机器人技术基础 [M]. 西安：西北工业大学出版社，2006.

[22] 刘极锋．机器人技术基础 [M]. 北京：高等教育出版社，2006.

[23] 荆学东．工业机器人技术［M］．上海：上海科学技术出版社，2018.
[24] 陈永平．机器人仿真与离线编程［M］．上海：上海交通大学出版社，2018.
[25] Acquisdata. Global Robotics Industry［M］. Acquisdata Pty Ltd, 2019.
[26] 张秋隆．基于参数辨识的协作机器人力矩补偿与检测控制研究［D］．天津：天津大学，2018.
[27] 洪景东．基于机器人动力学模型的手动拖动示教和碰撞检测［D］．广州：华南理工大学，2020.
[28] 黄玉林，陈乃建，范振，等．基于人机协作的机器人柔顺示教及再现［J］．济南大学学报（自然科学版），2021，35（2）：108-114.
[29] 刘维惠，陈殿生，张立志．人机协作下的机械臂轨迹生成与修正方法［J］．机器人，2016，38（4）：504-512.
[30] CANNY J F. The Complexity of Robot Motion Planning［M］. Cambridge: The MIT Press, 1998.
[31] 李达．工业机器人轨迹规划控制系统的研究［D］．哈尔滨：哈尔滨工业大学，2011.
[32] 韦祖杰．机器人快速示教方法及示教点位姿变换的研究［J］．装备制造技术，2020（10）：128-132.
[33] 曾帆．无力/力矩传感器的协作机器人拖动示教与柔顺控制研究［D］．天津：天津大学，2019.
[34] 张铁，洪景东，刘晓刚．基于弹性摩擦模型的机器人免力矩传感器拖动示教方法［J］．农业机械学报，2019，50（1）：412-420.
[35] 孟石，戴先中，甘亚辉．多机器人协作系统轨迹约束关系分析及示教方法［J］．机器人，2012，34：546-552，565.
[36] LAUMOND J P. Robot Motion Planning and Control［M］. Berlin: Springer-Verlag, 2008.
[37] 王东署，朱训林．工业机器人技术与应用［M］．北京：中国电力出版社，2016.
[38] 杨桂林，王冲冲．协作机器人柔顺运动控制综述［J］．自动化博览，2019（2）：66-73.
[39] 张国龙，张杰，蒋亚南，等．机器人力控末端执行器综述［J］．工程设计学报，2018，25（6）：617-629.
[40] 姜华．协作机器人控制系统的研究与实现［D］．北京：北方工业大学，2017.
[41] 侯澈，王争，赵忆文，等．面向直接示教的机器人负载自适应零力控制［J］．机器人，2017，39（4）：439-448.
[42] 徐翔鸣．基于动力学模型的机器人拖动示教技术研究［D］．南京：东南大学，2018.
[43] 萧显．基于机器视觉的手机屏幕玻璃缺陷检测方法研究［D］．广州：广东工业大学，2019.
[44] 王浩．基于机器视觉的包装检测与分拣技术应用研究［D］．天津：天津大学，2019.
[45] 彭杰，孟祥印，李晟尧，李泽东．基于机器视觉的工件分拣及上下料系统［J］．机床与液压，2021，49（21）：38-42.

[46] 李蓉．基于机器视觉的工业机器人分拣技术研究［J］. 内燃机与配件，2021（17）：92-93.

[47] 李娜．面向人机协作安全保障的工业机器人路径规划研究与实现［D］. 武汉：武汉理工大学，2018.

[48] 吴德文．面向人机协作的工业机器人外力检测研究与实现［D］. 武汉：武汉理工大学，2018.

[49] 邹方．人机协作标准及应用动态研究［J］. 航空制造技术，2016（Z2）：58-63.

[50] 刘洋，孙恺．协作机器人的研究现状与与技术发展分析［J］. 北方工业大学学报，2017，29（2）：76-85.

[51] 梅雪松，刘星，赵飞，等．协作机器人外力感知与交互控制研究现状及展望［J］. 航空制造技术，2020，63（9）：22-32.

[52] MALIK A A，BREM A. Man，machine and work in a digital twin setup：a case study［J］. arXiv preprint arXiv：2006. 08760，2020.

[53] 王志超．基于视觉的未知物体识别及机器人自主抓取研究［D］. 哈尔滨工业大学，2018.

[54] 李丁丁，石秀敏，邓三鹏，等．协作机器人产业技术与发展趋势综述［J］. 装备制造技术，2021（8）：73-76.

[55] 杨超．智能制造领域协作机器人的应用分析［J］. 产业与科技论坛，2022，21（2）：35-36.

[56] KRAUS W. “机器人即服务”的时代到来了［J］. 现代制造，2021（9）：36-38.

[57] RIVA G，BRENDA K W. Human-Robot Confluence：Toward a Humane Robotics［J］. Cyberpsychology，behavior and social networking，2021，24（5）：291-293.

[58] VALORI M，SCIBILIA A，FASSI I，et al. Validating Safety in Human-Robot Collaboration：Standards and New Perspectives［J］. Robotics，2021，10（2）：65-76.

[59] 张莹婷．《中国制造 2025》解读之：中国制造 2025，我国制造强国建设的宏伟蓝图［J］. 工业炉，2021，43（1）：33.

[60] 杜莎．自动化推动制造业未来发展，ABB 拓展协作机器人产品组合［J］. 汽车与配件，2021（5）：62.

[61] 赵迪，胡立宏，陈小利，等．电流反馈的机械臂碰撞检测研究［J］. 机械科学与技术，2021，40（6）：887-892.

[62] 贾计东，张明路．人机安全交互技术研究进展及发展趋势［J］. 机械工程学报，2020，56（3）：16-30.

[63] 王蕾．节卡机器人：引领协作机器人发展新方向［J］. 上海信息化，2020（11）：18-20.